智能优化算法及MATLAB实现

贾鹤鸣　吴　迪
宋美佳　赖宇阳　编著

U0286037

清华大学出版社
北京

内 容 简 介

智能优化算法作为人工智能的重要研究方向之一,为许多领域中复杂的系统优化问题提供了更好的解决方法,因此得到了广泛的应用。本书按照智能优化算法、测试函数集及常用仿真实验等逻辑脉络由浅至深地进行讲解,便于读者入门并掌握智能优化算法及其 MATLAB 实现的相关知识,为后续学习打下良好基础。全书共 16 章,第 1 至 13 章分别介绍了 13 种智能优化算法的基本原理、流程图、MATLAB 实现和应用案例;第 14 章介绍了 4 套常见的标准测试函数及其 MATLAB 实现;第 15 章介绍了 6 个典型的工程设计问题及其 MATLAB 实现;第 16 章介绍了统计校验指标及代码。

本书既可作为人工智能、计算机科学与技术、电子信息、控制科学与工程等相关专业本科生和研究生的教材,也可作为从事智能优化算法研究与应用的科研人员或技术人员的参考用书。

图书在版编目(CIP)数据

智能优化算法及 MATLAB 实现 / 贾鹤鸣等编著. —北京:清华大学出版社,2024.3(2024.11 重印)
ISBN 978-7-302-65981-5

Ⅰ.①智… Ⅱ.①贾… Ⅲ.①最优化算法 ②Matlab 软件—程序设计 Ⅳ.①O242.23 ②TP317

中国国家版本馆 CIP 数据核字(2024)第 068478 号

责任编辑:邓 艳
封面设计:刘 超
版式设计:文森时代
责任校对:马军令
责任印制:沈 露

出版发行:清华大学出版社
   网 址:https://www.tup.com.cn,https://www.wqxuetang.com
   地 址:北京清华大学学研大厦 A 座   邮 编:100084
   社 总 机:010-83470000   邮 购:010-62786544
   投稿与读者服务:010-62776969, c-service@tup.tsinghua.edu.cn
   质量反馈:010-62772015, zhiliang@tup.tsinghua.edu.cn
印 装 者:三河市龙大印装有限公司
经 销:全国新华书店
开 本:185mm×260mm   印 张:24   字 数:569 千字
版 次:2024 年 3 月第 1 版   印 次:2024 年 11 月第 2 次印刷
定 价:99.80 元

产品编号:103566-01

前 言
Foreword

近年来，随着人工智能技术的兴起，智能优化算法受到诸多学者的广泛关注。在日益复杂的优化问题中建立精确的数学模型愈发困难，因此，受生物习性、物理现象和数学方法等启发的多种智能优化算法被提出、改进并应用于各种工程优化问题之中。为更好地解决各算法之间有什么关系、用什么指标评价算法性能以及如何判断算法性能的优劣等问题，本书按照智能优化算法、测试函数集及常用仿真实验等逻辑脉络由浅至深地进行讲解，便于读者入门并掌握智能优化算法及其 MATLAB 实现的相关知识，为后续学习打下良好基础。

本书内容可以分为三部分。第一部分：智能优化算法及其 MATLAB 实现，具体包括 13 种智能优化算法（粒子群优化算法、哈里斯鹰优化算法、沙丘猫群优化算法、鲸鱼优化算法、大猩猩部队优化算法、教与学优化算法、鲫鱼优化算法、灰狼优化算法、堆优化算法、黏菌算法、算术优化算法、飞蛾扑火优化算法、小龙虾优化算法）的原理、流程图、MATLAB 实现和应用案例。第二部分：常见的标准测试函数及工程设计问题，具体包括 4 套常见的标准测试函数（23 个标准测试函数、CEC 2014 测试集、CEC 2017 测试集、CEC 2020 测试集）和 6 个典型的工程设计问题（焊接梁设计问题、多片式离合器制动器设计问题、减速器设计问题、汽车防碰撞设计问题、三杆桁架设计问题、压力容器设计问题）的简介及其 MATLAB 实现。第三部分：统计校验指标及代码，具体包括统计数据分析、探索与开发、箱形图、Wilcoxon 秩和检验、Friedman 检测。

本书在编写过程中，除了引用智能优化算法的原始文献，还参考了其他相关文献，在此感谢相关文献的作者！

本书由贾鹤鸣、吴迪、宋美佳、赖宇阳编写，其中，第 1、3、4、5、7、8、9、10、11、13 章由贾鹤鸣编写，第 6 章、第 14 章的 14.2 节、14.3 节和 14.4 节由吴迪编写，第 2 章、第 12 章、第 14 章的 14.1 节、第 15 章由宋美佳编写，第 16 章由赖宇阳编写。此外，还要特别感谢为本书设计配套 PPT 的孟颖和协助代码校对的力尚龙、饶洪华、文昌盛、卢程浩，正是有了他们的付出，本书才能以最佳的面貌呈现在读者面前。

由于编著者水平有限，编写时间仓促，书中疏漏之处在所难免，敬请各位读者批评指正。

编　者

前　言

目 录
Contents

第 **1** 章
粒子群优化算法原理及其MATLAB实现

1.1 粒子群优化算法的基本原理

粒子群优化（Particle Swarm Optimization，PSO）算法由 James Kennedy 等人于 1995 年提出，提出该算法的灵感来自动物界中鸟群、兽群和鱼群等的迁移、捕食等群体活动。在群体活动中，每一个个体都会受益于所有成员在这个过程中发现和累积的经验，因此粒子群优化算法属于进化计算的一种。

粒子群优化算法原理简单，在内存需求和计算速度方面的成本较低，是一种能够优化非线性和多维问题的算法。该算法的基本概念是构造一群粒子，粒子群在其周围的空间（也就是问题空间）中移动，寻找它们的目标点。

1.1.1 初始化阶段

粒子群优化算法自被提出以来，已经产生了多种变体，但其核心概念是在问题空间中初始化一群粒子，粒子通过特定算法进行随机移动，并通过适应度函数评估它们的移动质量。假设目标空间（Dim 维）随机产生了由 nPop 个粒子组成的一个种群，则该种群应表示为 nPop×Dim 维的向量，第 i 个粒子表示为

$$X_i = (x_{i1}, x_{i2}, \cdots, x_{i\text{Dim}}), \quad i=1,2,\cdots,\text{nPop} \tag{1-1}$$

假设目标空间的上下边界用[UpB, LoB]表示，则 X_i 的初始化位置可以通过式（1-2）产生。

$$x_{ij} = \text{rand}() \times (\text{UpB} - \text{LoB}) + \text{LoB}, \quad j=1,2,\cdots,\text{Dim} \tag{1-2}$$

1.1.2 位置和速度的更新

粒子群通过初始化阶段产生随机解，然后通过迭代找到最优解。在每一次迭代中，粒子通过跟踪自身经验和团体经验来更新自己，具体算法如下。

$$v_i = w \times v_i + c_1 \times \text{rand}() \times (\text{pbest}_i - x_i) + c_2 \times \text{rand}() \times (\text{gbest} - x_i) \tag{1-3}$$

$$w = w_{\max} - t \times \left(\frac{w_{\max} - w_{\min}}{\text{maxIt}} \right) \tag{1-4}$$

$$x_i = x_i + v_i \tag{1-5}$$

其中，v_i 是第 i 个粒子的移动速度，x_i 是第 i 个粒子当前的位置，c_1、c_2 为学习因子，

通常设置为 $c_1=c_2=2$。**pbest**$_i$ 为第 i 个粒子的最优解，**gbest** 是整个种群的最优解。w 为惯性权重，是一个线性下降的非负数，当 w 较大时，全局搜索能力较强；当 w 较小时，局部寻优能力较强。w_{max} 是初始惯性权重，w_{min} 是迭代至最大时的惯性权重，一般设置为 $w_{max}=0.9$，$w_{min}=0.4$。

式（1-3）由 3 个部分组成，第一部分 $w \times v_i$ 表示粒子受上一次速度和惯性的影响，第二部分 $c_1 \times \text{rand}() \times (\textbf{pbest}_i - \textbf{x}_i)$ 表示粒子受自身经验的影响，第三部分 $c_2 \times \text{rand}() \times (\textbf{gbest}_i - \textbf{x}_i)$ 反映了粒子群的经验共享，这 3 个部分决定了粒子的下一次运动情况。

1.2　算法流程图

粒子群优化算法流程描述如下。

（1）随机初始化每个粒子的速度。

（2）计算适应度值并更新全局最优位置和局部最优位置。

（3）根据式（1-3）和式（1-5）计算 $v_{i,d}$ 和 $x_{i,d}$，更新粒子的速度和位置。

（4）计算适应度值并更新全局最优位置和局部最优位置。

（5）判断是否满足终止条件，若满足则跳出循环，否则返回步骤（3）。

（6）输出最优位置及最优适应度值。

粒子群优化算法流程图如图 1-1 所示。

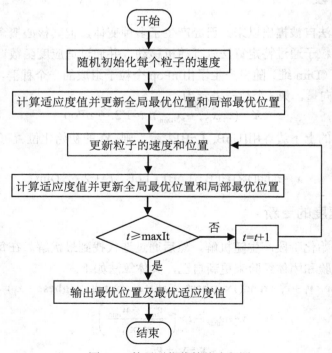

图 1-1　粒子群优化算法流程图

1.3 粒子群优化算法的 MATLAB 实现

粒子群优化算法的代码如下。

```matlab
%%----------------粒子群优化算法-PSO.m-------------------%%
%%输入: nPop, Dim, UpB, LoB, maxIt, F_Obj
% nPop: 粒子数量
% Dim: 目标空间的维度
% UpB: 目标空间的上边界
% LoB: 目标空间的下边界
% maxIt: 算法的最大迭代次数
% F_Obj: 适应度函数接口
%%输出: Best, CNVG
% Best: 记录全部迭代完成后的最优位置（Best.Pos）和最优适应度值（Best.Fit）
% CNVG: 记录每次迭代的最优适应度值，用于绘制迭代过程中的适应度变化曲线
%%其他
% X: 种群结构体，记录种群所有成员的位置（X.Pos）和当前位置对应的适应度值（X.Fit）
%%--------------------------------------------------------%%
function [Best,CNVG]=PSO(nPop, Dim, UpB, LoB, maxIt, F_Obj)

    disp('PSO is now tackling your problem')
    tic                              % 记录运行时间
    %%% 初始化参数
    Vmax=6;
    wMax=0.9;
    wMin=0.4;
    c1=2;
    c2=2;


    %%% 初始化粒子的速度
    vel=zeros(nPop,Dim);
    %%% 初始化种群
    X=initialization(nPop, Dim, UpB, LoB);
    % 个体获得的最优适应度值和最优位置
    for i=1:nPop
        X(i).BestP=zeros(1, Dim);
        X(i).BestF=inf;
    end
    % 种群获得的最优适应度值和最优位置
    Best.Pos=zeros(1,Dim);
    Best.Fit=inf;
    CNVG=zeros(1,maxIt);


    %%% 开始迭代
    for l=1:maxIt                    % 迭代次数
        % 检查边界
        for i=1:nPop
```

```
                    X(i).Pos=min(X(i).Pos,UpB);
                    X(i).Pos=max(X(i).Pos,LoB);
            end
            for i=1: nPop
                    % 计算每个粒子的目标函数
                    X(i).Fit=F_Obj(X(i).Pos);

                    if X(i).BestF>X(i).Fit
                            X(i).BestF=X(i).Fit;
                            X(i).BestP=X(i).Pos;
                    end

                    if Best.Fit>X(i).Fit
                            Best.Fit=X(i).Fit;
                            Best.Pos=X(i).Pos;
                    end
            end
            % 更新 PSO 的 w
            w=wMax-l*((wMax-wMin)/maxIt);
            % 更新粒子的速度和位置
            for i=1:nPop
                    for j=1:Dim
vel(i,j)=w*vel(i,j)+c1*rand()*(X(i).BestP(j)-X(i).Pos(j))+c2*rand()*(Best.Pos(j)-X(i).Pos(j));
                            if(vel(i,j)>Vmax)
                                    vel(i,j)=Vmax;
                            end
                            if(vel(i,j)<-Vmax)
                                    vel(i,j)=-Vmax;
                            end
                            X(i).Pos(j)=X.Pos(j)+vel(i,j);
                    end
            end
            CNVG(l)= Best.Fit;
    end
    toc
end
```

粒子群优化算法的种群初始化代码如下。

```
%%--------------种群初始化函数-initialization.m------------%%
% nPop: 粒子数量
% Dim: 目标空间的维度
% UpB: 目标空间的上边界
% LoB: 目标空间的下边界
% X.Pos 为种群的初始化位置，X.Fit 为其适应度值
function X=initialization(nPop,Dim,UpB,LoB)
    for i=1:nPop
            X(i).Pos=rand(1,Dim).*(UpB-LoB)+LoB;  % 初始化个体的位置
            X(i).Fit=inf;                           % 初始化个体的适应度值
    end
end
```

1.4　粒子群优化算法的应用案例

1.4.1　求解单峰函数极值问题

问题描述：计算函数 $f(x) = \sum_{i=1}^{n} x_i^2$ （$-100 \leqslant x_i \leqslant 100$）的最小值，其中 x_i 的维度为 30。以 $f(x_1, x_2)$ 为例，函数的搜索曲面如图 1-2 所示。

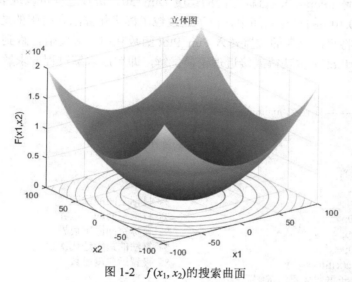

图 1-2　$f(x_1, x_2)$ 的搜索曲面

绘图代码如下。

```
%%%------------绘制 f(x1,x2) 的搜索曲面-Fun_plot.m--------------%%%
x1 = -100:1:100;
x2 = -100:1:100;
L1 = length(x1);
L2 = length(x2);
for i =1:L1
    for j = 1:L2
        f(i,j) = x1(i).^2+x2(j).^2;
    end
end
figure
surfc(x1,x2,f,'LineStyle','none');          % 绘制搜索曲面
title('立体图');                             % 标题
xlabel('x1');                               % x 轴标注
ylabel('x2');                               % y 轴标注
zlabel('F(x1,x2)');                         % z 轴标注
```

函数 $f(x)$ 为单峰函数，意味着只有一个极值点，即当 $x=(0,0,\cdots,0)$ 时，产生理论最小值 $f(0,0,\cdots,0)=0$。通过仿真模拟，将该函数问题转换为适应度函数代码，具体代码如下。

```
%%---------------适应度函数-fitness.m------------------%%
function Fit = fitness(xi)
    % xi 为输入的一个个体，维度为[1,Dim]
    % Fit 为输出的适应度值
    Fit = sum(xi.^2);
end
```

其中，x_i 为输入的一个个体，适应度函数就是问题模型，Fit 为 Fun_Plot 函数的返回结果，称为适应度值。

假设粒子数量 nPop=30，目标空间的维度 Dim=30。仿真过程可以理解为将 30 个粒子随机放置在(-100,100)的目标空间中，粒子通过粒子群优化算法在有限的迭代次数（maxIt）内更新位置，并将每次更新的位置传入 Fun_Plot 函数获取适应度值，直到找到一个粒子的位置可以使 Fun_Plot 函数获得或接近理论最优解，即完成求解过程。求解该问题的主函数代码如下。

```
%%---------------主函数-main.m------------------%%
clc;                                      % 清屏
clear all;                                % 清除所有变量
close all;                                % 关闭所有窗口
% 参数设置
nPop = 30;                                % 粒子数量
Dim = 30;                                 % 目标空间的维度
UpB = 500;                                % 目标空间的上边界
LoB = -500;                               % 目标空间的下边界
maxIt = 50;                               % 算法的最大迭代次数
F_Obj = @(x)fitness(x);                   % 设置适应度函数
% 利用粒子群优化算法求解问题
[Best,CNVG] = PSO(nPop, Dim, UpB, LoB, maxIt,F_Obj);
% 绘制迭代曲线
figure
plot(CNVG,'r-','linewidth',2);            % 绘制收敛曲线
axis tight;                               % 坐标轴显示范围为紧凑型
box on;                                   % 加边框
grid on;                                  % 添加网格
title('粒子群优化算法收敛曲线')            % 添加标题
xlabel('迭代次数')                         % 添加 x 轴标注
ylabel('适应度值')                         % 添加 y 轴标注
disp(['求解得到的最优解为：',num2str(Best.Pos)]);
disp(['最优解对应的函数值为：Fit=',num2str(Best.Fit)])
```

运行主函数代码（main.m），输出结果包括粒子群优化算法运行时间、迭代次数内获得的最优适应度值（最优解），以及最优解对应的参数值 x。

PSO is now tackling your problem					
历时 0.077771 秒。					
求解得到的最优解为：0.32507	-0.20194	-1.1672	0.48224	-0.74691	
1.6895	-0.88796	0.46347	-1.0674	-2.964	-0.34373	2.2045
-0.53536	0.67817	-0.87304	0.040216	0.18783	2.6606	2.0384
0.58452	2.0494	0.84039	0.85256	2.184	-2.7893	0.31233

0.66858	2.4544	0.24293	0.94409

最优解对应的函数值为：Fit=59.883

将代码返回的 CNVG 绘制成图 1-3 所示的收敛曲线，可以直观地看到每次迭代适应度值的变化情况。

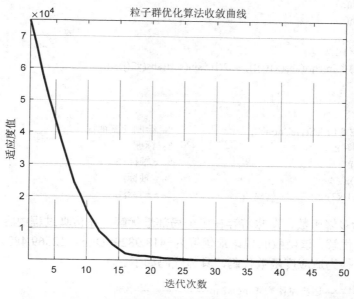

图 1-3 程序运行结果

1.4.2 求解多峰函数极值问题

问题描述：计算函数 $f(x) = \sum_{i=1}^{n} -x_i \sin \sqrt{|x_i|}$ （$-500 \leqslant x_i \leqslant 500$）的最小值，其中 x_i 的维度为 30。以 $f(x_1, x_2)$ 为例，函数的搜索曲面如图 1-4 所示。

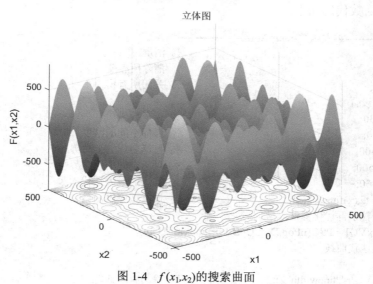

图 1-4 $f(x_1, x_2)$ 的搜索曲面

绘图代码如下。

```
%%-------------绘制 f(x₁, x₂)的搜索曲面-Fun_plot2.m-------------%%
x1 = -500:1:500;
x2 = -500:1:500;
L1 = length(x1);
L2 = length(x2);
for i =1:L1
    for j = 1:L2
f(i,j)=-x1(i).*sin(sqrt(abs(x1(i))))+-x2(j).*sin(sqrt(abs(x2(j))));
    end
end
figure
surfc(x1,x2,f,'LineStyle','none');        % 绘制搜索曲面
title('立体图');                          % 标题
xlabel('x1');                            % x 轴标注
ylabel('x2');                            % y 轴标注
zlabel('F(x1,x2)');                       % z 轴标注
```

函数 $f(x)$ 为多峰函数，意味着存在多个局部最优解，在仿真过程中容易陷入局部最优解而忽略全局最优解，该函数的理论最优解为-418.9829×Dim=-12569.487。通过仿真模拟，将该函数问题转换为适应度函数代码，具体代码如下。

```
%%--------------适应度函数-fitness2.m------------------%%
function Fit = fitness2(xi)
    % xᵢ 为输入的一个个体，维度为[1,Dim]
    % Fit 为输出的适应度值
    Fit = sum(-xi.*sin(sqrt(abs(xi))));
end
```

假设粒子数量 nPop=30，目标空间的维度 Dim=30，算法的最大迭代次数 maxIt=50，求解该问题的主函数代码如下。

```
%%--------------主函数-main2.m------------------%%
clc;                                  % 清屏
clear all;                            % 清除所有变量
close all;                            % 关闭所有窗口
% 参数设置
nPop = 30;                            % 粒子数量
Dim = 30;                             % 目标空间的维度
UpB = 500;                            % 目标空间的上边界
LoB = -500;                           % 目标空间的下边界
maxIt = 50;                           % 算法的最大迭代次数
F_Obj = @(x)fitness2(x);              % 设置适应度函数
% 利用粒子群优化算法求解问题
[Best,CNVG] = PSO(nPop,Dim,UpB,LoB,maxIt,F_Obj);
% 绘制迭代曲线
figure
plot(CNVG,'r-','linewidth',2);        % 绘制收敛曲线
```

```
        axis tight;                        %  坐标轴显示范围为紧凑型
        box on;                            %  加边框
        grid on;                           %  添加网格
        title('粒子群优化算法收敛曲线')         %  添加标题
        xlabel('迭代次数')                    %  添加 x 轴标注
        ylabel('适应度值')                    %  添加 y 轴标注
        disp(['求解得到的最优解为：',num2str(Best.Pos)]);
        disp(['最优解对应的函数值为：Fit=',num2str(Best.Fit)])
```

运行主函数代码（main2.m），输出结果包括粒子群优化算法运行时间、迭代次数内获得的最优适应度值（最优解），以及最优解对应的参数值 x。

```
        PSO is now tackling your problem
        历时  0.092645  秒。
        求解得到的最优解为：198.2975      383.9779       -58.81796      360.938        -73.80468
  -112.391        -257.3094      295.7535       122.5256       201.2418      193.7742       -130.1101
  -302.4958       364.8042       227.6558       337.1757       -250.0492     -341.2588      -264.2267
  -311.6108       238.0601       -264.4758      63.09453       -306.1143     -299.9259      299.897
  385.8314        -282.2044      170.1426       -66.69024
        最优解对应的函数值为：Fit=-2730.991
```

将代码返回的 CNVG 绘制成图 1-5 所示的收敛曲线，可以直观地看到每次迭代适应度值的变化情况。

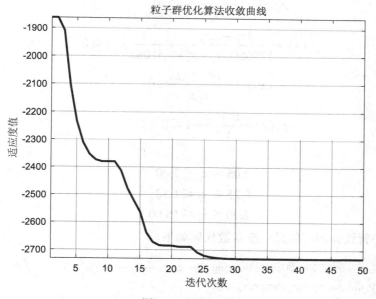

图 1-5　程序运行结果

1.4.3　拉力/压力弹簧设计问题

拉力/压力弹簧设计问题模型如图 1-6 所示。

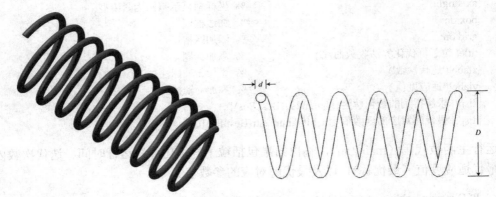

图 1-6 拉力/压力弹簧设计问题模型

问题描述：拉力/压力弹簧设计问题旨在通过优化算法找到弹簧直径（d）、平均线圈直径（D）以及有效线圈数（N）的最优值，并在最小偏差（g_1）、剪切应力（g_2）、冲击频率（g_3）、外径限制（g_4）4 种约束条件下降低弹簧的质量。

拉力/压力弹簧设计的数学模型描述如下。

设：$x = [x_1\ x_2\ x_3] = [d\ D\ N]$

目标函数：$\min f(x) = (x_3 + 2)x_2 x_1^2$

约束条件：

$$g_1(x) = 1 - \frac{x_2^3 x_3}{71785 x_1^4} \leqslant 0$$

$$g_2(x) = \frac{4x_2^2 - x_1 x_2}{12566(x_2 x_1^3 - x_1^4)} + \frac{1}{5108 x_1^2} - 1 \leqslant 0$$

$$g_3(x) = 1 - \frac{140.45 x_1}{x_2^2 x_3} \leqslant 0$$

$$g_4(x) = \frac{x_1 + x_2}{1.5} - 1 \leqslant 0$$

变量范围：

$$0.05 \leqslant x_1 \leqslant 2.00$$
$$0.25 \leqslant x_2 \leqslant 1.30$$
$$2.00 \leqslant x_3 \leqslant 15.00$$

拉力/压力弹簧设计问题的适应度函数代码如下。

```
%%--------------适应度函数-fitness_Spring_Design.m--------------------%%
function Fit=fitness_Spring_Design(x)
    % 惩罚系数
    PCONST = 100000;
    % 目标函数
    Fit=(x(3)+2)*x(2)*(x(1)^2);
    G1=1-((x(2)^3)*x(3))/(71785*x(1)^4);
```

```
G2=(4*x(2)^2-x(1)*x(2))/(12566*x(2)*x(1)^3-x(1)^4)+1/(5108*x(1)^2)-1;
G3=1-(140.45*x(1))/((x(2)^2)*x(3));
G4=((x(1)+x(2))/1.5)-1;
% 惩罚函数
Fit = Fit + PCONST*(max(0,G1)^2+max(0,G2)^2+max(0,G3)^2+max(0,G4)^2);
end
```

主函数代码如下。

```
%%--------------主函数-main_Spring_Design.m-----------------%%
clc;                                        % 清屏
clear all;                                  % 清除所有变量
close all;                                  % 关闭所有窗口
% 参数设置
nPop = 30;                                  % 粒子数量
Dim = 3;                                    % 目标空间的维度
UpB = [2.00 1.30 15.0];                     % 目标空间的上边界
LoB = [0.05 0.25 2.00];                     % 目标空间的下边界
maxIt = 50;                                 % 算法的最大迭代次数
F_Obj = @(x)fitness_Spring_Design(x);       % 设置适应度函数
% 利用粒子群优化算法求解问题
[Best,CNVG] = PSO(nPop,Dim,UpB,LoB,maxIt,F_Obj);
% 绘制迭代曲线
figure
plot(CNVG,'r-','linewidth',2);              % 绘制收敛曲线
axis tight;                                 % 坐标轴显示范围为紧凑型
box on;                                     % 加边框
grid on;                                    % 添加网格
title('粒子群优化算法收敛曲线')              % 添加标题
xlabel('迭代次数')                          % 添加 x 轴标注
ylabel('适应度值')                          % 添加 y 轴标注
disp(['求解得到的最优解为：',num2str(Best.Pos)]);
disp(['最优解对应的函数值为：Fit=',num2str(Best.Fit)])
```

运行主函数代码（main_Spring_Design.m），输出结果包括粒子群优化算法运行时间、迭代次数内获得的最优适应度值（最优解），以及最优解对应的参数值 x。

```
PSO is now tackling your problem
历时 0.033051 秒。
求解得到的最优解为：0.05        0.37373        8.5963
最优解对应的函数值为：Fit=0.0099003
```

将代码返回的 CNVG 绘制成图 1-7 所示的收敛曲线，可以直观地看到每次迭代适应度值的变化情况。

本章涉及的代码文件如图 1-8 所示。

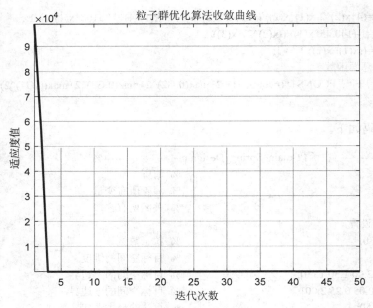

图 1-7　程序运行结果

图 1-8　代码文件

参 考 文 献

[1] 耿焕同，赵亚光，陈哲，等. 一种均衡各速度项系数的多目标粒子群优化算法[J]. 计算机科学，2016，43（12）：248-254.

[2] 蒋浩，郑金华，陈良军. 一种求解多目标优化问题的粒子群算法[J]. 模式识别与人工智能，2007，20（5）：606-611.

[3] 胡旺，Gary G. YEN，张鑫. 基于 Pareto 熵的多目标粒子群优化算法[J]. 软件学报，2014，25（05）：1025-1050.

[4] 邱飞岳，莫雷平，江波，等. 基于大规模变量分解的多目标粒子群优化算法研究[J]. 计算机学报，2016，39（12）：2598-2613.

[5] 张利彪，周春光，马铭，等. 基于粒子群算法求解多目标优化问题[J]. 计算机研

究与发展，2004（7）：1286-1291.

[6] 杨景明，侯新培，崔慧慧，等. 基于融合多策略改进的多目标粒子群优化算法[J]. 控制与决策，2018，33（2）：226-234.

[7] 李爱国，覃征，鲍复民，等. 粒子群优化算法[J]. 计算机工程与应用，2002（21）：1-3+17.

[8] 谢承旺，邹秀芬，夏学文，等. 一种多策略融合的多目标粒子群优化算法[J]. 电子学报，2015，43（8）：1538-1544.

[9] 胡旺，李志蜀. 一种更简化而高效的粒子群优化算法[J]. 软件学报，2007（4）：861-868.

[10] KENNEDY J, EBERHART R. Particle Swarm Optimization[C]. Proceedings of IEEE International Conference on Neural Networks, 1995: 1942-1948.

第 1 章课件

第 1 章代码

第 **2** 章
哈里斯鹰优化算法原理及其
MATLAB 实现

2.1 哈里斯鹰优化算法的基本原理

哈里斯鹰优化（Harris Hawks Optimization，HHO）算法由 Ali Asghar Heidari 等人于 2019 年提出，该算法是模拟哈里斯鹰捕食行为的群智能优化算法。哈里斯鹰可以从不同方向彼此合作扑向猎物，并根据场景的动态变化和猎物的逃跑模式对猎物进行捕捉。哈里斯鹰优化算法从数学上模拟了哈里斯鹰的动态模式和行为，设计了探索、探索到开发的转换、开发 3 个阶段，具有原理简单、参数较少、局部寻优能力较强等特点。

在哈里斯鹰优化算法中，哈里斯鹰群的每个成员代表一个解，在寻找最优解（猎物）的过程中，通过计算逃逸能力进入探索或开发阶段。在探索阶段，哈里斯鹰根据鹰群的平均位置和同伴的飞行经验进行位置的迭代；在开发阶段，哈里斯鹰通过猎物逃跑的体力以及逃脱的可能性，设计了 4 种追捕策略。

2.1.1 探索阶段

在自然界中，哈里斯鹰通过强大的眼睛追踪和探测猎物，当它们没有看到猎物时，会观察、监视长达几个小时以等待猎物出现。在哈里斯鹰优化算法中，哈里斯鹰是候选解，每一次迭代中最好的候选解被认为是可能的猎物位置或接近猎物位置。

在探索阶段，哈里斯鹰会随机栖息在某个位置，并根据两种策略等待猎物出现。设置两种栖息策略机会参数为 q，当 $q < 0.5$ 时，每只哈里斯鹰根据其他成员的位置（为了在攻击时与其他成员足够接近）和猎物的位置进行栖息；当 $q \geqslant 0.5$ 时，每只哈里斯鹰会随机栖息在鹰群活动范围内的一颗树上，具体如下。

$$X(t+1) = \begin{cases} X_{\text{rand}}(t) - r_1 \left| X_{\text{rand}}(t) - 2r_2 X(t) \right|, & q \geqslant 0.5 \\ (\mathbf{gbest} - X_{\text{m}}(t)) - r_3 (\text{LoB} + r_4 (\text{UpB} - \text{LoB})), & q < 0.5 \end{cases} \tag{2-1}$$

$$X_{\text{m}}(t) = \frac{1}{\text{nPop}} \sum_{i=1}^{\text{nPop}} X_i(t) \tag{2-2}$$

其中，$X(t+1)$ 是哈里斯鹰的下一次迭代位置，$\mathbf{gbest}$ 是猎物的位置，r_1、r_2、r_3、r_4 和 q 分别是 $(0, 1)$ 内的随机数，随着每次迭代进行更新。UpB 和 LoB 分别为目标空间的上边界和下边界，$X_{rand}(t)$为当前种群中一个随机个体的位置，$X_m(t)$是当前种群的平均位置，$X_i(t)$表示第 t 次迭代中每只鹰的位置，nPop 表示鹰的总数。

在式（2-1）中，第一个策略是基于一个随机成员的位置，第二个策略参考了最优位置和种群的平均位置。在第二个策略中，LoB+r_4(UpB-LoB)可以理解为在 LoB 上添加一个随机缩放的移动长度，通过随机尺度系数 r_3 增加随机性，提供了多样化趋势和探索特征空间不同区域的可能性。

2.1.2　探索到开发的转换

哈里斯鹰优化算法根据猎物逃脱的逃逸能量在不同行为之间的改变实现探索到开发的转换。在逃跑行为中，猎物的能量逐渐减少。为了模拟这个事实，将猎物的逃逸能量定义为

$$E_1 = 2\left(1 - \frac{t}{\text{maxIt}}\right) \tag{2-3}$$

$$E = E_0 E_1 \tag{2-4}$$

其中，E 表示猎物的逃逸能量，t 为当前迭代次数，maxIt 为最大的迭代次数，E_0 是初始逃逸能量，为-1～1 的随机数。E_0 从 0 下降到-1 的过程，表示猎物逐渐疲乏；E_0 从 0 增加到 1 的过程，意味着猎物的力量逐渐增强。逃逸能量 E 在迭代过程中呈下降的趋势。当逃逸能量$|E| \geqslant 1$ 时，哈里斯鹰处于全局搜索阶段，通过大范围查找来探索猎物的位置，此阶段称为探索阶段；当$|E| < 1$ 时，算法在临近位置寻找最优解，此阶段称为开发阶段。

2.1.3　开发阶段

在这一阶段，哈里斯鹰对探索阶段探测到的潜在猎物进行追击。然而，猎物经常试图从危险的环境中逃脱，因此哈里斯鹰会出现不同的追击方式。根据猎物的逃跑行为和哈里斯鹰的追击策略，哈里斯鹰优化算法提出了 4 种可能的策略来模拟追击阶段。

1. 软包围

当 $r \geqslant 0.5$ 且 $|E| \geqslant 0.5$ 时，表示猎物有足够的逃逸能量但是没有逃跑成功，此时哈里斯鹰通过软包围的方式包围猎物，使猎物更加疲惫，然后进行突然攻击，具体如下。

$$X(t+1) = \Delta X(t) - E\left|J \cdot \text{gbest} - X(t)\right| \tag{2-5}$$

$$\Delta X(t) = \text{gbest} - X(t) \tag{2-6}$$

$$J = 2(1 - r_5) \tag{2-7}$$

其中，$\Delta X(t)$ 是猎物初始位置和当前位置的差值，r_5 是 0～1 的随机数，J 表示猎物逃跑过程中的跳跃距离。$J = 2(1 - r_5)$表示猎物在整个逃跑过程中的随机跳跃强度。在整个逃跑过程中，J 在每次迭代中随机变化以模拟猎物的运动特性。

2. 硬包围

当 $r \geqslant 0.5$ 且 $|E| < 0.5$ 时，表示猎物既没有足够的逃逸能量，也没有逃跑成功，此时哈里斯鹰通过硬包围的方式进行攻击，具体如下。

$$X(t+1) = \text{gbest} - E\left|\Delta X(t)\right| \tag{2-8}$$

3. 渐进式快速俯冲软包围

当 $r<0.5$ 且 $|E| \geqslant 0.5$ 时，表示猎物有足够的逃逸能量且有逃脱机会，此时哈里斯鹰通过更智能的软包围方式进行狩猎，利用莱维飞行概念模拟猎物在逃跑阶段类似"之"字形的欺骗性运动，以及哈里斯鹰的不规则的、突然的、快速的俯冲，具体如下。

$$Y = \mathbf{gbest} - E|J \cdot \mathbf{gbest} - X(t)| \tag{2-9}$$

哈里斯鹰在接近猎物时会开始做不规则的、突然的、快速的俯冲，哈里斯鹰基于莱维飞行概念做二次俯冲并得到如下模型：

$$Z = Y + S \times \mathrm{LF}(D) \tag{2-10}$$

其中，D 是问题维度，S 是一个 $1 \times D$ 维的随机向量，$\mathrm{LF}(x)$ 为莱维飞行函数，如下所示。

$$\mathrm{LF}(x) = 0.01 \times \frac{u \times \sigma}{|v|^{\frac{1}{\beta}}} \tag{2-11}$$

$$\sigma = \left(\frac{\Gamma(1+\beta) \times \sin\frac{\pi\beta}{2}}{\Gamma\left(\frac{1+\beta}{2}\right) \times \beta \times 2^{\frac{\beta-1}{2}}} \right)^{\frac{1}{\beta}} \tag{2-12}$$

其中，u、v 是 $1 \times D$ 维的随机正态分布向量，β 是取值为 1.5 的常数。通过对比哈里斯鹰的第一次动作与第二次俯冲的结果，保留最优行进位置，因此该阶段的更新策略如下。

$$X(t+1) = \begin{cases} Y, & F(Y) < F(X(t)) \\ Z, & F(Z) < F(X(t)) \end{cases} \tag{2-13}$$

4. 渐进式快速俯冲硬包围

当 $r<0.5$ 且 $|E|<0.5$ 时，表示猎物有机会逃脱，但没有足够的逃逸能量，此时哈里斯鹰会在突袭前形成硬包围以缩小和猎物的距离，具体如下。

$$Y = \mathbf{gbest} - E|J \cdot \mathbf{gbest} - X_{\mathrm{m}}(t)| \tag{2-14}$$

$$Z = Y + S \times \mathrm{LF}(D) \tag{2-15}$$

$$X(t+1) = \begin{cases} Y, & F(Y) < F(X(t)) \\ Z, & F(Z) < F(X(t)) \end{cases} \tag{2-16}$$

渐进式快速俯冲硬包围与软包围两个策略的主要区别是，硬包围使用了鹰群的平均位置，平均位置的计算方法同式（2-2）。与软包围类似，硬包围同样仅保留更好的位置。

2.2　算法流程图

哈里斯鹰优化算法流程描述如下。

（1）初始化种群。

（2）更新 E 和 J。

（3）如果 $|E| \geqslant 1$，则个体根据式（2-1）开始探索行为。

（4）如果|E|<1，则个体根据猎物逃逸能量与历史适应度值的改善情况选择开发策略。

① 当 r≥0.5 且|E|≥0.5 时，子群个体采用式（2-5）所示的软包围策略更新位置。

② 当 r≥0.5 且|E|<0.5 时，子群个体采用式（2-8）所示的硬包围策略更新位置。

③ 当 r<0.5 且|E|≥0.5 时，子群个体采用式（2-13）所示的渐进式快速俯冲软包围策略更新位置。

④ 当 r<0.5 且|E|<0.5 时，子群个体采用式（2-16）所示的渐进式快速俯冲硬包围策略更新位置。

（5）更新适应度值，确定最优解。

（6）判断是否满足终止条件，若满足则跳出循环，否则返回步骤（3）。

（7）输出最优位置及最优适应度值。

哈里斯鹰优化算法流程图如图 2-1 所示。

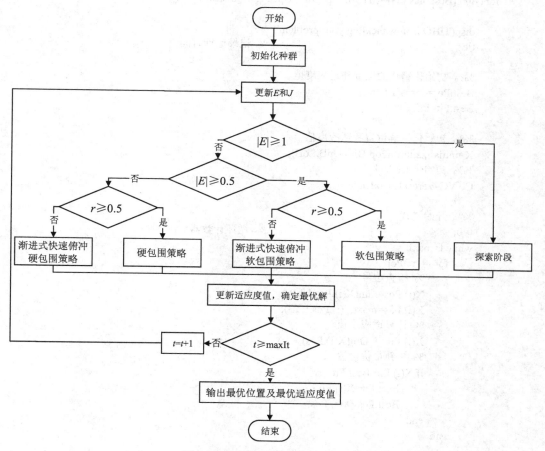

图 2-1　哈里斯鹰优化算法流程图

2.3　哈里斯鹰优化算法的 MATLAB 实现

哈里斯鹰优化算法的代码如下。

```matlab
%%------------------哈里斯鹰优化算法-HHO.m------------------%%
%%输入: nPop, Dim, UpB, LoB, maxIt, F_Obj
% nPop: 哈里斯鹰数量
% Dim: 目标空间的维度
% UpB: 目标空间的上边界
% LoB: 目标空间的下边界
% maxIt: 算法的最大迭代次数
% F_Obj: 适应度函数接口
%%输出: Best, CNVG
% Best: 记录全部迭代完成后的最优位置（Best.Pos）和最优适应度值（Best.Fit）
% CNVG: 记录每次迭代的最优适应度值，用于绘制迭代过程中的适应度变化曲线
%%其他
% X: 哈里斯鹰种群结构体,记录种群所有成员的位置(X.Pos)和当前位置对应的适应度值(X.Fit)
%%------------------------------------------------------%%
function [Best, CNVG]=HHO(nPop, Dim, UpB, LoB, maxIt, F_Obj)

    disp('HHO is now tackling your problem')
    tic                                    % 记录运行时间

    %%% 初始化猎物的位置和适应度值
    Best.Pos=zeros(1,Dim);
    Best.Fit=inf;

    %%% 初始化种群位置和适应度值
    X=initialization(nPop,Dim,UpB,LoB);
    %%% 初始化 CNVG
    CNVG=zeros(1,maxIt);

    %%% 开始迭代
    t=0;                                   % 循环计数器
    while t<maxIt
        for i=1: nPop
            % 检查边界
            X(i).Pos=min(X(i).Pos,UpB);
            X(i).Pos=max(X(i).Pos,LoB);
            % 计算适应度值
            X(i).Fit=F_Obj(X(i).Pos);
            % 更新最优位置
            if X(i).Fit<Best.Fit
                Best.Fit=X(i).Fit;
                Best.Pos=X(i).Pos;
            end
        end

        E1=2*(1-(t/maxIt));                % 显示猎物逃逸能量下降因子
        % 更新哈里斯鹰的位置
        for i=1:nPop
            E0=2*rand()-1;
            Escaping_Energy=E1*(E0);       % 计算猎物的逃逸能量
            % 求位置的平均值
```

```matlab
                m=zeros(1,Dim);
                for j=1:nPop
                    m=m+X(i).Pos;
                    end
                m=m/nPop;

                if abs(Escaping_Energy)>=1
                    %%% 探索阶段
                    % 哈里斯鹰基于两种策略随机栖息在某些地方
                    q=rand();
                    rand_Hawk_index = floor(nPop*rand()+1);
                    X_rand = X(rand_Hawk_index).Pos
                    if q<0.5
                        % 哈里斯鹰基于其他家庭成员的位置栖息
X(i).Pos=X_rand-rand()*abs(X_rand-2*rand()*X(i).Pos);
                    elseif q>=0.5
                        % 哈里斯鹰根据猎物位置选择栖息地
X(i).Pos=(Best.Pos-m)-rand()*((UpB-LoB)*rand()+LoB);
                    end
                elseif abs(Escaping_Energy)<1
                    %%% 开发阶段:
                    % 根据猎物的行为，使用 4 种策略追捕猎物
                    r=rand(); % 控制哈里斯鹰使用不同的策略追捕猎物
                    % 策略一：硬包围
                    if r>=0.5 && abs(Escaping_Energy)<0.5
X(i).Pos=(Best.Pos)-Escaping_Energy*abs(Best.Pos-X(i).Pos);
                    end
                    % 策略二：软包围
                    if r>=0.5 && abs(Escaping_Energy)>=0.5
                        Jump_strength=2*(1-rand());         % 猎物的跳跃能力
X(i).Pos=(Best.Pos-X(i).Pos)-Escaping_Energy*abs(Jump_strength*Best.Pos-X(i).Pos);
                    end
                    % 策略三：渐进式快速俯冲软包围
                    if r<0.5 && abs(Escaping_Energy)>=0.5
                        Jump_strength=2*(1-rand());
X1=Best.Pos-Escaping_Energy*abs(Jump_strength*Best.Pos-X(i).Pos);
                        if F_Obj(X1)<F_Obj(X(i).Pos)
                            X(i).Pos=X1;
                        else
X2=Best.Pos-Escaping_Energy*abs(Jump_strength*Best.Pos-X(i).Pos)+rand(1,Dim).*Levy(Dim);
                            if (F_Obj(X2)<F_Obj(X(i).Pos))
                                X(i).Pos=X2;
                            end
                        end
                    end
                    % 策略四：渐进式快速俯冲硬包围
                    if r<0.5 && abs(Escaping_Energy)<0.5
                        Jump_strength=2*(1-rand());
X1=Best.Pos-Escaping_Energy*abs(Jump_strength*Best.Pos-m);
                        if F_Obj(X1)<F_Obj(X(i).Pos)
                            X(i).Pos=X1;
```

```
                              else
            X2=Best.Pos-Escaping_Energy*abs(Jump_strength*Best.Pos-m)+rand(1,Dim).*Levy(Dim);
                                 if (F_Obj(X2)<F_Obj(X(i).Pos))
                                     X(i).Pos=X2;
                                 end
                             end
                         end
                     end
                 end
                 t=t+1;
                 CNVG(t)=Best.Fit;
             end
             toc
         end
```

哈里斯鹰优化算法主要分为种群初始化、探索阶段和开发阶段。种群初始化代码如下。

```
%%--------------种群初始化函数-initialization.m------------%%
% nPop：哈里斯鹰数量
% Dim：目标空间的维度
% UpB：目标空间的上边界
% LoB：目标空间的下边界
% X.Pos 为种群的初始化位置，X.Fit 为其适应度值
function X=initialization(nPop,Dim,UpB,LoB)
    for i=1:nPop
        X(i).Pos=rand(1,Dim).*(UpB-LoB)+LoB；    % 初始化个体的位置
        X(i).Fit=inf;                           % 初始化个体的适应度值
    end
end
```

探索阶段和开发阶段的转换主要基于猎物逃逸能量的变化，在开发阶段，哈里斯鹰优化算法引入了莱维飞行函数，具体代码如下。

```
%%--------------莱维飞行函数-Levy.m------------------%%
function o=Levy(Dim)
    beta=1.5;
sigma=(gamma(1+beta)*sin(pi*beta/2)/(gamma((1+beta)/2)*beta*2^((beta-1)/2)))^(1/beta);
    u=randn(1,Dim)*sigma;v=randn(1,Dim);step=u./abs(v).^(1/beta);
    o=step;
end
```

2.4 哈里斯鹰优化算法的应用案例

2.4.1 求解单峰函数极值问题

问题描述：计算函数 $f(x)=\sum_{i=1}^{n}x_i^2$（$-100 \leqslant x_i \leqslant 100$）的最小值，其中 x_i 的维度为 30。以 $f(x_1, x_2)$ 为例，函数的搜索曲面如图 2-2 所示。

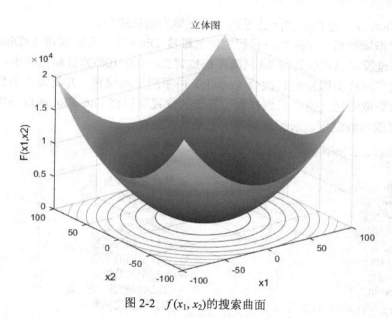

图 2-2　$f(x_1, x_2)$ 的搜索曲面

绘图代码如下。

```
%%------------绘制 f(x1, x2)的搜索曲面-Fun_plot.m--------------%%
x1 = -100:1:100;
x2 = -100:1:100;
L1 = length(x1);
L2 = length(x2);
for i =1:L1
    for j = 1:L2
        f(i,j) = x1(i).^2+x2(j).^2;
    end
end
figure
surfc(x1,x2,f,'LineStyle','none');        % 绘制搜索曲面
title('立体图');                          % 标题
xlabel('x1');                             % x 轴标注
ylabel('x2');                             % y 轴标注
zlabel('F(x1,x2)');                       % z 轴标注
```

　　函数 $f(x)$ 为单峰函数，意味着只有一个极值点，即当 $x=(0,0,\cdots,0)$ 时，产生理论最小值 $f(0, 0, \cdots, 0)=0$。通过仿真模拟，将该函数问题转换为适应度函数代码，具体代码如下。

```
%%--------------适应度函数-fitness.m--------------------%%
function Fit = fitness(xi)
    % xi 为输入的一个个体，维度为[1,Dim]
    % Fit 为输出的适应度值
    Fit = sum(xi.^2);
end
```

　　其中，x_i 可以认为是种群里的一只鹰，适应度函数就是问题模型，求解 $f(x)$ 问题，就是求解 Fun_Plot，Fit 为 Fun_Plot 的返回结果，称为适应度值。

假设哈里斯鹰数量 nPop=30，目标空间的维度 Dim=30，意味着用 1×Dim 表示某只鹰的位置。仿真过程可以理解为将 30 只鹰随机放置在(-100, 100)的目标空间中，30 只鹰通过哈里斯鹰优化算法在有限的迭代次数（maxIt）内不断更新位置，并将每次更新的位置传入 Fun_Plot 函数获取适应度值，直到找到一只鹰的位置可以使 Fun_Plot 函数获得或接近理论最优解，即完成求解过程。求解该问题的主函数代码如下。

```
%%--------------主函数-main.m-----------------%%
clc;                                        % 清屏
clear all;                                  % 清除所有变量
close all;                                  % 关闭所有窗口
% 参数设置
nPop = 30;                                  % 哈里斯鹰数量
Dim = 30;                                   % 目标空间的维度
UpB = 100;                                  % 目标空间的上边界
LoB = -100;                                 % 目标空间的下边界
maxIt = 50;                                 % 算法的最大迭代次数
F_Obj = @(x)fitness(x);                     % 设置适应度函数
% 利用哈里斯鹰优化算法求解问题
[Best,CNVG] = HHO(nPop, Dim, UpB, LoB, maxIt, F_Obj);
% 绘制迭代曲线
figure
plot(CNVG,'r-','linewidth',2);             % 绘制收敛曲线
axis tight;                                 % 坐标轴显示范围为紧凑型
box on;                                     % 加边框
grid on;                                    % 添加网格
title('哈里斯鹰优化算法收敛曲线')             % 添加标题
xlabel('迭代次数')                          % 添加 x 轴标注
ylabel('适应度值')                          % 添加 y 轴标注
disp(['求解得到的最优解为：',num2str(Best.Pos)]);
disp(['最优解对应的函数值为：Fit=',num2str(Best.Fit)])
```

运行主函数代码（main.m），输出结果包括哈里斯鹰优化算法运行时间、迭代次数内获得的最优适应度值（最优解），以及最优解对应的数值 x。

```
HHO is now tackling your problem
历时 0.109781 秒。
求解得到的最优解为：3.0717e-08    -1.6049e-09    1.077e-08     -1.2767e-09
7.1963e-09   -3.6108e-09   -4.5238e-09   -6.6837e-09   -4.3865e-10   -1.1173e-08
-3.9216e-09  -1.3707e-08   -7.1499e-09   -1.678e-08    -3.9473e-10   -1.1581e-08
-2.2753e-09  -6.241e-10    -2.6075e-09   -2.1323e-10   -2.0637e-08    6.2776e-09
-9.1997e-09   7.2002e-09    1.482e-08    -1.9661e-09    2.2593e-09   -1.748e-09
4.2587e-10   -1.9847e-09
最优解对应的函数值为：Fit=2.8388e-15
```

将代码返回的 CNVG 绘制成图 2-3 所示的收敛曲线，可以直观地看到每次迭代适应度值的变化情况。

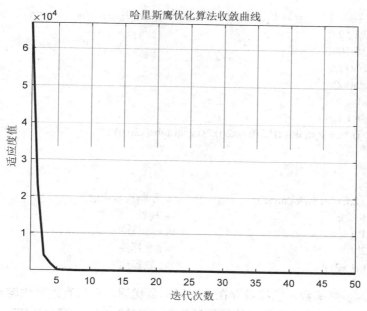

图 2-3 程序运行结果

2.4.2 求解多峰函数极值问题

问题描述：计算函数 $f(x) = \sum_{i=1}^{n} -x_i \sin \sqrt{|x_i|}$ （$-500 \leqslant x_i \leqslant 500$）的最小值，其中 x_i 的维度为 30。以 $f(x_1, x_2)$ 为例，函数的搜索曲面如图 2-4 所示。

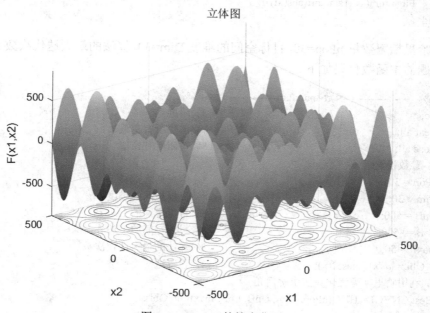

图 2-4 $f(x_1, x_2)$ 的搜索曲面

绘图代码如下。

```
%%-------------绘制 f(x1,x2)的搜索曲面-Fun_plot2.m-------------%%
x1 = -500:1:500;
x2 = -500:1:500;
L1 = length(x1);
L2 = length(x2);
for i =1:L1
    for j = 1:L2
f(i,j)=-x1(i).*sin(sqrt(abs(x1(i))))+-x2(j).*sin(sqrt(abs(x2(j))));
    end
end
figure
surfc(x1,x2,f,'LineStyle','none');          % 绘制搜索曲面
title('立体图');                             % 标题
xlabel('x1');                               % x 轴标注
ylabel('x2');                               % y 轴标注
zlabel('F(x1,x2)');                         % z 轴标注
```

函数 $f(x)$ 为多峰函数，意味着存在多个局部最优解，在仿真过程中容易陷入局部最优解而忽略全局最优解，该函数的理论最优解为-418.9829×Dim=-12569.487。通过仿真模拟，将该函数问题转换为适应度函数代码，具体代码如下。

```
%%-------------适应度函数-fitness2.m-------------%%
function Fit = fitness2(xi)
    % xi 为输入的一个个体，维度为[1,Dim]
    % Fit 为输出的适应度值
    Fit = sum(-xi.*sin(sqrt(abs(xi))));
end
```

假设哈里斯鹰数量 nPop=30，目标空间的维度 Dim=30，算法的最大迭代次数 maxIt=50，求解该问题的主函数代码如下。

```
%%-------------主函数-main2.m-------------%%
clc;                                        % 清屏
clear all;                                  % 清除所有变量
close all;                                  % 关闭所有窗口
% 参数设置
nPop = 30;                                  % 哈里斯鹰数量
Dim = 30;                                   % 目标空间的维度
UpB = 500;                                  % 目标空间的上边界
LoB = -500;                                 % 目标空间的下边界
maxIt = 50;                                 % 算法的最大迭代次数
F_Obj = @(x)fitness2(x);                    % 设置适应度函数
% 利用哈里斯鹰优化算法求解问题
[Best,CNVG] = HHO(nPop, Dim, UpB, LoB, maxIt, F_Obj);
% 绘制迭代曲线
figure
plot(CNVG,'r-','linewidth',2);              % 绘制收敛曲线
```

```
axis tight;                                % 坐标轴显示范围为紧凑型
box on;                                     % 加边框
grid on;                                    % 添加网格
title('哈里斯鹰优化算法收敛曲线')           % 添加标题
xlabel('迭代次数')                          % 添加 x 轴
ylabel('适应度值')                          % 添加 y 轴
disp(['求解得到的最优解为: ',num2str(Best.Pos)]);
disp(['最优解对应的函数值为: Fit=',num2str(Best.Fit)])
```

运行主函数代码（main2.m），输出结果包括哈里斯鹰优化算法运行时间、迭代次数内获得的最优适应度值（最优解），以及最优解对应的参数值 x。

```
        HHO is now tackling your problem
        历时 0.065464 秒。
        求解得到的最优解为: 421.3015    421.0489    421.0416    420.9233    420.0506
420.299      421.0469    421.0494    421.0449    420.9566    421.3055    420.939
420.198      421.0346    421.3271    420.9513    421.227     421.4901    421.2966
421.2997     419.9554    420.2989    420.8995    420.3944    421.0476    420.9192
422.3944     421.3007    420.0324    421.9914
        最优解对应的函数值为: Fit=-12568.3868
```

将代码返回的 CNVG 绘制成图 2-5 所示的收敛曲线，可以直观地看到每次迭代适应度值的变化情况。

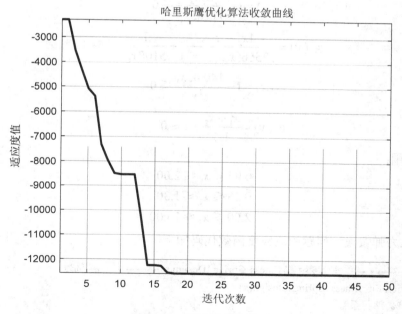

图 2-5　程序运行结果

2.4.3　拉力/压力弹簧设计问题

拉力/压力弹簧设计问题模型如图 2-6 所示。

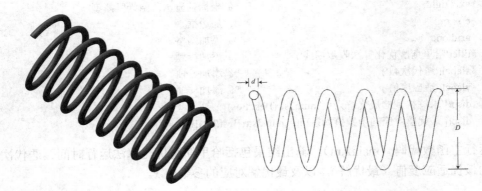

图 2-6　拉力/压力弹簧设计问题模型

问题描述：拉力/压力弹簧设计问题旨在通过优化算法找到弹簧直径（d）、平均线圈直径（D）以及有效线圈数（N）的最优值，并在最小偏差（g_1）、剪切应力（g_2）、冲击频率（g_3）、外径限制（g_4）4 种约束条件下降低弹簧的质量。

拉力/压力弹簧设计的数学模型描述如下。

设：$\boldsymbol{x}=[x_1\ x_2\ x_3]=[d\ D\ N]$

目标函数：$\min f(\boldsymbol{x})=(x_3+2)x_2x_1^2$

约束条件：

$$g_1(\boldsymbol{x})=1-\frac{x_2^3 x_3}{71785x_1^4}\leqslant 0$$

$$g_2(\boldsymbol{x})=\frac{4x_2^2-x_1x_2}{12566(x_2x_1^3-x_1^4)}+\frac{1}{5108x_1^2}-1\leqslant 0$$

$$g_3(\boldsymbol{x})=1-\frac{140.45x_1}{x_2^2 x_3}\leqslant 0$$

$$g_4(\boldsymbol{x})=\frac{x_1+x_2}{1.5}-1\leqslant 0$$

变量范围：

$$0.05\leqslant x_1\leqslant 2.00$$
$$0.25\leqslant x_2\leqslant 1.30$$
$$2.00\leqslant x_3\leqslant 15.00$$

拉力/压力弹簧设计问题的适应度函数代码如下。

```
%%---------------适应度函数-fitness_Spring_Design.m-----------------%%
function Fit=fitness_Spring_Design(x)
    % 惩罚系数
    PCONST = 100000;
    % 目标函数
    Fit=(x(3)+2)*x(2)*(x(1)^2);
    G1=1-((x(2)^3)*x(3))/(71785*x(1)^4);
    G2=(4*x(2)^2-x(1)*x(2))/(12566*x(2)*x(1)^3-x(1)^4)+1/(5108*x(1)^2)-1;
```

```
        G3=1-(140.45*x(1))/((x(2)^2)*x(3));
        G4=((x(1)+x(2))/1.5)-1;
        %  惩罚函数
        Fit = Fit + PCONST*(max(0,G1)^2+max(0,G2)^2+max(0,G3)^2+max(0,G4)^2);
    end
```

主函数代码如下。

```
%%--------------主函数-main_Spring_Design.m-------------------%%
clc;                                    %  清屏
clear all;                              %  清除所有变量
close all;                              %  关闭所有窗口
%  参数设置
nPop = 30;                              %  哈里斯鹰数量
Dim = 3;                                %  目标空间的维度
UpB = [2.00 1.30 15.0];                 %  目标空间的上边界
LoB = [0.05 0.25 2.00];                 %  目标空间的下边界
maxIt = 50;                             %  算法的最大迭代次数
F_Obj = @(x)fitness_Spring_Design(x);   %  设置适应度函数
%  利用哈里斯鹰优化算法求解问题
[Best,CNVG] = HHO(nPop, Dim, UpB, LoB, maxIt,F_Obj);
%  绘制迭代曲线
figure
plot(CNVG,'r-','linewidth',2);          %  绘制收敛曲线
axis tight;                             %  坐标轴显示范围为紧凑型
box on;                                 %  加边框
grid on;                                %  添加网格
title('哈里斯鹰优化算法收敛曲线')         %  添加标题
xlabel('迭代次数')                       %  添加 x 轴标注
ylabel('适应度值')                       %  添加 y 轴标注
disp(['求解得到的最优解为：',num2str(Best.Pos)]);
disp(['最优解对应的函数值为：Fit=',num2str(Best.Fit)])
```

运行主函数代码（main_Spring_Design.m），输出结果包括哈里斯鹰优化算法运行时间、迭代次数内获得的最优适应度值（最优解），以及最优解对应的参数值 x。

```
HHO is now tackling your problem
历时 0.061676 秒。
求解得到的最优解为：0.058267        0.60017         3.8275
最优解对应的函数值为：Fit=0.011874
```

将代码返回的 CNVG 绘制成图 2-7 所示的收敛曲线，可以直观地看到每次迭代适应度值的变化情况。

本章涉及的代码文件如图 2-8 所示。

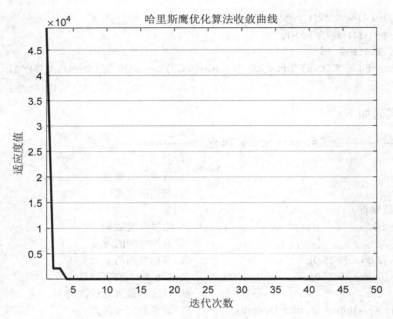

图 2-7　程序运行结果

图 2-8　代码文件

参 考 文 献

[1] 郭雨鑫，刘升，高文欣，等．精英反向学习与黄金正弦优化的 HHO 算法[J]．计算机工程与应用，2022，58（10）：153-161．

[2] 陈功，曾国辉，黄勃，等．融合互利共生和透镜成像学习的 HHO 算法[J]．计算机工程与应用，2022，58（10）：76-86．

[3] 孙林，李梦梦，徐久成．二进制哈里斯鹰优化及其特征选择算法[J]．计算机科学，2023，50（5）：277-291．

[4] 汤安迪，韩统，徐登武，等．混沌精英哈里斯鹰优化算法[J]．计算机应用，2021，

41（8）：2265-2272.

[5] 展广涵，王雨虹，刘昊. 混合策略改进的哈里斯鹰优化算法及其应用[J]. 传感技术学报，2022，35（10）：1394-1403.

[6] 刘小宁，魏霞，谢丽蓉. 混合哈里斯鹰算法求解作业车间调度问题[J]. 计算机应用研究，2022，39（6）：1673-1677.

[7] 刘小龙，梁彤缨. 基于方形邻域和随机数组的哈里斯鹰优化算法[J]. 控制与决策，2022，37（10）：2467-2476.

[8] 马一鸣，石志东，赵康，等. 基于改进哈里斯鹰优化算法的 TDOA 定位[J]. 计算机工程，2020，46（12）：179-184.

[9] 尹德鑫，张琳娜，张达敏，等. 基于混沌透镜成像学习的哈里斯鹰算法及其应用[J]. 传感技术学报，2021，34（11）：1463-1474.

[10] HEIDARI A, MIRJALILI S, FARIS H, et al. Harris Hawks Optimization Algorithm and Applications[J]. Future Generation Computer Systems, 2019(2):849-872.

第 2 章课件

第 2 章代码

第 **3** 章
沙丘猫群优化算法原理及其
MATLAB 实现

3.1 沙丘猫群优化算法的基本原理

沙丘猫群优化（Sand Cat Swarm Optimization，SCSO）算法由 Amir Seyyedabbasi 等人于 2022 年提出，提出该算法的灵感来源于沙丘猫在自然界中的捕食行为。沙丘猫通过特殊的低频噪声检测猎物运动、追踪猎物并根据猎物的位置进行攻击。沙丘猫群优化算法将沙丘猫假设为群体，模仿了沙丘猫寻找和攻击猎物的行为，提出了实现探索和开发阶段的平衡机制，具有参数少、寻优能力强的特点。

在沙丘猫优化算法中，每一只沙丘猫都代表一个解决方案，在寻找最优解的过程中，引入自适应策略。在探索阶段，沙丘猫借助同伴寻找到的最佳候选位置、当前位置及听觉灵敏度范围进行位置迭代。在开发阶段，将沙丘猫的听觉灵敏度范围设置为一个圆，借助最佳候选位置、当前位置及灵敏度范围更新位置，使新位置在当前位置与猎物位置之间，具有操作成本低和复杂度高的特点。沙丘猫可以在探索和开发阶段进行无缝切换，该算法的平衡行为和对全局空间中其他局部区域的影响具有快速、准确的收敛速度，因此在高维度及多目标问题中具有良好的性能。

3.1.1 初始化阶段

在初始化阶段，对沙丘猫群体位置进行随机初始化。假设在 Dim 维空间中有 nPop 只沙丘猫，第 i 只沙丘猫可以表示为

$$\boldsymbol{X}_i = (x_{i1}, x_{i2}, \cdots, x_{i\mathrm{Dim}}), \; i=1,2,\cdots,\mathrm{nPop} \tag{3-1}$$

假设目标空间的上下边界用[UpB, LoB]表示，则 $\boldsymbol{X}_i$ 的初始化位置可以通过式（3-2）产生。

$$x_{ij} = \mathrm{rand}() \times (\mathrm{UpB} - \mathrm{LoB}) + \mathrm{LoB}, \; j=1,2,\cdots,\mathrm{Dim} \tag{3-2}$$

3.1.2 搜索猎物（探索阶段）

沙丘猫能感知到 2 kHz 以下的低频噪声。在探索阶段，沙丘猫通过强大的低频噪声检测能力追踪和探测猎物，在数学建模中，沙丘猫的搜索范围 r_G 将随着迭代的进行从 2 线性减少到 0，由于最大灵敏度范围 S 的灵感受到沙丘猫的听觉特征的启发，因此假设其值为 2。

假设最大迭代次数为 100，则 r_G 在前 50 次迭代中大于 1，在后 50 次迭代中小于 1。控制探索开发阶段过渡的参数和主要参数为 $\boldsymbol{R}$，$\boldsymbol{R}$ 是由等式获得的一个向量。

搜索空间在上下边界之间随机初始化。在搜索步骤中，每个当前搜索位置的更新都是基于一个随机位置，以此来避免局部最优陷阱，并通过式（3-5）实现。r 表示每只沙丘猫的灵敏度范围。r 用于探索或开发阶段的操作，而 r_G 指导在这些阶段中的过渡控制的参数 $\boldsymbol{R}$。此外，t 是当前的迭代次数，maxIt 是最大的迭代次数。

$$r_G = S - \frac{S \times t}{\text{maxIt}} \tag{3-3}$$

$$\boldsymbol{R} = 2 \times r_G \times \text{rand()} - r_G \tag{3-4}$$

$$r = r_G \times \text{rand()} \tag{3-5}$$

每只沙丘猫根据最优候选位置 $\boldsymbol{X}_{bc}(t)$ 和当前位置 $\boldsymbol{X}_c(t)$ 及其灵敏度范围 r 更新自己的位置。因此，沙丘猫能够找到其他可能的最优猎物位置，如式（3-6）所示。因此，所获得的位置位于当前位置和猎物位置之间，该算法降低了操作成本，但提高了复杂度。

$$\boldsymbol{X}(t+1) = r \cdot (\boldsymbol{X}_{bc}(t) - \text{rand()} \cdot \boldsymbol{X}_c(t)) \tag{3-6}$$

3.1.3　攻击猎物（开发阶段）

沙丘猫通过它们的听觉来探测猎物。为了模拟沙丘猫群优化算法的攻击阶段，最优位置之间的距离 gbest 和当前位置 $\boldsymbol{X}_c(t)$ 由式（3-7）计算。假设沙丘猫的灵敏度范围为一个圆，则运动方向由圆上的一个随机角度 θ 决定。由于所选择的随机角度在 0° 和 360° 之间，其值将在 -1 和 1 之间，种群中的每个成员都能够在搜索空间的一个不同的圆形方向上移动，避免了局部最优。$\boldsymbol{X}_{rand}$ 表示随机位置，确保沙丘猫可以接近猎物。

$$\boldsymbol{X}_{rand} = |\text{rand()} \cdot \textbf{gbest} - \boldsymbol{X}_c(t)| \tag{3-7}$$

$$\boldsymbol{X}(t+1) = \textbf{gbest} - r \cdot \boldsymbol{X}_{rand} \cdot \cos\theta \tag{3-8}$$

3.1.4　探索和开发

参数 r_G 和 $\boldsymbol{R}$ 的自适应值保证了探索和开发，这些参数允许沙丘猫群优化算法在探索和开发两个阶段之间无缝切换。如前所述，当 r_G 以平衡的方式分布时，$\boldsymbol{R}$ 也会很好地得到平衡，换句话说，$\boldsymbol{R}$ 是区间 $[-2r_G, 2r_G]$ 中的一个随机值，其中，r_G 在迭代中从 2 减少到 0。当 $\boldsymbol{R}$ 在 $[-1,1]$ 中时，沙丘猫的下一个位置可以在其当前位置和猎物位置之间的任何位置。当 $\boldsymbol{R}$ 较小或等于 1 时，沙丘猫被指示攻击猎物。在寻找猎物（探索）阶段，每只沙丘猫的不同半径避免了局部最优陷阱。这一特征也是攻击猎物（开发）的有效参数之一，式（3-9）可以计算出各沙丘猫在探索开发阶段的位置更新策略。该算法的平衡行为和对全局空间中其他局部区域的影响具有快速、准确的收敛速度，因此在高维度及多目标问题中具有良好的性能。

$$\boldsymbol{X}(t+1) = \begin{cases} \textbf{gbest} - \boldsymbol{X}_{rand} \cdot \cos(\theta) \cdot r & |\boldsymbol{R}| \leqslant 1; \text{exploitation} \\ r \cdot (\boldsymbol{X}_{bc}(t) - \text{rand()} \cdot \boldsymbol{X}_c(t)) & |\boldsymbol{R}| > 1; \text{exploration} \end{cases} \tag{3-9}$$

3.2　算法流程图

沙丘猫群优化算法流程描述如下。

（1）初始化种群。

（2）基于目标函数计算适应度值。

（3）初始化 R、r_G、r。

（4）对每个个体进行策略选择。

（5）根据轮盘选择获得随机角度。

（6）选择策略。

① 当 $|R| \leqslant 1$ 时，根据式（3-5）更新搜索个体的位置。

② 当 $|R| > 1$ 时，根据式（3-4）更新搜索个体的位置。

（7）判断是否满足终止条件，若满足则跳出循环，否则返回步骤（5）。

（8）输出最优位置及最优适应度值。

沙丘猫群优化算法流程图如图 3-1 所示。

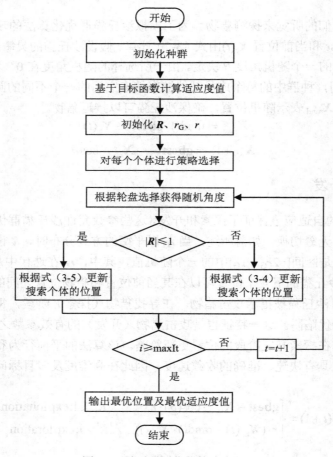

图 3-1　沙丘猫群优化算法流程图

3.3　沙丘猫群优化算法的 MATLAB 实现

沙丘猫群优化算法的代码如下。

```
%%----------------沙丘猫群优化算法-SCSO.m------------------%%
%% 输入: nPop, Dim, UpB, LoB, maxIt, F_Obj
% nPop: 沙丘猫数量
% Dim: 目标空间的维度
% UpB: 目标空间的上边界
% LoB: 目标空间的下边界
% maxIt: 算法的最大迭代次数
% F_Obj: 适应度函数接口
%%输出: Best, CNVG
% Best: 记录全部迭代完成后的最优位置（Best.Pos）和最优适应度值（Best.Fit）
% CNVG: 记录每次迭代的最优适应度值,用于绘制迭代过程中的适应度变化曲线
%%其他
% X: 种群结构体,记录种群所有成员的位置（X.Pos）和当前位置对应的适应度值（X.Fit）
%%------------------------------------------------------%%
function [Best,CNVG]=SCSO(nPop, Dim, UpB, LoB, maxIt, F_Obj)

    disp('SCSO is now tackling your problem')
    tic                             %  记录运行时间
    %%% 初始化参数
    p = [1:360];
    S=2;                            % S 为最大灵敏度范围

    %%% 初始化最优位置及最优适应度值
    Best.Pos=zeros(1,Dim);
    Best.Fit=inf;                   %  最小适应度值
    %%% 初始化种群位置和适应度值
    X=initialization(nPop,Dim,UpB,LoB);
    %%% 初始化 CNVG
    CNVG=zeros(1,maxIt);
    %%% 开始迭代
    t=0;
    p=[1:360];
    while t<maxIt
        for i=1:nPop
            X(i).Pos=min(X(i).Pos,UpB);
            X(i).Pos=max(X(i).Pos,LoB);

            fitness=F_Obj(X(i).Pos);
            X(i).Fit=fitness;
            if fitness<Best.Fit
                Best.Fit=fitness;
```

```
                    Best.Pos=X(i).Pos;
                end
            end
            rg=S-((S)*t/(maxIt));                        % 通过 S 控制 r_G 的范围
            for i=1:nPop
                r=rand*rg;                               % 通过 r_G 控制 r
                R=((2*rg)*rand)-rg;                      % 通过 r_G 控制 R
                for j=1:nPop
                teta=RouletteWheelSelection(p);          % 调用轮盘选择函数
                    if((-1<=R)&&(R<=1))                  % 模拟沙丘猫攻击猎物
                        Rand_position=abs(rand*Best.Pos(j)-X(i).Pos(j));
                        X(i).Pos(j)=Best.Pos(j)-r*Rand_position*cos(teta);
                    else
                        cp=floor(nPop*rand()+1);
                        CandidatePosition =X(cp).Pos;
                        X(i).Pos(j)=r*(CandidatePosition(j)-rand*X(i).Pos(j));
                    end
                end
            end
            t=t+1;
            CNVG(t)=Best.Fit;
        end
    end
```

沙丘猫群优化算法的种群初始化代码如下。

```
%%--------------种群初始化函数-initialization.m------------%%
% nPop: 沙丘猫数量
% Dim: 目标空间的维度
% UpB: 目标空间的上边界
% LoB: 目标空间的下边界
% X.Pos 为种群的初始化位置，X.Fit 为其适应度值
function X=initialization(nPop, Dim, UpB, LoB)
        for i=1:nPop
            X(i).Pos=rand(1, Dim).*(UpB-LoB)+LoB;
            X(i).Fit=inf;
        end
    end
```

沙丘猫群优化算法调用了轮盘选择函数，该函数返回的是 1～360 中的一个数，表示轮盘的指针随机停到某个位置。具体代码如下。

```
%%-----------轮盘选择函数-RouletteWheelSelection.m----------%%
function j=RouletteWheelSelection(P)
    r=rand;
    s=sum(P);
    P=P./s;
    C=cumsum(P);
    j=find(r<=C,1,'first');                      % 返回第一个 r≤C 的位置
end
```

3.4 沙丘猫群优化算法的应用案例

3.4.1 求解单峰函数极值问题

问题描述：计算函数 $f(x) = \sum_{i=1}^{n} x_i^2$（$-100 \leqslant x_i \leqslant 100$）的最小值，其中 x_i 的维度为 30。以 $f(x_1, x_2)$ 为例，函数的搜索曲面如图 3-2 所示。

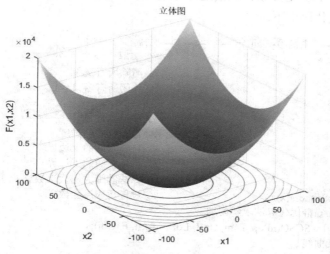

图 3-2 $f(x_1, x_2)$ 的搜索曲面

绘图代码如下。

```
%%------------绘制f(x1, x2)的搜索曲面-Fun_plot.m--------------%%
x1 = -100:1:100;
x2 = -100:1:100;
L1 = length(x1);
L2 = length(x2);
for i =1:L1
    for j = 1:L2
        f(i,j) = x1(i).^2+x2(j).^2;
    end
end
figure
surfc(x1,x2,f,'LineStyle','none');        % 绘制搜索曲面
title('立体图');                          % 标题
xlabel('x1');                             % x 轴标注
ylabel('x2');                             % y 轴标注
zlabel('F(x1,x2)');                       % z 轴标注
```

通过仿真模拟，将该函数问题转换为适应度函数代码，具体代码如下。

```
%%--------------适应度函数-fitness.m------------------%%
```

```
function Fit = fitness(xi)
        % xi 为输入的一个个体，维度为[1,Dim]
        % Fit 为输出的适应度值
        Fit = sum(xi.^2);
    end
```

假设沙丘猫数量 nPop=30，目标空间的维度 Dim=30。仿真过程可以理解为 30 只沙丘猫在(-100, 100)的目标空间中寻找猎物，通过沙丘猫群优化算法在有限的迭代次数（maxIt）内更新自身位置，通过适应度函数 Fun_Plot 计算自身位置与猎物位置的距离，直到找到一个位置可以使 Fun_Plot 函数获得或接近理论最优解，即沙丘猫接近猎物或捕捉到猎物。求解该问题的主函数代码如下。

```
%%--------------主函数-main.m------------------%%
clc;                                    % 清屏
clear all;                              % 清除所有变量
close all;                              % 关闭所有窗口
% 参数设置
nPop = 30;                              % 沙丘猫数量
Dim = 30;                               % 目标空间的维度
UpB = 100;                              % 目标空间的上边界
LoB = -100;                             % 目标空间的下边界
maxIt = 50;                             % 算法的最大迭代次数
F_Obj = @(x)fitness(x);                 % 设置适应度函数
% 利用沙丘猫群优化算法求解问题
[Best,CNVG] = SCSO(nPop, Dim, UpB, LoB, maxIt, F_Obj);
% 绘制迭代曲线
figure
plot(CNVG,'r-','linewidth',2);          % 绘制收敛曲线
axis tight;                             % 坐标轴显示范围为紧凑型
box on;                                 % 加边框
grid on;                                % 添加网格
title('沙丘猫群优化算法收敛曲线')        % 添加标题
xlabel('迭代次数')                       % 添加 x 轴标注
ylabel('适应度值')                       % 添加 y 轴标注
disp(['求解得到的最优解为：',num2str(Best.Pos)]);
disp(['最优解对应的函数值为：Fit=',num2str(Best.Fit)])
```

运行主函数代码（main.m），输出结果包括沙丘猫群优化算法运行时间、迭代次数内获得的最优适应度值（最优解），以及最优解对应的参数值 x。

```
    SCSO is now tackling your problem
    求解得到的最优解为： -2.309e-05      7.4657e-05      -2.6923e-05   -2.9336e-05
-1.5426e-06   5.0754e-05   -1.6162e-05   -4.124e-05      5.7774e-05    -7.2556e-07
-6.1216e-05   5.1161e-05   -2.7717e-05   -7.2279e-05     -4.3847e-05   -6.6241e-05
8.0525e-05    6.8043e-06   2.2078e-05    3.4175e-05      -4.2975e-05   -4.3777e-05
-5.2224e-05   -4.242e-05   -7.3006e-05   -1.782e-05      6.6799e-05    1.241e-05
5.9585e-05    -5.7155e-05
    最优解对应的函数值为：Fit=6.7795e-08
```

将代码返回的 CNVG 绘制成图 3-3 所示的收敛曲线，可以直观地看到每次迭代适应度

值的变化情况。

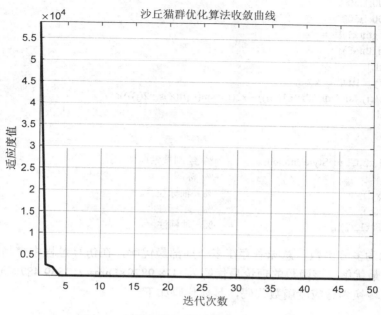

图 3-3 程序运行结果

3.4.2 求解多峰函数极值问题

问题描述：计算函数 $f(x) = \sum_{i=1}^{n} -x_i \sin \sqrt{|x_i|}$ （$-500 \leqslant x_i \leqslant 500$）的最小值，其中 x_i 的维度为 30。以 $f(x_1, x_2)$ 为例，函数的搜索曲面如图 3-4 所示。

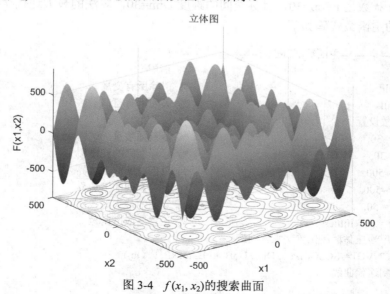

图 3-4 $f(x_1, x_2)$ 的搜索曲面

绘图代码如下。

```
%%------------绘制 f(x₁, x₂)的搜索曲面-Fun_plot2.m--------------%%
x1 = -500:1:500;
x2 = -500:1:500;
L1 = length(x1);
L2 = length(x2);
for i =1:L1
    for j = 1:L2
f(i,j)=-x1(i).*sin(sqrt(abs(x1(i))))+-x2(j).*sin(sqrt(abs(x2(j))));
    end
end
figure
surfc(x1,x2,f,'LineStyle','none');        %  绘制搜索曲面
title('立体图');                           %  标题
xlabel('x1');                              % x 轴标注
ylabel('x2');                              % y 轴标注
zlabel('F(x1,x2)');                        % z 轴标注
```

函数 $f(x)$ 为多峰函数，意味着存在多个局部最优解，在仿真过程中容易陷入局部最优解而忽略全局最优解，该函数的理论最优解为-418.9829×Dim=-12569.487。通过仿真模拟，将该函数问题转换为适应度函数代码，具体代码如下。

```
%%--------------适应度函数-fitness2.m-------------------%%
function Fit = fitness2(xi)
    % xᵢ 为输入的一个个体，维度为[1,Dim]
    % Fit 为输出的适应度值
    Fit = sum(-xi.*sin(sqrt(abs(xi))));
end
```

假设沙丘猫数量 nPop=30，目标空间的维度 Dim=30，算法的最大迭代次数 maxIt=50，求解该问题的主函数代码如下。

```
%%--------------主函数-main2.m-------------------%%
clc;                                       % 清屏
clear all;                                 % 清除所有变量
close all;                                 % 关闭所有窗口
% 参数设置
nPop = 30;                                 % 沙丘猫数量
Dim = 30;                                  % 目标空间的维度
UpB = 500;                                 % 目标空间的上边界
LoB = -500;                                % 目标空间的下边界
maxIt = 50;                                % 算法的最大迭代次数
F_Obj = @(x)fitness2(x);                   % 设置适应度函数
% 利用沙丘猫群优化算法求解问题
[Best,CNVG] = SCSO(nPop, Dim, UpB, LoB, maxIt, F_Obj);
% 绘制迭代曲线
figure
plot(CNVG,'r-','linewidth',2);             % 绘制收敛曲线
axis tight;                                % 坐标轴显示范围为紧凑型
```

```
box on;                                    % 加边框
grid on;                                   % 添加网格
title('沙丘猫群优化算法收敛曲线')              % 添加标题
xlabel('迭代次数')                          % 添加 x 轴标注
ylabel('适应度值')                          % 添加 y 轴标注
disp(['求解得到的最优解为：',num2str(Best.Pos)]);
disp(['最优解对应的函数值为：Fit=',num2str(Best.Fit)])
```

运行主函数代码（main2.m），输出结果包括沙丘猫群优化算法运行时间、迭代次数内获得的最优适应度值（最优解），以及最优解对应的参数值 x。

SCSO is now tackling your problem				
求解得到的最优解为：413.3324	-274.259	412.5638	-18.56825	199.9926
408.2927　-319.3033	-500	11.31039	41.19401	-313.4353　403.6315
439.1076　-125.5421	9.49268	-306.828	166.7609	-19.62276　-146.9571
420.9929　421.376	68.67595	422.1115	422.3778	-309.5196　-16.63429
403.9651　-500	260.7074	-300.786		
最优解对应的函数值为：Fit=-6497.739				

将代码返回的 CNVG 绘制成图 3-5 所示的收敛曲线，可以直观地看到每次迭代适应度值的变化情况。

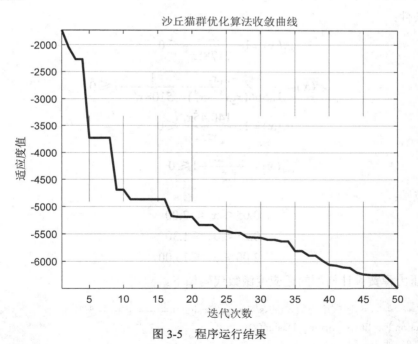

图 3-5　程序运行结果

3.4.3　拉力/压力弹簧设计问题

拉力/压力弹簧设计问题模型如图 3-6 所示。

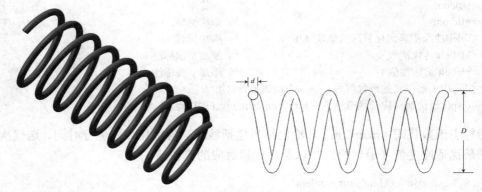

图 3-6　拉力/压力弹簧设计问题模型

问题描述：拉力/压力弹簧设计问题旨在通过优化算法找到弹簧直径（d）、平均线圈直径（D）以及有效线圈数（N）的最优值，并在最小偏差（g_1）、剪切应力（g_2）、冲击频率（g_3）、外径限制（g_4）4 种约束条件下降低弹簧的质量。

拉力/压力弹簧设计的数学模型描述如下。

设：$\boldsymbol{x} = [x_1\ x_2\ x_3] = [d\ D\ N]$

目标函数：$\min f(\boldsymbol{x}) = (x_3 + 2)x_2 x_1^2$

约束条件：

$$g_1(\boldsymbol{x}) = 1 - \frac{x_2^3 x_3}{71785 x_1^4} \leqslant 0$$

$$g_2(\boldsymbol{x}) = \frac{4x_2^2 - x_1 x_2}{12566(x_2 x_1^3 - x_1^4)} + \frac{1}{5108 x_1^2} - 1 \leqslant 0$$

$$g_3(\boldsymbol{x}) = 1 - \frac{140.45 x_1}{x_2^2 x_3} \leqslant 0$$

$$g_4(\boldsymbol{x}) = \frac{x_1 + x_2}{1.5} - 1 \leqslant 0$$

变量范围：

$$0.05 \leqslant x_1 \leqslant 2.00$$
$$0.25 \leqslant x_2 \leqslant 1.30$$
$$2.00 \leqslant x_3 \leqslant 15.00$$

拉力/压力弹簧设计问题的适应度函数代码如下。

```
%%--------------适应度函数-fitness_Spring_Design.m-------------------%%
function Fit=fitness_Spring_Design(x)
    % 惩罚系数
    PCONST = 100000;
    % 目标函数
    Fit=(x(3)+2)*x(2)*(x(1)^2);
    G1=1-((x(2)^3)*x(3))/(71785*x(1)^4);
    G2=(4*x(2)^2-x(1)*x(2))/(12566*x(2)*x(1)^3-x(1)^4)+1/(5108*x(1)^2)-1;
```

```
        G3=1-(140.45*x(1))/((x(2)^2)*x(3));
        G4=((x(1)+x(2))/1.5)-1;
        %  惩罚函数
        Fit = Fit + PCONST*(max(0,G1)^2+max(0,G2)^2+max(0,G3)^2+max(0,G4)^2);
    end
```

主函数代码如下。

```
%%--------------主函数-main_Spring_Design.m------------------%%
clc;                                      %  清屏
clear all;                                %  清除所有变量
close all;                                %  关闭所有窗口
%  参数设置
nPop = 30;                                %  沙丘猫数量
Dim = 3;                                  %  目标空间的维度
UpB = [2.00 1.30 15.0];                   %  目标空间的上边界
LoB = [0.05 0.25 2.00];                   %  目标空间的下边界
maxIt = 50;                               %  算法的最大迭代次数
F_Obj = @(x)fitness_Spring_Design(x);     %  设置适应度函数
%  利用沙丘猫群优化算法求解问题
[Best,CNVG] = SCSO(nPop, Dim, UpB, LoB, maxIt, F_Obj);
%  绘制迭代曲线
figure
plot(CNVG,'r-','linewidth',2);            %  绘制收敛曲线
axis tight;                               %  坐标轴显示范围为紧凑型
box on;                                   %  加边框
grid on;                                  %  添加网格
title('沙丘猫群优化算法收敛曲线')           %  添加标题
xlabel('迭代次数')                         %  添加 x 轴标注
ylabel('适应度值')                         %  添加 y 轴标注
disp(['求解得到的最优解为：',num2str(Best.Pos)]);
disp(['最优解对应的函数值为：Fit=',num2str(Best.Fit)])
```

运行主函数代码（main_Spring_Design.m），输出结果包括沙丘猫群优化算法运行时间、迭代次数内获得的最优适应度值（最优解），以及最优解对应的参数值 x。

```
SCSO is now tackling your problem
求解得到的最优解为：0.05          0.37382          8.5982
最优解对应的函数值为：Fit=0.0099045
```

将代码返回的 CNVG 绘制成图 3-7 所示的收敛曲线，可以直观地看到每次迭代适应度值的变化情况。

本章涉及的代码文件如图 3-8 所示。

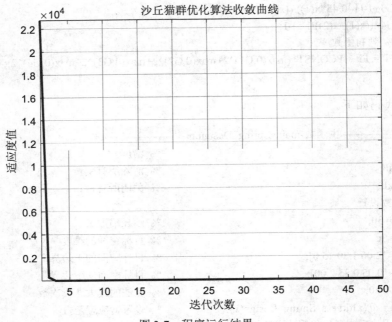

图 3-7 程序运行结果

图 3-8 代码文件

参考文献

[1] SEYYEDABBASI A, KIANI F. Sand Cat Swarm Optimization: A Nature-inspired Algorithm to Solve Global Optimization Problems[J]. Engineering with Computers, 2022(4): 2627-2651.

[2] LI Y, WANG G. Sand Cat Swarm Optimization Based on Stochastic Variation with Elite Collaboration[J]. IEEE Access, 2022(10): 89989-90003.

[3] AGHAEI V T, SEYYEDABBASI A, RASHEED J. Sand Cat Swarm Optimization-based Feedback Controller Design for Nonlinear Systems[J]. Heliyon, 2023, 9(3): 13885.

[4] LU W, SHI C, FU H, et al. A Power Transformer Fault Diagnosis Method Based on Improved Sand Cat Swarm Optimization Algorithm and Bidirectional Gated Recurrent Unit[J]. Electronics, 2023, 12(3): 672.

[5] WANG X, LIU Q, ZHANG L. An Adaptive Sand Cat Swarm Algorithm Based on Cauchy Mutation and Optimal Neighborhood Disturbance Strategy[J]. Biomimetics, 2023, 8(2): 191.

[6] KIANI F, NEMATZADEH S, ANKA F A, et al. Chaotic Sand Cat Swarm Optimization[J]. Mathematics, 2023, 11(10): 2340.

[7] KIANI F, ANKA F A, ERENEL F. PSCSO: Enhanced Sand Cat Swarm Optimization Inspired by The Political System to Solve Complex Problems[J]. Advances in Engineering Software, 2023, 178: 103423.

[8] ARASTEH B, SEYYEDABBASI A, RASHEED J, et al. Program Source-Code Re-Modularization Using a Discretized and Modified Sand Cat Swarm Optimization Algorithm[J]. Symmetry, 2023, 15(2): 401.

[9] WU D, RAO H, WEN C, et al. Modified Sand Cat Swarm Optimization Algorithm for Solving Constrained Engineering Optimization Problems[J]. Mathematics, 2022, 10(22): 4350.

[10] QTAISH A, ALBASHISH D, BRAIK M, et al. Memory-based Sand Cat Swarm Optimization for Feature Selection in Medical Diagnosis[J]. Electronics, 2023, 12(9): 2042.

第 3 章课件

第 3 章代码

[3] LIU W, SUN C P, Li L, et al. Power Transformer Fault Diagnosis Method Based on Improved Cuckoo Search Optimization Algorithm and Edge metal Cost-el Resonance[J]. ...

[5] WANG X, TIU Q, CHANG T. An Adaptive Panel Particle Swarm Algorithm Based on ...

[6] RIGAT R, NEMATZADEH S, SINA T A, et al. Chaotic Snake C8 ... Ophthalmoloji Mathematics, 2022, 110: 23.0.

[7] BIASHI AN ... Enamel by Fire Points Distance ... Software, 2023, 8: 10722.

[10] OFAISH A, ALBAS USH E, RKAM M ... Optimization for Feature Selection[J]. Medical Data ...

鲸鱼优化算法原理及其 MATLAB 实现

4.1 鲸鱼优化算法的基本原理

鲸鱼优化算法（Whale Optimization Algorithm，WOA）是 Seyedali Mirjalili 等人于 2016 年提出的一种新的群体智能优化算法，该算法模拟鲸鱼的社会行为。鲸鱼是世界上最大的哺乳动物，并被证明可以像人类一样思考、学习、判断和交流，甚至具有类似人类的情感。鲸鱼最有趣的地方在于它们特殊的捕猎方法——气泡网捕食方法。鲸鱼喜欢捕食靠近水面的磷虾或小鱼，通过沿着一个圆形或"9"字形的路径产生独特的气泡来完成对猎物的围堵，如图 4-1 所示。

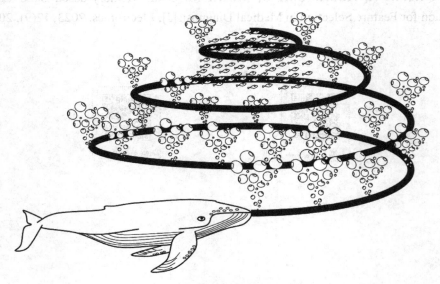

图 4-1 鲸鱼的气泡网捕食示意图

提出鲸鱼优化算法的灵感来源于鲸鱼特有的搜索方法和围捕机制，主要由包围猎物、气泡网攻击、搜索猎物 3 个部分组成。

4.1.1 包围猎物

在这个阶段，鲸鱼优化算法假定当前的最优候选解是目标猎物或接近最优解，在定义了最优搜索代理之后，其他搜索代理将尝试向最优搜索代理更新其位置。具体如下。

$$D = \left| C \times \text{gbest} - X(t) \right| \tag{4-1}$$

$$X(t+1) = \text{gbest} - A \times D \tag{4-2}$$

其中，t 表示当前迭代次数，A 和 C 表示系数向量，gbest 表示目前获得的最优解的位置向量，$X(t)$ 表示当前鲸鱼的位置向量。如果存在更优解，gbest 应在每次迭代中更新。向量 A 和 C 的计算公式如下。

$$A = 2 \times a \times r - a \tag{4-3}$$

$$C = 2 \times r \tag{4-4}$$

其中，a 随着迭代过程从 2 线性下降到 0，r 是[0,1]中的随机向量。

4.1.2　气泡网攻击（开发阶段）

鲸鱼在狩猎时，采用气泡网捕食并以螺旋运动游向猎物，具体如下。

$$X(t+1) = D' \times e^{bl} \times \cos(2\pi l) + \text{gbest} \tag{4-5}$$

$$D' = \left| \text{gbest} - X(t) \right| \tag{4-6}$$

其中，b 是定义螺旋形状的一个常数，l 是[-1, 1]中的随机数。值得注意的是，鲸鱼在一个逐渐缩小的圆内围绕猎物游动，同时沿着螺旋形路径游动。假设有 0.5 的概率可以在收缩环绕机制和螺旋机制之间进行选择，具体如下。

$$X(t+1) = \begin{cases} \text{gbest} - A \times D & , p < 0.5 \\ D' \times e^{bl} \times \cos(2\pi l) + \text{gbest} & , p \geqslant 0.5 \end{cases} \tag{4-7}$$

其中，p 是[0, 1]中的随机数。

4.1.3　搜索猎物（探索阶段）

鲸鱼优化算法的开发阶段和探索阶段通过向量 A 来界定，当$|A|>1$ 时，算法进入探索阶段，反之则进入开发阶段。为保证鲸鱼能在空间中充分搜索，鲸鱼优化算法在探索阶段的位置更新基于种群中随机的一个位置，具体如下。

$$D = \left| C \times X_{\text{rand}}(t) - X(t) \right| \tag{4-8}$$

$$X(t+1) = X_{\text{rand}}(t) - A \times D \tag{4-9}$$

其中，X_{rand} 是从当前种群中选择的随机位置向量。当$|A|>1$ 时，算法进入探索阶段，该阶段的主要目的是全局搜索，为增加随机性，基于随机鲸鱼的位置进行位置更新；当$|A|<1$ 时，算法进入开发阶段，该阶段的主要目的是局部搜索，因此基于最优鲸鱼的位置进行位置更新。

4.2　算法流程图

鲸鱼优化算法流程描述如下。

（1）初始化种群。

（2）计算每只鲸鱼的适应度值并保存最优解。

（3）更新 a、A、C、l、p。

（4）若 $p<0.5$，则进入步骤（5）；否则，根据气泡网捕食机制，采用式（4-5）更新位置。

（5）若 $|A|<1$，则包围猎物，采用式（4-2）更新位置；否则，随机搜索猎物，采用式（4-9）更新位置。

（6）计算每只鲸鱼的适应度值并更新最优解。

（7）判断是否满足终止条件，若满足则跳出循环，否则返回步骤（2）。

（8）输出最优位置及最优适应度值。

鲸鱼优化算法流程图如图 4-2 所示。

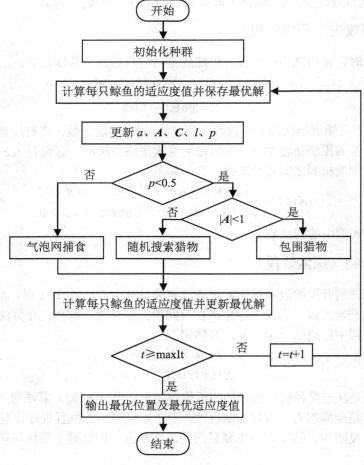

图 4-2 鲸鱼优化算法流程图

4.3 鲸鱼优化算法的 MATLAB 实现

鲸鱼优化算法的代码如下。

```
%%----------------鲸鱼优化算法-WOA.m------------------%%
%%% 输入：nPop, Dim, UpB, LoB, maxIt, F_Obj
% nPop: 鲸鱼数量
```

```
% Dim: 目标空间的维度
% UpB: 目标空间的上边界
% LoB: 目标空间的下边界
% maxIt: 算法的最大迭代次数
% F_Obj: 适应度函数接口
%%% 输出: Best, CNVG
% Best: 记录全部迭代完成后的最优位置（Best.Pos）和最优适应度值（Best.Fit）
% CNVG: 记录每次迭代的最优适应度值，用于绘制迭代过程中的适应度变化曲线
%%% 其他
% X: 种群结构体，记录种群所有成员的位置（X.Pos）和当前位置对应的适应度值（X.Fit）
%%%------------------------------------------------------%%%
function [Best,CNVG]=WOA(nPop, Dim, UpB, LoB, maxIt, F_Obj)

    disp('WOA is now tackling your problem')
    tic %记录运行时间
    %%% 初始化最优个体的位置和适应度值
    Best.Pos=zeros(1,Dim);
    Best.Fit=inf;
    %%% 初始化种群位置和适应度值
    X=initialization(nPop,Dim,UpB,LoB);

    %%% 初始化 CNVG
    CNVG=zeros(1,maxIt);

    %%% 开始迭代
    t=0;
    while t<maxIt
        for i=1:nPop
            % 检查边界
            X(i).Pos=min(X(i).Pos,UpB);
            X(i).Pos=max(X(i).Pos,LoB);
            % 计算每个搜索代理的目标函数
            fitness=F_Obj(X(i).Pos);    % 计算适应度值
            X(i).Fit=fitness;
            % 更新最优位置与最优适应度值
            if fitness<Best.Fit
                Best.Fit=fitness;
                Best.Pos=X(i).Pos;
            end
        end
        a=2-t*((2)/maxIt);              % a 随迭代次数从 2 线性减少到 0
        % a2 从-1 线性减少到-2
        a2=-1+t*((-1)/maxIt);
        % 更新搜索代理的位置
        for i=1:nPop                    % 第 i 只鲸鱼的位置更新
            r1=rand();                  % r1 为[0,1]的随机数
            r2=rand();                  % r2 为[0,1]的随机数
            A=2*a*r1-a;                 % 系数向量
            C=2*r2;                     % 系数向量
            b=1;                        % 常数 b
```

```
                l=(a2-1)*rand+1;                                % 随机数 l
                p = rand();                                     % 概率 p
                for j=1:Dim                                     % 第 j 维空间内更新位置
                    if p<0.5
                        if abs(A)>=1
                            % 随机搜索猎物
                            rand_leader_index = floor(nPop*rand()+1);    % floor 朝负无穷大方向取整
                            X_rand = X(rand_leader_index).Pos;           % 得到随机的鲸鱼位置
                            D_X_rand=abs(C*X_rand(j)-X(i).Pos(j));
                            X(i).Pos(j)=X_rand(j)-A*D_X_rand; % 基于随机的鲸鱼位置进行位置更新
                        elseif abs(A)<1
                            % 模拟鲸鱼包围猎物
                            D_Leader=abs(C*Best.Pos(j)-X(i).Pos(j));
                            X(i).Pos(j)=Best.Pos(j)-A*D_Leader; % 基于最优的鲸鱼位置进行位置更新
                        end
                    elseif p>=0.5
                        % 模拟鲸鱼进行气泡网攻击
                        distance2Leader=abs(Best.Pos(j)-X(i).Pos(j));
                        X(i).Pos(j)=distance2Leader*exp(b.*l).*cos(l.*2*pi)+Best.Pos(j);
                    end
                end
            end
        t=t+1;
        CNVG(t)=Best.Fit;                                       % 绘制收敛曲线
    end
end
```

鲸鱼优化算法的种群初始化代码如下。

```
%%-------------种群初始化函数-initialization.m-------------%%
% nPop：鲸鱼数量
% Dim：目标空间的维度
% UpB：目标空间的上边界
% LoB：目标空间的下边界
% X.Pos 为种群的初始化位置，X.Fit 为其适应度值
function X=initialization(nPop,Dim,UpB,LoB)
    for i=1:nPop
        X(i).Pos=rand(1,Dim).*(UpB-LoB)+LoB;
        X(i).Fit=inf;
    end
end
```

4.4 鲸鱼优化算法的应用案例

4.4.1 求解单峰函数极值问题

问题描述：计算函数 $f(x) = \sum_{i=1}^{n} x_i^2$ （$-100 \leqslant x_i \leqslant 100$）的最小值，其中 x_i 的维度为 30。

以 $f(x_1, x_2)$ 为例，函数的搜索曲面如图 4-3 所示。

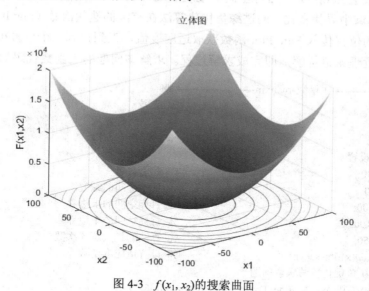

图 4-3　$f(x_1, x_2)$ 的搜索曲面

绘图代码如下。

```
%%-------------绘制 f(x₁, x₂)的搜索曲面-Fun_plot.m--------------%%
x1 = -100:1:100;
x2 = -100:1:100;
L1 = length(x1);
L2 = length(x2);
for i =1:L1
    for j = 1:L2
        f(i,j) = x1(i).^2+x2(j).^2;
    end
end
figure
surfc(x1,x2,f,'LineStyle','none');            % 绘制搜索曲面
title('立体图');                               % 标题
xlabel('x1');                                 % x 轴标注
ylabel('x2');                                 % y 轴标注
zlabel('F(x1,x2)');                           % z 轴标注
```

通过仿真模拟，将该函数问题转换为适应度函数代码，具体代码如下。

```
%%--------------适应度函数-fitness.m--------------------%%
function Fit = fitness(xi)
    % xᵢ为输入的一个个体，维度为[1,Dim]
    % Fit 为输出的适应度值
    Fit = sum(xi.^2);
end
```

假设鲸鱼数量 nPop=30，目标空间的维度 Dim=30。仿真过程可以理解为 30 只鲸鱼在 (-100, 100)的海域中寻找食物，通过鲸鱼优化算法在有限的迭代次数（maxIt）内更新位置，并将每次更新的位置传入 Fun_Plot 函数获取适应度值，直到找到一个位置可以使 Fun_Plot 函数获得或接近理论最优解，即完成求解过程。求解该问题的主函数代码如下。

```
%%--------------主函数-main.m------------------%%
clc;                                    % 清屏
clear all;                              % 清除所有变量
close all;                              % 关闭所有窗口
% 参数设置
nPop = 30;                              % 鲸鱼数量
Dim = 30;                               % 目标空间的维度
UpB = 100;                              % 目标空间的上边界
LoB = -100;                             % 目标空间的下边界
maxIt = 50;                             % 算法的最大迭代次数
F_Obj = @(x)fitness(x);                 % 设置适应度函数
% 利用鲸鱼优化算法求解问题
[Best,CNVG] = WOA(nPop, Dim, UpB, LoB, maxIt, F_Obj);
% 绘制迭代曲线
figure
plot(CNVG,'r-','linewidth',2);          % 绘制收敛曲线
axis tight;                             % 坐标轴显示范围为紧凑型
box on;                                 % 加边框
grid on;                                % 添加网格
title('鲸鱼优化算法收敛曲线')            % 添加标题
xlabel('迭代次数')                       % 添加 x 轴标注
ylabel('适应度值')                       % 添加 y 轴标注
disp(['求解得到的最优解为: ',num2str(Best.Pos)]);
disp(['最优解对应的函数值为: Fit=',num2str(Best.Fit)])
```

运行主函数代码（main.m），输出结果包括鲸鱼优化算法运行时间、迭代次数内获得的最优适应度值（最优解），以及最优解对应的参数值 x。

```
WOA is now tackling your problem
求解得到的最优解为: 6.7126e-05     -0.0007742      0.00049936      -0.0012262
-0.0010212    0.002373    0.00067831     0.0015131       0.0033883       0.0010129
-0.00078014   0.0017684   0.000942       0.00028032      -0.0022422      0.00068758
0.0088037     7.643e-05   0.0034869      6.9278e-05      0.00045725      0.0010632
0.0015176     7.1773e-05  6.2051e-05     -0.0010133      0.001956        -0.00013013
-0.00020852   -0.0046206
最优解对应的函数值为: Fit=0.00015408
```

将代码返回的 CNVG 绘制成图 4-4 所示的收敛曲线，可以直观地看到每次迭代适应度值的变化情况。

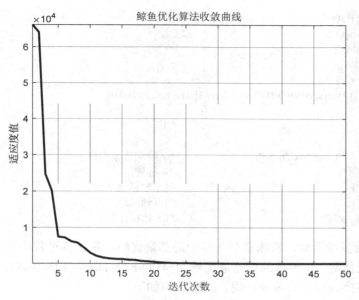

图 4-4　程序运行结果

4.4.2　求解多峰函数极值问题

问题描述：计算函数 $f(x)=\sum_{i=1}^{n}-x_i\sin\sqrt{|x_i|}$ （$-500\leqslant x_i\leqslant 500$）的最小值，其中 x_i 的维度为 30。以 $f(x_1,x_2)$ 为例，函数的搜索曲面如图 4-5 所示。

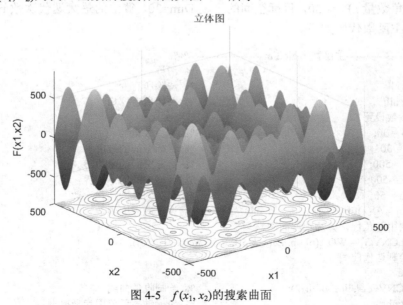

图 4-5　$f(x_1,x_2)$ 的搜索曲面

绘图代码如下。

```
%%------------绘制 f(x₁, x₂)的搜索曲面-Fun_plot2.m--------------%%
x1 = -500:1:500;
```

```
x2 = -500:1:500;
L1 = length(x1);
L2 = length(x2);
for i =1:L1
    for j = 1:L2
f(i,j)=-x1(i).*sin(sqrt(abs(x1(i))))+-x2(j).*sin(sqrt(abs(x2(j))));
    end
end
figure
surfc(x1,x2,f,'LineStyle','none');          % 绘制搜索曲面
title('立体图');                             % 标题
xlabel('x1');                               % x 轴标注
ylabel('x2');                               % y 轴标注
zlabel('F(x1,x2)');                         % z 轴标注
```

函数 $f(x)$ 为多峰函数，意味着存在多个局部最优解，在仿真过程中容易陷入局部最优解而忽略全局最优解，该函数的理论最优解为$-418.9829×Dim=-12569.487$。通过仿真模拟，将该函数问题转换为适应度函数代码，具体代码如下。

```
%%--------------适应度函数-fitness2.m------------------%%
function Fit = fitness2(xi)
    % xi 为输入的一个个体，维度为[1,Dim]
    % Fit 为输出的适应度值
    Fit = sum(-xi.*sin(sqrt(abs(xi))));
end
```

假设鲸鱼数量 nPop=30，目标空间的维度 Dim=30，算法的最大迭代次数 maxIt=50，求解该问题的主函数代码如下。

```
%%--------------主函数-main2.m------------------%%
clc;                                        % 清屏
clear all;                                  % 清除所有变量
close all;                                  % 关闭所有窗口
% 参数设置
nPop = 30;                                  % 鲸鱼数量
Dim = 30;                                   % 目标空间的维度
UpB = 500;                                  % 目标空间的上边界
LoB = -500;                                 % 目标空间的下边界
maxIt = 50;                                 % 算法的最大迭代次数
F_Obj = @(x)fitness2(x);                    % 设置适应度函数
% 利用鲸鱼优化算法求解问题
[Best,CNVG] = WOA(nPop, Dim, UpB, LoB, maxIt, F_Obj);
% 绘制迭代曲线
figure
plot(CNVG,'r-','linewidth',2);              % 绘制收敛曲线
axis tight;                                 % 坐标轴显示范围为紧凑型
box on;                                     % 加边框
grid on;                                    % 添加网格
title('鲸鱼优化算法收敛曲线')               % 添加标题
xlabel('迭代次数')                          % 添加 x 轴标注
```

```
ylabel('适应度值')                                    % 添加 y 轴标注
disp(['求解得到的最优解为: ',num2str(Best.Pos)]);
disp(['最优解对应的函数值为: Fit=',num2str(Best.Fit)])
```

运行主函数代码（main2.m），输出结果包括鲸鱼优化算法运行时间、迭代次数内获得的最优适应度值（最优解），以及最优解对应的参数值 x。

WOA is now tackling your problem				
求解得到的最优解为: -248.3043	-304.1701	-304.1495	-304.4729	-304.3172
-32.96731	-304.2167	-304.3619	-304.1599	-304.0388	-304.0485	-87.43998
-304.1042	-304.1844	-304.434	-303.9876	-304.0497	-304.086	-304.2065
-304.1918	422.3456	-304.1777	-304.1164	422.3994	-304.1701	-303.9358
-304.1418	-2.884464	-305.6879	-304.1701			
最优解对应的函数值为: Fit=-8061.3589				

将代码返回的 CNVG 绘制成图 4-6 所示的收敛曲线，可以直观地看到每次迭代适应度值的变化情况。

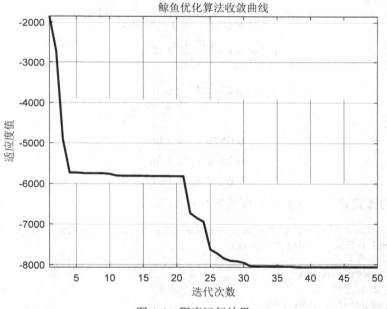

图 4-6　程序运行结果

4.4.3　拉力/压力弹簧设计问题

拉力/压力弹簧设计问题模型如图 4-7 所示。

问题描述：拉力/压力弹簧设计问题旨在通过优化算法找到弹簧直径（d）、平均线圈直径（D）以及有效线圈数（N）的最优值，并在最小偏差（g_1）、剪切应力（g_2）、冲击频率（g_3）、外径限制（g_4）4 种约束条件下降低弹簧的质量。

拉力/压力弹簧设计的数学模型描述如下。

设：$\boldsymbol{x} = [x_1 \ x_2 \ x_3] = [d \ D \ N]$

目标函数：$\min f(\boldsymbol{x}) = (x_3 + 2)x_2 x_1^2$

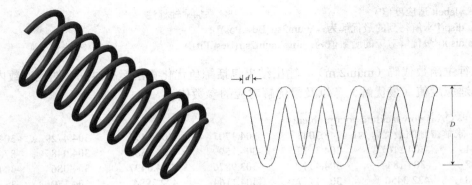

图 4-7 拉力/压力弹簧设计问题模型

约束条件：

$$g_1(\boldsymbol{x}) = 1 - \frac{x_2^3 x_3}{71785 x_1^4} \leqslant 0$$

$$g_2(\boldsymbol{x}) = \frac{4x_2^2 - x_1 x_2}{12566(x_2 x_1^3 - x_1^4)} + \frac{1}{5108 x_1^2} - 1 \leqslant 0$$

$$g_3(\boldsymbol{x}) = 1 - \frac{140.45 x_1}{x_2^2 x_3} \leqslant 0$$

$$g_4(\boldsymbol{x}) = \frac{x_1 + x_2}{1.5} - 1 \leqslant 0$$

变量范围：

$$0.05 \leqslant x_1 \leqslant 2.00$$

$$0.25 \leqslant x_2 \leqslant 1.30$$

$$2.00 \leqslant x_3 \leqslant 15.00$$

拉力/压力弹簧设计问题的适应度函数代码如下。

```
%%--------------适应度函数-fitness_Spring_Design.m------------------%%
function Fit=fitness_Spring_Design(x)
    % 惩罚系数
    PCONST = 100000;
    % 目标函数
    Fit=(x(3)+2)*x(2)*(x(1)^2);
    G1=1-((x(2)^3)*x(3))/(71785*x(1)^4);
    G2=(4*x(2)^2-x(1)*x(2))/(12566*x(2)*x(1)^3-x(1)^4)+1/(5108*x(1)^2)-1;
    G3=1-(140.45*x(1))/((x(2)^2)*x(3));
    G4=((x(1)+x(2))/1.5)-1;
    % 惩罚函数
    Fit = Fit + PCONST*(max(0,G1)^2+max(0,G2)^2+max(0,G3)^2+max(0,G4)^2);
end
```

主函数代码如下。

```
%%--------------主函数-main_Spring_Design.m------------------%%
clc;                                          % 清屏
clear all;                                    % 清除所有变量
```

```
close all;                                    % 关闭所有窗口
% 参数设置
nPop = 30;                                    % 鲸鱼数量
Dim = 3;                                      % 目标空间的维度
UpB = [2.00 1.30 15.0];                       % 目标空间的上边界
LoB = [0.05 0.25 2.00];                       % 目标空间的下边界
maxIt = 50;                                   % 算法的最大迭代次数
F_Obj = @(x)fitness_Spring_Design(x);         % 设置适应度函数
% 利用鲸鱼优化算法求解问题
[Best,CNVG] = WOA(nPop, Dim, UpB, LoB, maxIt, F_Obj);
% 绘制迭代曲线
figure
plot(CNVG,'r-','linewidth',2);                % 绘制收敛曲线
axis tight;                                   % 坐标轴显示范围为紧凑型
box on;                                       % 加边框
grid on;                                      % 添加网格
title('鲸鱼优化算法收敛曲线')                    % 添加标题
xlabel('迭代次数')                             % 添加 x 轴标注
ylabel('适应度值')                             % 添加 y 轴标注
disp(['求解得到的最优解为：',num2str(Best.Pos)]);
disp(['最优解对应的函数值为：Fit=',num2str(Best.Fit)])
```

运行主函数代码（main_Spring_Design.m），输出结果包括鲸鱼优化算法运行时间、迭代次数内获得的最优适应度值（最优解），以及最优解对应的参数值 x。

```
WOA is now tackling your problem
求解得到的最优解为：0.055483        0.51631        4.9436
最优解对应的函数值为：Fit=0.011036
```

将代码返回的 CNVG 绘制成图 4-8 所示的收敛曲线，可以直观地看到每次迭代适应度值的变化情况。

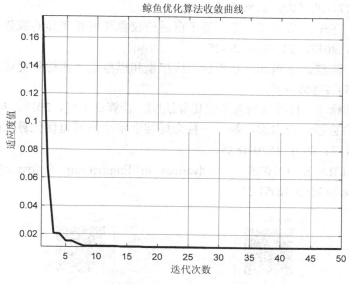

图 4-8　程序运行结果

本章涉及的代码文件如图 4-9 所示。

图 4-9　代码文件

参 考 文 献

[1] 孙琪，于永进，王玉彬，等．采用改进鲸鱼算法的配电网综合优化[J]．电力系统及其自动化学报，2021，33（5）：22-29．

[2] 郑直，张华钦，潘月．基于改进鲸鱼算法优化 LSTM 的滚动轴承故障诊断[J]．振动与冲击，2021，40（7）：274-280．

[3] 王坚浩，张亮，史超，等．基于混沌搜索策略的鲸鱼优化算法[J]．控制与决策，2019，34（09）：1893-1900．

[4] 秋兴国，王瑞知，张卫国，等．基于混合策略改进的鲸鱼优化算法[J]．计算机工程与应用，2022，58（1）：70-78．

[5] 徐继亚，王艳，纪志成．基于鲸鱼算法优化 WKELM 的滚动轴承故障诊断[J]．系统仿真学报，2017，29（9）：2189-2197．

[6] 郭振洲，王平，马云峰，等．基于自适应权重和柯西变异的鲸鱼优化算法[J]．微电子学与计算机，2017，34（9）：20-25．

[7] 褚鼎立，陈红，王旭光．基于自适应权重和模拟退火的鲸鱼优化算法[J]．电子学报，2019，47（5）：992-999．

[8] 张永，陈锋．一种改进的鲸鱼优化算法[J]．计算机工程，2018，44（3）：208-219．

[9] 刘磊，白克强，但志宏，等．一种全局搜索策略的鲸鱼优化算法[J]．小型微型计算机系统，2020，41（9）：1820-1825．

[10] MIRJALILI S, LEWIS A. Advances in Engineering Software[J]. Advances in Engineering Software 95(2016)51-57.

第 4 章课件

第 4 章代码

大猩猩部队优化算法原理及其 MATLAB 实现

5.1 大猩猩部队优化算法的基本原理

大猩猩部队优化（Gorilla Troops Optimizer，GTO）算法由 Benyamin Abdollahzadeh 等人于 2021 年提出，该算法是受大猩猩群体生活行为启发的一种群智能优化算法，主要由探索和开发两个阶段组成。在探索阶段使用了 3 种不同的操作方式，包括向未知位置迁移、向已知位置迁移和向其他群体迁移；在开发阶段使用了两种操作方式，包括跟随银背大猩猩（首领）和为雌性大猩猩竞争。这 5 种操作方式模拟了大猩猩的行为模式。

大猩猩部队优化算法是一种无梯度的群体智能优化算法，通过模拟大猩猩在种群中的生活方式以及社会关系得以实现。首先，假设一个地区有多个大猩猩群体，每个大猩猩群体由一只成年雄性大猩猩（最优解）和多只成年雌性大猩猩（其他解）及其后代年轻雄性大猩猩（候选解）组成。成年雄性大猩猩也叫银背大猩猩，它是整个群体的首领，年轻雄性大猩猩也称为黑背大猩猩。通常情况下，雌性和雄性大猩猩都有可能从它们出生的群体迁移到新的群体。即使是成年的雄性大猩猩也有可能从它当前的群体中离开，通过吸引迁移的雌性来组成新的大猩猩群体。同时，一些成年雄性大猩猩会选择留在当前的群体中，继续跟随银背大猩猩。当银背大猩猩死去后，这些成年雄性大猩猩可能会为了争夺群体首领地位而进行战斗，并与成年雌性大猩猩进行交配。基于大猩猩群体生活方式以及社会行为的概念，大猩猩部队优化算法的具体数学模型如下。

5.1.1 初始化阶段

在初始化阶段，对大猩猩群体位置进行随机初始化。假设在 Dim 维空间中有 nPop 只大猩猩，第 i 只大猩猩可以表示为

$$X_i = (x_{i1}, x_{i2}, \cdots, x_{i\text{Dim}}), \ i=1,2,\cdots,\text{nPop} \tag{5-1}$$

假设目标空间的上下边界用 [UpB,LoB] 表示，则 X_i 的初始化位置可以通过式（5-2）产生。

$$x_{ij} = \text{rand}() \times (\text{UpB} - \text{LoB}) + \text{LoB}, \ j=1,2,\cdots,\text{Dim} \tag{5-2}$$

5.1.2 探索阶段

在探索阶段，所有的大猩猩都被视为年轻雄性大猩猩，即候选解。银背大猩猩是每一

次迭代过程中的最优解。为了更好地模拟大猩猩群体的自然迁移行为，采用 3 种不同的数学表达式来模拟大猩猩向未知位置迁移、向已知位置迁移和向其他群体迁移，如下所示。

$$GX(t+1) = \begin{cases} (\text{Upb} - \text{Lob}) \times r_1 + \text{Lob}, & \text{rand} < P \\ (r_2 - C) \times X_r(t) + L \times H, & \text{rand} \geqslant 0.5 \\ X(i) - L \times (L \times (X(t) - GX_r(t)) + r_3 \times (X(t) - GX_r(t))), & \text{rand} < 0.5 \end{cases} \quad (5\text{-}3)$$

其中，$GX(t+1)$ 表示下一次迭代中大猩猩个体的候选位置，t 表示当前迭代次数，$X(t)$ 表示每只大猩猩的当前位置。r_1、r_2、r_3 和 rand 是在每次迭代中更新的范围在[0,1]的随机值。P 是一个常数，其值为 0.03。$X_r(t)$ 和 $GX_r(t)$ 分别代表从整个种群中随机选择一只大猩猩的当前位置和随机选择一只大猩猩的候选位置。C、L、H 分别用如下公式计算。

$$C = F \times \left(1 - \frac{t}{\text{maxIt}}\right) \quad (5\text{-}4)$$

$$F = \cos(2 \times \text{rand}) + 1 \quad (5\text{-}5)$$

$$L = C \times l \quad (5\text{-}6)$$

$$H = Z \times X(t) \quad (5\text{-}7)$$

其中，l 是[−1,1]内的随机值，Z 是[−C, C]内的随机值。

5.1.3　开发阶段

在大猩猩部队优化算法的开发阶段，为了模拟跟随银背大猩猩以及争夺成年雌性大猩猩这两种行为，引入了参数 w 来控制它们之间的切换，其值为 0.8。

如果 $C \geqslant w$，就进入第一个阶段，选择跟随银背大猩猩，其数学表达式如下。

$$GX(t+1) = L \times GX_{\text{avg}} \times (X(t) - \text{gbest}) + X(t) \quad (5\text{-}8)$$

$$GX_{\text{avg}} = \left(\left|\frac{1}{N}\sum_{i=1}^{N} GX_i(t)\right|^g\right)^{\frac{1}{g}} \quad (5\text{-}9)$$

$$g = 2^L \quad (5\text{-}10)$$

其中，**gbest** 是银背大猩猩的位置。

如果 $C < w$，就进入第二个阶段。当年轻的大猩猩进入青春期时，它们会与其他雄性大猩猩战斗，以争夺成年的雌性大猩猩。用式（5-11）来模拟这种行为。

$$GX_i = \text{gbest} - (\text{gbest} \times Q - X(t) \times Q) \times A \quad (5\text{-}11)$$

其中，Q 表示战斗力，A 为战斗力系数，Q、A 的计算方法如下。

$$Q = 2 \times \text{rand} - 1 \quad (5\text{-}12)$$

$$A = \beta \times E \quad (5\text{-}13)$$

其中，$\beta=3$，E 用来模拟解的维度对战斗力的影响，如式（5-14）所示。

$$E = \begin{cases} N_1, & \text{rand} \geqslant 0.5 \\ N_2, & \text{rand} < 0.5 \end{cases} \quad (5\text{-}14)$$

当 rand≥0.5 时，E 将等于由符合正态分布的随机数组成的 D 维数组；当 rand<0.5 时，E 将等于符合正态分布的一个随机值。

5.2　算法流程图

大猩猩部队优化算法流程描述如下。

（1）初始化种群。

（2）计算个体适应度值，选出最优个体。

（3）更新 C、F、L、H。

（4）个体根据式（5-3）开始探索行为。

（5）如果 $C \geqslant w$，就进入第一个阶段，选择跟随银背大猩猩，采用式（5-8）更新位置，否则就进入第二个阶段，选择与其他雄性大猩猩战斗，采用式（5-11）更新位置。

（6）计算个体适应度值，选出最优个体。

（7）判断是否满足终止条件，若满足则跳出循环，否则返回步骤（3）。

（8）输出最优位置及最优适应度值。

大猩猩部队优化算法流程图如图 5-1 所示。

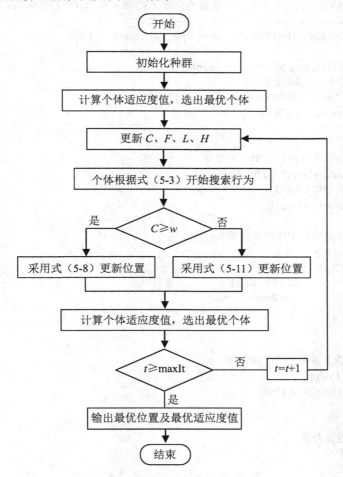

图 5-1　大猩猩部队优化算法流程图

5.3　大猩猩部队优化算法的 MATLAB 实现

大猩猩部队优化算法的代码如下。

```
%%---------------大猩猩优化算法-GTO.m------------------%%
%%% 输入: nPop, Dim, UpB, LoB, maxIt, F_Obj
% nPop: 大猩猩数量
% Dim: 目标空间的维度
% UpB: 目标空间的上边界
% LoB: 目标空间的下边界
% maxIt: 算法的最大迭代次数
% F_Obj: 适应度函数接口
%%% 输出: Best, CNVG
% Best: 记录全部迭代完成后的最优位置（Best.Pos）和最优适应度值（Best.Fit）
% CNVG: 记录每次迭代的最优适应度值，用于绘制迭代过程中的适应度变化曲线
%%% 其他
% X: 种群结构体，记录种群所有成员的位置（X.Pos）和当前位置对应的适应度值（X.Fit）
%%-------------------------------------------------------%%
function [Best,CNVG]=GTO(nPop, Dim, UpB, LoB, maxIt, F_Obj)

    disp('GTO is now tackling your problem')
    tic      % 记录运行时间
    %%% 初始化最优个体的位置和适应度值
    Best.Pos=zeros(1,Dim);
    Best.Fit=inf;

    %%% 初始化种群位置和适应度值
    X=initialization(nPop,Dim,UpB,LoB);
    %%% 初始化 CNVG
    CNVG=zeros(1,maxIt);

    %%% 找到最优个体的位置及其适应度值
    for i=1:nPop
        if X(i).Fit<Best.Fit
                Best.Fit=X(i).Fit;
                Best.Pos=X(i).Pos;
        end
    end

    % 记录大猩猩更新后的位置
    for i = 1:nPop
        X(i).GX=X(i).Pos;
    End

    %%% 设置参数
    p=0.03;
    Beta=3;
    w=0.8;
```

```
%%% 开始迭代
for t=1:maxIt
    C=(cos(2*rand)+1)*(1-t/maxIt);
    L=C*(2*rand-1);
    %%% 探索阶段：模拟大猩猩群体的自然迁移行为
    for i=1:nPop
        if rand<p
            % 向未知位置迁移
            X(i).GX =(UpB-LoB)*rand+LoB;
        else
            if rand>=0.5
                % 围绕熟悉位置迁移
                Z = unifrnd(-C,C,1,Dim);
                H=Z.*X(i).Pos;
                X(i).GX =(rand-C)*X(randi([1,nPop])).Pos+L.*H;
            else
                % 向其他群体迁移
                X(i).GX=X(i).Pos-L.*(L*(X(i).Pos-X(randi([1,nPop])).GX)+rand*(X(i).Pos-
X(randi([1,nPop])).GX));
            end
        end
    end
    % 边界检查
    for i=1:nPop
        X(i).GX=min(X(i).GX,UpB);
        X(i).GX=max(X(i).GX,LoB);
    end
    % 更新大猩猩适应度值
    for i=1:nPop
        New_Fit= F_Obj(X(i).GX);
        if New_Fit<X(i).Fit
            X(i).Fit=New_Fit;
            X(i).Pos=X(i).GX;
        end
        if New_Fit<Best.Fit
            Best.Fit=New_Fit;
            Best.Pos=X(i).GX;
        end
    end
    %%% 开发阶段：模拟跟随银背大猩猩以及争夺成年雌性大猩猩这两种行为
    for i=1:nPop
        if C>=w
            % 跟随银背大猩猩
            g=2^L;
            % 求位置的均值
            m = zeros(1,Dim);
            for j = 1:nPop
                m = m+X(i).GX;
            end
```

```
            m = m/nPop;
            delta= (abs(m).^g).^(1/g);
            X(i).GX=L*delta.*(X(i).Pos-Best.Pos)+X(i).Pos;
        else
            % 争夺成年雌性大猩猩
            if rand>=0.5
                E=randn(1,Dim);
            else
                E=randn(1,1);
            end
            r1=rand;
            X(i).GX= Best.Pos-(Best.Pos*(2*r1-1)-X(i).Pos*(2*r1-1)).*(Beta*E);
        end
    end
    % 边界检查
    for i=1:nPop
        X(i).GX=min(X(i).GX,UpB);
        X(i).GX=max(X(i).GX,LoB);
    end
    % 更新大猩猩适应度值
    for i=1:nPop
        New_Fit= F_Obj(X(i).GX);
        if New_Fit<X(i).Fit
            X(i).Fit=New_Fit;
            X(i).Pos=X(i).GX;
        end
        if New_Fit<Best.Fit
            Best.Fit=New_Fit;
            Best.Pos=X(i).GX;
        end
    end
    CNVG(t)=Best.Fit;
    end
end
```

大猩猩部队优化算法的种群初始化代码如下。

```
%%--------------种群初始化函数-initialization.m-------------%%
% nPop: 大猩猩数量
% Dim: 目标空间的维度
% UpB: 目标空间的上边界
% LoB: 目标空间的下边界
% X.Pos 为种群的初始化位置，X.Fit 为其适应度值
function X=initialization(nPop,Dim,UpB,LoB)
        for i=1: nPop
            X(i).Pos=rand(1,Dim).* (UpB-LoB)+LoB;
            X(i).Fit=inf;
        end
end
```

5.4　大猩猩部队优化算法的应用案例

5.4.1　求解单峰函数极值问题

问题描述：计算函数 $f(x) = \sum_{i=1}^{n} x_i^2$（$-100 \leqslant x_i \leqslant 100$）的最小值，其中 x_i 的维度为 30。以 $f(x_1, x_2)$ 为例，函数的搜索曲面如图 5-2 所示。

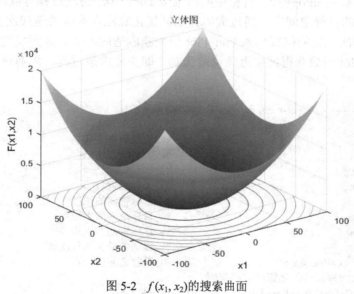

图 5-2　$f(x_1, x_2)$ 的搜索曲面

绘图代码如下。

```
%%-------------绘制 f(x₁, x₂)的搜索曲面-Fun_plot.m--------------%%
x1 = -100:1:100;
x2 = -100:1:100;
L1 = length(x1);
L2 = length(x2);
for i =1:L1
    for j = 1:L2
        f(i,j) = x1(i).^2+x2(j).^2;
    end
end
figure
surfc(x1,x2,f,'LineStyle','none');          % 绘制搜索曲面
title('立体图');                            % 标题
xlabel('x1');                               % x 轴标注
ylabel('x2');                               % y 轴标注
zlabel('F(x1,x2)');                         % z 轴标注
```

函数 $f(x)$ 为单峰函数，意味着只有一个极值点，即 $x=(0, 0, \cdots, 0)$时产生理论最小值 $f(0, 0, \cdots, 0) =0$。通过仿真模拟，将该函数问题转换为适应度函数代码，具体代码如下。

```
%%--------------适应度函数-fitness.m-----------------%%
function Fit = fitness(xi)
    % xi 为输入的一个个体，维度为[1,Dim]
    % Fit 为输出的适应度值
    Fit = sum(xi.^2);
end
```

其中，x_i 为输入的一个个体，适应度函数就是问题模型，Fit 为 Fun_Plot 函数的返回结果，称为适应度值。

假设大猩猩数量 nPop=30，目标空间的维度 Dim=30。仿真过程可以理解为 30 只大猩猩在(-100, 100)的目标空间中，通过大猩猩部队优化算法在有限的迭代次数（maxIt）内更新位置，并将每次更新的位置传入 Fun_Plot 函数获取适应度值，直到找到一只大猩猩的位置可以使 Fun_Plot 函数获得或接近理论最优解，即完成求解过程。求解该问题的主函数代码如下。

```
%%--------------主函数-main.m-----------------%%
clc;                                        % 清屏
clear all;                                  % 清除所有变量
close all;                                  % 关闭所有窗口
% 参数设置
nPop = 30;                                  % 大猩猩数量
Dim = 30;                                   % 目标空间的维度
UpB = 100;                                  % 目标空间的上边界
LoB = -100;                                 % 目标空间的下边界
maxIt = 50;                                 % 算法的最大迭代次数
F_Obj = @(x)fitness(x);                     % 设置适应度函数
% 利用大猩猩部队优化算法求解问题
[Best,CNVG] = GTO(nPop, Dim, UpB, LoB, maxIt, F_Obj);
% 绘制迭代曲线
figure
plot(CNVG,'r-','linewidth',2);              % 绘制收敛曲线
axis tight;                                 % 坐标轴显示范围为紧凑型
box on;                                     % 加边框
grid on;                                    % 添加网格
title('大猩猩部队优化算法收敛曲线')          % 添加标题
xlabel('迭代次数')                           % 添加 x 轴标注
ylabel('适应度值')                           % 添加 y 轴标注
disp(['求解得到的最优解为：',num2str(Best.Pos)]);
disp(['最优解对应的函数值为： Fit=',num2str(Best.Fit)])
```

运行主函数代码（main.m），输出结果包括大猩猩部队优化算法运行时间、迭代次数内获得的最优适应度值（最优解），以及最优解对应的参数值 x。

```
GTO is now tackling your problem
求解得到的最优解为: -9.7611e-22      -3.8978e-22      -5.3326e-22      1.7976e-22
2.395e-22      1.3787e-22      -2.1318e-22      -3.4393e-23      -2.0474e-22      -1.3227e-21
2.2239e-23      1.6736e-22      1.6577e-22      7.5599e-22      -8.4661e-22      -3.3761e-22
-2.0348e-21      -2.4332e-22      5.7911e-23      -7.9652e-22      3.3798e-22      3.4714e-22
-4.0139e-22      8.7488e-22      2.1508e-22      3.1778e-23      9.9148e-22      -9.0577e-22
```

1.1319e-22 -7.2185e-22
    最优解对应的函数值为：Fit=1.3177e-41

  将代码返回的 CNVG 绘制成图 5-3 所示的收敛曲线，可以直观地看到每次迭代适应度值的变化情况。

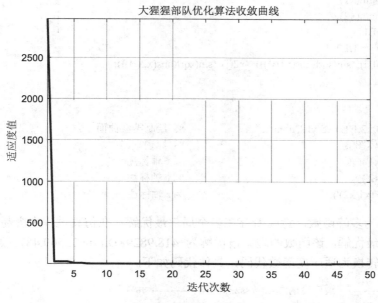

图 5-3 程序运行结果

5.4.2 求解多峰函数极值问题

  问题描述：计算函数 $f(x) = \sum_{i=1}^{n} -x_i \sin \sqrt{|x_i|}$ （$-500 \leqslant x_i \leqslant 500$）的最小值，其中 x_i 的维度为 30。以 $f(x_1, x_2)$ 为例，函数的搜索曲面如图 5-4 所示。

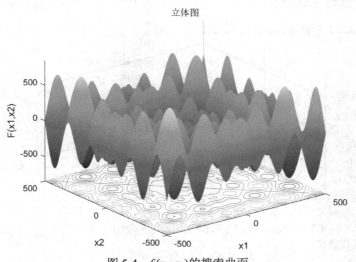

图 5-4 $f(x_1, x_2)$ 的搜索曲面

绘图代码如下。

```
%%-------------绘制 f(x1, x2)的搜索曲面-Fun_plot2.m-------------%%
x1 = -500:1:500;
x2 = -500:1:500;
L1 = length(x1);
L2 = length(x2);
for i =1:L1
    for j = 1:L2
f(i,j)=-x1(i).*sin(sqrt(abs(x1(i))))+-x2(j).*sin(sqrt(abs(x2(j))));
    end
end
figure
surfc(x1,x2,f,'LineStyle','none');          %  绘制搜索曲面
title('立体图');                             %  标题
xlabel('x1');                                %  x 轴标注
ylabel('x2');                                %  y 轴标注
zlabel('F(x1,x2)');                          %  z 轴标注
```

函数 $f(x)$ 为多峰函数，意味着存在多个局部最优解，在仿真过程中容易陷入局部最优解而忽略全局最优解，该函数的理论最优解为 $-418.9829 \times Dim = -12569.487$。通过仿真模拟，将该函数问题转换为适应度函数代码，具体代码如下。

```
%%--------------适应度函数-fitness2.m------------------%%
function Fit = fitness2(xi)
    % xi 为输入的一个个体，维度为[1,Dim]
    % Fit 为输出的适应度值
    Fit = sum(-xi.*sin(sqrt(abs(xi))));
end
```

假设大猩猩数量 nPop=30，目标空间的维度 Dim=30，算法的最大迭代次数 maxIt=50，求解该问题的主函数代码如下。

```
%%--------------主函数-main2.m------------------%%
clc;                                 %  清屏
clear all;                           %  清除所有变量
close all;                           %  关闭所有窗口
%  参数设置
nPop = 30;                           %  大猩猩数量
Dim = 30;                            %  目标空间的维度
UpB = 500;                           %  目标空间的上边界
LoB = -500;                          %  目标空间的下边界
maxIt = 50;                          %  算法的最大迭代次数
F_Obj = @(x)fitness2(x);             %  设置适应度函数
%  利用大猩猩部队优化算法求解问题
[Best,CNVG] = GTO(nPop, Dim, UpB, LoB, maxIt, F_Obj);
%  绘制迭代曲线
figure
```

```
        plot(CNVG,'r-','linewidth',2);              % 绘制收敛曲线
        axis tight;                                  % 坐标轴显示范围为紧凑型
        box on;                                      % 加边框
        grid on;                                     % 添加网格
        title('大猩猩部队优化算法收敛曲线')            % 添加标题
        xlabel('迭代次数')                            % 添加 x 轴标注
        ylabel('适应度值')                            % 添加 y 轴标注
        disp(['求解得到的最优解为：',num2str(Best.Pos)]);
        disp(['最优解对应的函数值为：Fit=',num2str(Best.Fit)])
```

运行主函数代码（main2.m），输出结果包括大猩猩部队优化算法运行时间、迭代次数内获得的最优适应度值（最优解），以及最优解对应的参数值 x。

GTO is now tackling your problem						
求解得到的最优解为：422.7471		421.4819	424.3163	421.4832	421.5046	
417.1569	417.2033	421.1651	421.6256	423.5754	421.2581	421.5689
421.7379	421.4896	414.923	416.4171	424.4499	420.8765	420.2743
423.2512	-499.9995	422.7677	417.8549	416.3298	420.8709	414.89
423.5281	424.681	421.4873	422.5839			
最优解对应的函数值为：Fit=-12303.1112						

将代码返回的 CNVG 绘制成图 5-5 所示的收敛曲线，可以直观地看到每次迭代适应度值的变化情况。

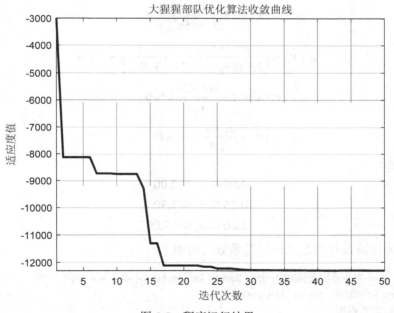

图 5-5　程序运行结果

5.4.3　拉力/压力弹簧设计问题

拉力/压力弹簧设计问题模型如图 5-6 所示。

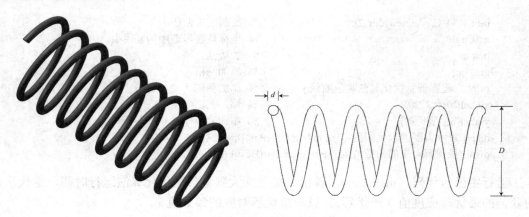

图 5-6　拉力/压力弹簧设计问题模型

问题描述：拉力/压力弹簧设计问题旨在通过优化算法找到弹簧直径（d）、平均线圈直径（D）以及有效线圈数（N）的最优值，并在最小偏差（g_1）、剪切应力（g_2）、冲击频率（g_3）、外径限制（g_4）4 种约束条件下降低弹簧的质量。

拉力/压力弹簧设计的数学模型描述如下。

设：$\boldsymbol{x} = [x_1\ x_2\ x_3] = [d\ D\ N]$

目标函数：$\min f(\boldsymbol{x}) = (x_3 + 2)x_2 x_1^2$

约束条件：

$$g_1(\boldsymbol{x}) = 1 - \frac{x_2^3 x_3}{71785 x_1^4} \leqslant 0$$

$$g_2(\boldsymbol{x}) = \frac{4x_2^2 - x_1 x_2}{12566(x_2 x_1^3 - x_1^4)} + \frac{1}{5108 x_1^2} - 1 \leqslant 0$$

$$g_3(\boldsymbol{x}) = 1 - \frac{140.45 x_1}{x_2^2 x_3} \leqslant 0$$

$$g_4(\boldsymbol{x}) = \frac{x_1 + x_2}{1.5} - 1 \leqslant 0$$

变量范围：

$$0.05 \leqslant x_1 \leqslant 2.00$$
$$0.25 \leqslant x_2 \leqslant 1.30$$
$$2.00 \leqslant x_3 \leqslant 15.00$$

拉力/压力弹簧设计问题的适应度函数代码如下。

```
%%--------------适应度函数-fitness_Spring_Design.m------------------%%
function Fit=fitness_Spring_Design(x)
    % 惩罚系数
    PCONST = 100000;
    % 目标函数
    Fit=(x(3)+2)*x(2)*(x(1)^2);
    G1=1-((x(2)^3)*x(3))/(71785*x(1)^4);
    G2=(4*x(2)^2-x(1)*x(2))/(12566*x(2)*x(1)^3-x(1)^4)+1/(5108*x(1)^2)-1;
```

```
        G3=1-(140.45*x(1))/((x(2)^2)*x(3));
        G4=((x(1)+x(2))/1.5)-1;
        %  惩罚函数
        Fit = Fit + PCONST*(max(0,G1)^2+max(0,G2)^2+max(0,G3)^2+max(0,G4)^2);
    end
```

主函数代码如下。

```
%%--------------主函数-main_Spring_Design.m------------------%%
clc;                                    %  清屏
clear all;                              %  清除所有变量
close all;                              %  关闭所有窗口
%  参数设置
nPop = 30;                              %  大猩猩数量
Dim = 3;                                %  目标空间的维度
UpB = [2.00 1.30 15.0];                 %  目标空间的上边界
LoB = [0.05 0.25 2.00];                 %  目标空间的下边界
maxIt = 50;                             %  算法的最大迭代次数
F_Obj = @(x)fitness_Spring_Design(x);   %  设置适应度函数
%  利用大猩猩部队优化算法求解问题
[Best,CNVG] = GTO(nPop, Dim, UpB, LoB, maxIt, F_Obj);
%  绘制迭代曲线
figure
plot(CNVG,'r-','linewidth',2);          %  绘制收敛曲线
axis tight;                             %  坐标轴显示范围为紧凑型
box on;                                 %  加边框
grid on;                                %  添加网格
title('大猩猩部队优化算法收敛曲线')       %  添加标题
xlabel('迭代次数')                       %  添加 x 轴标注
ylabel('适应度值')                       %  添加 y 轴标注
disp(['求解得到的最优解为：',num2str(Best.Pos)]);
disp(['最优解对应的函数值为：Fit=',num2str(Best.Fit)])
```

运行主函数代码（main_Spring_Design.m），输出结果包括大猩猩部队优化算法运行时间、迭代次数内获得的最优适应度值（最优解），以及最优解对应的参数值 x。

```
GTO is now tackling your problem
求解得到的最优解为：0.05        0.37423        8.5619
最优解对应的函数值为：Fit=0.0098816
```

将代码返回的 CNVG 绘制成图 5-7 所示的收敛曲线，可以直观地看到每次迭代适应度值的变化情况。

本章涉及的代码文件如图 5-8 所示。

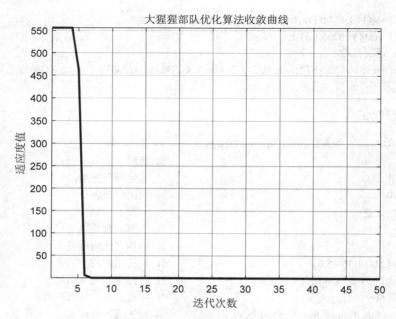

图 5-7 程序运行结果

图 5-8 代码文件

参 考 文 献

[1] ABDOLLAHZADEH B, GHAREHCHOPOGH FS, MIRJALILI S. Artificial Gorilla Troops Optimizer: A New Nature-Inspired Metaheuristic Algorithm for Global Optimization Problems[J]. International Journal of Intelligent Systems, 2021, 36(10): 5887-5958.

[2] PIRI J, MOHAPATRA P, ACHARYA B, et al. Feature Selection Using Artificial Gorilla Troop Optimization for Biomedical Data: A Case Analysis with COVID-19 Data[J]. Mathematics, 2022, 10(15): 2742.

[3] SAYED G I, HASSANIEN A E. A Novel Chaotic Artificial Gorilla Troops Optimizer and Its Application for Fundus Images Segmentation[C]. Proceedings of The International Conference on Advanced Intelligent Systems and Informatics, 2022: 318-329.

[4] BAGHDADI N A, MALKI A, BALAHA H M, et al. A^{3}c-tl-gto: Alzheimer Automatic Accurate Classification Using Transfer Learning and Artificial Gorilla Troops Optimizer[J]. Sensors, 2022, 22(11): 4250.

[5] El-DABAH M A, KAMEL S, KHAMIES M, et al. Artificial Gorilla Troops Optimizer for Optimum Tuning of TID Based Power System Stabilizer[C]. 2022 9th Iranian Joint Congress on Fuzzy and Intelligent Systems (CFIS). IEEE, 2022: 1-5.

[6] BHADORIA A, MARWAHA S. Economic Energy Scheduling Through Chaotic Gorilla Troops Optimizer[J]. International Journal of Energy and Environmental Engineering, 2023, 14: 803-827.

[7] RAMADAN A, EBEED M, KAMEL S, et al. The Probabilistic Optimal Integration of Renewable Distributed Generators Considering The Time-Varying Load Based on An Artificial Gorilla Troops Optimizer[J]. Energies, 2022, 15(4): 1302.

[8] YOU J, JIA H, WU D, et al. Modified Artificial Gorilla Troop Optimization Algorithm for Solving Constrained Engineering Optimization Problems[J]. Mathematics, 2023, 11(5): 1256.

[9] SINGH N K, GOPE S, KOLEY C, et al. Optimal Bidding Strategy for Social Welfare Maximization in Wind Farm Integrated Deregulated Power System Using Artificial Gorilla Troops Optimizer Algorithm[J]. IEEE Access, 2022, 10: 71450-71461.

[10] El-DABAH M A, HASSAN M H, KAMEL S, et al. Robust Parameters Tuning of Different Power System Stabilizers Using A Quantum Artificial Gorilla Troops Optimizer[J]. IEEE Access, 2022, 10: 82560-82579.

第 5 章课件

第 5 章代码

教与学优化算法原理及其 MATLAB 实现

6.1　教与学优化算法的基本原理

教与学优化（Teaching-Learning-Based-Optimization，TLBO）算法是 2011 年由 R.V.Rao 等人提出的一种元启发式优化算法。教与学优化算法是模拟以班级为单位的学习方式，分为教师阶段和学习阶段，教师阶段表示班级中的学生知识水平的提高需要教师的"教"来引导，学习阶段表示学生之间需要相互"学习"来促进知识的理解和吸收。其中，教师和学生相当于算法中的个体，而教师是最优个体。

6.1.1　初始化阶段

假设一个班级为 Dim 维空间，班级成员（包括教师和学生）数量为 nPop，则该班级可以用 nPop×Dim 维的矩阵表示，第 i 个学生或教师（以下统称为"学生"）表示为

$$X_i = (x_{i1}, x_{i2}, \cdots, x_{i\text{Dim}}),\ i=1,2,\cdots,\text{nPop} \tag{6-1}$$

假设目标空间的上下边界用 [UpB,LoB] 表示，则 X_i 的初始化位置可以通过如下公式产生。

$$x_{ij} = \text{rand}() \times (\text{UpB} - \text{LoB}) + \text{LoB},\ j=1,2,\cdots,\text{Dim} \tag{6-2}$$

6.1.2　教师阶段

在教师阶段，学生在教师的带领下进行学习，通过计算教师与学生平均知识水平的差异，不断提升班级的整体知识水平。具体教学方法数学模型为

$$X_{\text{new},i} = X_{\text{old},i} + \textbf{Difference\_Mean}_i \tag{6-3}$$

$$\textbf{Difference\_Mean}_i = r_i \times (\textbf{gbest} - T_F \times M_i) \tag{6-4}$$

其中，$X_{\text{new},i}$ 是第 i 个学生更新后的位置，$X_{\text{old},i}$ 是第 i 个学生当前的位置。**gbest** 是教师的位置（群体最优位置），M_i 是所有学生的平均位置，T_F 是教学因子，设置为 1 或 2，r_i 是 (0,1) 的随机向量。

在教师阶段，每个学生会根据自己知识的获取情况保留最好的状态，具体如下。

$$X_i = \begin{cases} X_{\text{new},i}, & f(X_{\text{new},i}) < f(X_{\text{old},i}) \\ X_{\text{old},i}, & f(X_{\text{new},i}) \geq f(X_{\text{old},i}) \end{cases} \tag{6-5}$$

6.1.3　学习阶段

在学习阶段，学生可以通过与其他学生的互动学习知识。每个学生 X_i 会在班级中随机

寻找一个学习对象 X_j，通过分析与 X_j 的差距进行学习调整，学习阶段的数学模型如下。

$$X_{\text{new},i} = \begin{cases} X_{\text{old},i} + r_i(X_i - X_j), & f(X_i) < f(X_j) \\ X_{\text{old},i} + r_i(X_j - X_i), & f(X_j) \geqslant f(X_i) \end{cases} \tag{6-6}$$

在学习阶段后，使用式（6-5）保留最优状态。

6.2　算法流程图

教与学优化算法流程描述如下。

（1）初始化班级。

（2）计算每个学生的适应度值。

（3）选择最优适应度值的个体作为教师 **gbest**。

（4）根据式（6-3）进行教学阶段的计算。

（5）根据式（6-6）进行学习阶段的计算。

（6）判断当前迭代次数是否小于最大迭代次数，如果小于，则更新当前迭代次数并返回步骤（2），反之，则进行下一步骤。

（7）输出最优位置及最优适应度值。

教与学优化算法流程图如图 6-1 所示。

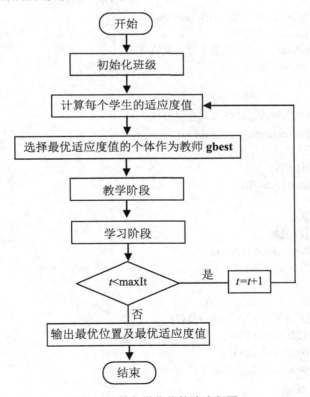

图 6-1　教与学优化算法流程图

6.3 教与学优化算法的 MATLAB 实现

教与学优化算法的代码如下。

```
%%----------------教与学优化算法-TLBO.m------------------%%
%%输入: nPop, Dim, UpB, LoB, maxIt, F_Obj
% nPop: 班级成员数量
% Dim: 目标空间的维度
% UpB: 目标空间的上边界
% LoB: 目标空间的下边界
% maxIt: 算法的最大迭代次数
% F_Obj: 适应度函数接口
%%输出: Best, CNVG
% Best: 记录全部迭代完成后的最优位置（Best.Pos）和最优适应度值（Best.Fit）
% CNVG: 记录每次迭代的最优适应度值，用于绘制迭代过程中的适应度变化曲线
%%其他
% X: 班级结构体，记录班级所有成员的位置（X.Pos）和当前位置对应的适应度值（X.Fit）
%%-------------------------------------------------------%%
function [Best,CNVG] = TLBO(nPop, Dim, UpB, LoB, maxIt, F_Obj)

    disp('TLOB is now tackling your problem')
    tic      % 记录运行时间
    %%% 初始化最优个体的位置和适应度值
    Best.Pos=zeros(1,Dim);
    Best.Fit=inf;

    %%% 初始化班级成员位置及其适应度值
    X=initialization(nPop,Dim,UpB,LoB);

    %%% 初始化 CNVG
    CNVG=zeros(1,maxIt);

    for i = 1:nPop
        % 检查边界
        X(i).Pos=min(X(i).Pos,UpB);
        X(i).Pos=max(X(i).Pos,LoB);
        % 计算适应度值
        X(i).Fit = F_Obj(X(i).Pos);
        % 更新最优位置及其适应度值
        if X(i).Fit < Best.Fit
            Best.Fit = X(i).Fit;
            Best.Pos = X(i).Pos;
        end
    end
```

```matlab
% 创建新的位置
for i = 1:nPop
    X(i).NewPos=zeros(1,Dim);
end
VarSize = [1 Dim];

%% 开始迭代
for t=1:maxIt
    % 计算班级平均水平（即平均位置）
    Mean = 0;
    for i = 1:nPop
        Mean = Mean + X(i).Pos;
    end
    Mean = Mean/nPop;

% 选择教师（即最优位置）
    Teacher = 1;
    for i = 2:nPop
        if X(i).Fit < X(Teacher).Fit
            Teacher = i;
        end
    end

    for i = 1:nPop
        % 定义教学因素
        TF = randi([1 2]);

        % 教学阶段（向教师学习）
        X(i).NewPos = X(i).Pos + rand(VarSize).*(X(Teacher).Pos - TF*Mean);
        X(i).NewPos = max(X(i).NewPos, LoB);
        X(i).NewPos = min(X(i).NewPos, UpB);
        X(i).NewFit = F_Obj(X(i).NewPos);

        % 比较更新前后的的个体，并更新其位置和适应度值
        if X(i).NewFit<X(i).Fit
            X(i).Pos = X(i).NewPos;
            X(i).Fit=X(i).NewFit;
            if X(i).Fit < Best.Fit
                Best.Fit = X(i).Fit;
                Best.Pos = X(i).Pos;
            end
        end
        A = 1:nPop;
        A(i) = [];
        j = A(randi(nPop-1));

        Step = X(i).Pos - X(j).Pos;
```

```
            if X(j).Fit < X(i).Fit
                Step = -Step;
            end

            % 学习阶段（向学生学习）
            X(i).NewPos = X(i).Pos + rand(VarSize).*Step;
            X(i).NewPos = max(X(i).NewPos, LoB);
            X(i).NewPos = min(X(i).NewPos, UpB);
            X(i).NewFit = F_Obj(X(i).NewPos);

            % 比较更新前后的的个体，并更新其位置和适应度值
            if X(i).NewFit<X(i).Fit
                X(i).Pos = X(i).NewPos;
                X(i).Fit= X(i).NewFit;
                if X(i).Fit < Best.Fit
                    Best.Fit = X(i).Fit;
                    Best.Pos = X(i).Pos;
                end
            end
        end
        CNVG(t)=Best.Fit;
    end
end
```

教与学优化算法的班级初始化代码如下。

```
%%--------------班级初始化函数-initialization.m------------%%
% nPop: 班级成员数量
% Dim: 目标空间的维度
% UpB: 目标空间的上边界
% LoB: 目标空间的下边界
% X.Pos 为班级的初始化位置，X.Fit 为其适应度值
function X=initialization(nPop,Dim,UpB,LoB)
        for i=1:nPop
            X(i).Pos=rand(1,Dim).*(UpB-LoB)+LoB;
            X(i).Fit=inf;
        end
end
```

6.4　教与学优化算法的应用案例

6.4.1　求解单峰函数极值问题

问题描述：计算函数 $f(x) = \sum_{i=1}^{n} x_i^2$（$-100 \leqslant x_i \leqslant 100$）的最小值，其中 x_i 的维度为 30。以 $f(x_1, x_2)$ 为例，函数的搜索曲面如图 6-2 所示。

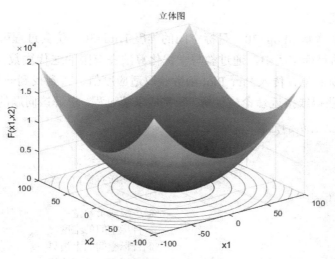

图 6-2 $f(x_1, x_2)$ 的搜索曲面

绘图代码如下。

```
%%-------------绘制f(x₁, x₂)的搜索曲面-Fun_plot.m--------------%%
x1 = -100:1:100;
x2 = -100:1:100;
L1 = length(x1);
L2 = length(x2);
for i =1:L1
    for j = 1:L2
        f(i,j) = x1(i).^2+x2(j).^2;
    end
end
figure
surfc(x1,x2,f,'LineStyle','none');          % 绘制搜索曲面
title('立体图');                              % 标题
xlabel('x1');                                % x 轴标注
ylabel('x2');                                % y 轴标注
zlabel('F(x1,x2)');                          % z 轴标注
```

函数 $f(x)$ 为单峰函数,意味着只有一个极值点,即 $x=(0, 0, \cdots, 0)$ 时产生理论最小值 $f(0, 0, \cdots, 0)=0$。通过仿真模拟,将该函数问题转换为适应度函数代码,具体代码如下。

```
%%--------------适应度函数-fitness.m-------------------%%
function Fit = fitness(xi)
    % xᵢ 为输入的一个个体,维度为[1,Dim]
    % Fit 为输出的适应度值
    Fit = sum(xi.^2);
end
```

其中,x_i 为输入的一个个体,适应度函数就是问题模型,Fit 为 Fun_Plot 函数的返回结果，称为适应度值。

假设班级成员数量 nPop=30，目标空间的维度 Dim=30。仿真过程可以理解为 30 个学生在(-100, 100)的目标空间中，通过教与学优化算法在有限的迭代次数（maxIt）内更新位置，并将每次更新的位置传入 Fun_Plot 函数获取适应度值，直到找到一个学生的位置可以使 Fun_Plot 函数获得或接近理论最优解，即完成求解过程。求解该问题的主函数代码如下。

```
%%--------------主函数-main.m------------------%%
clc;                                    % 清屏
clear all;                              % 清除所有变量
close all;                              % 关闭所有窗口
% 参数设置
nPop = 30;                              % 班级成员数量
Dim = 30;                               % 目标空间的维度
UpB = 100;                              % 目标空间的上边界
LoB = -100;                             % 目标空间的下边界
maxIt = 50;                             % 目标空间的最大迭代次数
F_Obj = @(x)fitness(x);                 % 设置适应度函数
% 利用教与学优化算法求解问题
[Best,CNVG] = TLBO(nPop, Dim, UpB, LoB, maxIt, F_Obj);
% 绘制迭代曲线
figure
plot(CNVG,'r-','linewidth',2);          % 绘制收敛曲线
axis tight;                             % 坐标轴显示范围为紧凑型
box on;                                 % 加边框
grid on;                                % 添加网格
title('教与学优化算法收敛曲线')          % 添加标题
xlabel('迭代次数')                       % 添加 x 轴标注
ylabel('适应度值')                       % 添加 y 轴标注
disp(['求解得到的最优解为：',num2str(Best.Pos)]);
disp(['最优解对应的函数值为：Fit=',num2str(Best.Fit)])
```

运行主函数代码（main.m），输出结果包括教与学优化算法运行时间、迭代次数内获得的最优适应度值（最优解），以及最优解对应的参数值 x。

```
     TLOB is now tackling your problem
     求解得到的最优解为：0.0016259    -0.0037008    -0.0053639    0.004449    -0.0012629
-0.0011277    0.0024385    -0.0012816    0.0012568    -0.0024541    0.0018591    0.00011161
0.0022512    -0.00085411    0.0040482    0.002468    -0.00046012    -0.0028911   -0.00064148
0.00018302    -0.001261    -0.0013753    0.00043786    -0.00065356    -0.0019539    0.0025349
0.000616    0.0031018    -0.0028645    -0.0031588
     最优解对应的函数值为：Fit=0.00016625
```

将代码返回的 CNVG 绘制成图 6-3 所示的收敛曲线，可以直观地看到每次迭代适应度值的变化情况。

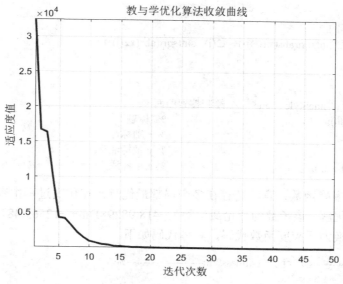

图 6-3　程序运行结果

6.4.2　求解多峰函数极值问题

问题描述：计算函数 $f(x) = \sum_{i=1}^{n} -x_i \sin\sqrt{|x_i|}$ （$-500 \leqslant x_i \leqslant 500$）的最小值，其中 x_i 的维度为 30。以 $f(x_1, x_2)$ 为例，函数的搜索曲面如图 6-4 所示。

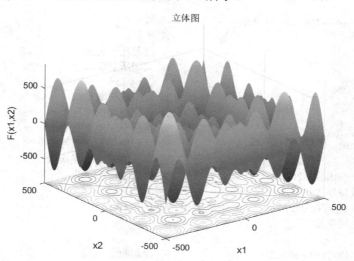

图 6-4　$f(x_1, x_2)$ 的搜索曲面

绘图代码如下。

```
%%------------绘制f(x₁,x₂)的搜索曲面-Fun_plot2.m--------------%%
x1 = -500:1:500;
x2 = -500:1:500;
L1 = length(x1);
L2 = length(x2);
```

```
for i =1:L1
    for j = 1:L2
f(i,j)=-x1(i).*sin(sqrt(abs(x1(i))))+-x2(j).*sin(sqrt(abs(x2(j))));
    end
end
figure
surfc(x1,x2,f,'LineStyle','none'); %  绘制搜索曲面
title('立体图');                          %  标题
xlabel('x1');                            % x 轴标注
ylabel('x2');                            % y 轴标注
zlabel('F(x1,x2)');                      % z 轴标注
```

函数 $f(x)$ 为多峰函数，意味着存在多个局部最优解，在仿真过程中容易陷入局部最优解而忽略全局最优解，该函数的理论最优解为-418.9829×Dim=-12569.487。通过仿真模拟，将该函数问题转换为适应度函数代码，具体代码如下。

```
%%--------------适应度函数-fitness2.m------------------%%
function Fit = fitness2(xi)
    % xi 为输入的一个个体，维度为[1,Dim]
    % Fit 为输出的适应度值
    Fit = sum(-xi.*sin(sqrt(abs(xi))));
end
```

假设班级成员数量 nPop=30，目标空间的维度 Dim=30，算法的最大迭代次数 maxIt=50，求解该问题的主函数代码如下。

```
%%--------------主函数-main2.m------------------%%
clc;                                     % 清屏
clear all;                               % 清除所有变量
close all;                               % 关闭所有窗口
% 参数设置
nPop = 30;                               % 班级成员数量
Dim = 30;                                % 目标空间的维度
UpB = 500;                               % 目标空间的上边界
LoB = -500;                              % 目标空间的下边界
maxIt = 50;                              % 算法的最大迭代次数
F_Obj = @(x)fitness2(x);                 % 设置适应度函数
% 利用教与学优化算法求解问题
[Best,CNVG] = TLBO(nPop, Dim, UpB, LoB, maxIt, F_Obj);
% 绘制迭代曲线
figure
plot(CNVG,'r-','linewidth',2);           % 绘制收敛曲线
axis tight;                              % 坐标轴显示范围为紧凑型
box on;                                  % 加边框
grid on;                                 % 添加网格
title('教与学优化算法收敛曲线')            % 添加标题
xlabel('迭代次数')                        % 添加 x 轴标注
ylabel('适应度值')                        % 添加 y 轴标注
disp(['求解得到的最优解为：',num2str(Best.Pos)]);
disp(['最优解对应的函数值为：Fit=',num2str(Best.Fit)])
```

运行主函数代码（main2.m），输出结果包括教与学优化算法运行时间、迭代次数内获得的最优适应度值（最优解），以及最优解对应的参数值 x。

TLOB is now tackling your problem				
求解得到的最优解为：252.1834	233.1022	-314.3462	18.28315	-100.3336
-315.5183	406.7428	452.1347	73.0967	-312.4921	121.9695	-315.2648
-170.4232	-290.967	-326.87	352.7352	-93.02015	-321.4112	78.64551
363.3769	382.3262	-472.0974	-17.80643	-167.3934	163.6276	45.12673
435.2593	-284.8322	382.9496	-100.0109			
最优解对应的函数值为：Fit=-3753.9092				

将代码返回的 CNVG 绘制成图 6-5 所示的收敛曲线，可以直观地看到每次迭代适应度值的变化情况。

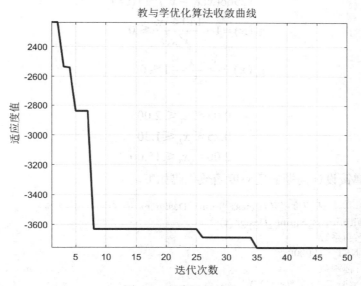

图 6-5　程序运行结果

6.4.3　拉力/压力弹簧设计问题

拉力/压力弹簧设计问题模型如图 6-6 所示。

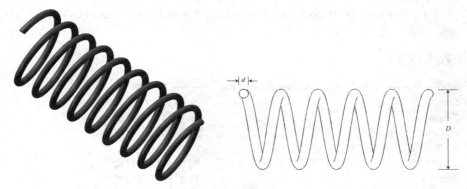

图 6-6　拉力/压力弹簧设计问题模型

问题描述：拉力/压力弹簧设计问题旨在通过优化算法找到弹簧直径（d）、平均线圈直径（D）以及有效线圈数（N）的最优值，并在最小偏差（g_1）、剪切应力（g_2）、冲击频率（g_3）、外径限制（g_4）4 种约束条件下降低弹簧的质量。

拉力/压力弹簧设计的数学模型描述如下。

设：$\boldsymbol{x} = [x_1\ x_2\ x_3] = [d\ D\ N]$

目标函数：$\min f(\boldsymbol{x}) = (x_3 + 2)x_2 x_1^2$

约束条件：

$$g_1(\boldsymbol{x}) = 1 - \frac{x_2^3 x_3}{71785 x_1^4} \leqslant 0$$

$$g_2(\boldsymbol{x}) = \frac{4x_2^2 - x_1 x_2}{12566(x_2 x_1^3 - x_1^4)} + \frac{1}{5108 x_1^2} - 1 \leqslant 0$$

$$g_3(\boldsymbol{x}) = 1 - \frac{140.45 x_1}{x_2^2 x_3} \leqslant 0$$

$$g_4(\boldsymbol{x}) = \frac{x_1 + x_2}{1.5} - 1 \leqslant 0$$

变量范围：

$$0.05 \leqslant x_1 \leqslant 2.00$$
$$0.25 \leqslant x_2 \leqslant 1.30$$
$$2.00 \leqslant x_3 \leqslant 15.00$$

拉力/压力弹簧设计问题的适应度函数代码如下。

```
%%--------------适应度函数-fitness_Spring_Design.m-------------------%%
function Fit=fitness_Spring_Design(x)
        % 惩罚系数
        PCONST = 100000;
        % 目标函数
        Fit=(x(3)+2)*x(2)*(x(1)^2);
        G1=1-((x(2)^3)*x(3))/(71785*x(1)^4);
        G2=(4*x(2)^2-x(1)*x(2))/(12566*x(2)*x(1)^3-x(1)^4)+1/(5108*x(1)^2)-1;
        G3=1-(140.45*x(1))/((x(2)^2)*x(3));
        G4=((x(1)+x(2))/1.5)-1;
        % 惩罚函数
        Fit = Fit + PCONST*(max(0,G1)^2+max(0,G2)^2+max(0,G3)^2+max(0,G4)^2);
end
```

主函数代码如下。

```
%%-------------主函数-main_Spring_Design.m-------------------%%
clc;                                        % 清屏
clear all;                                  % 清除所有变量
close all;                                  % 关闭所有窗口
% 参数设置
nPop = 30;                                  % 班级成员数量
Dim = 3;                                    % 目标空间的维度
UpB = [2.00 1.30 15.0];                     % 目标空间的上边界
```

```
LoB = [0.05 0.25 2.00];                          % 目标空间的下边界
maxIt = 50;                                       % 算法的最大迭代次数
F_Obj = @(x)fitness_Spring_Design(x);            % 设置适应度函数
% 利用教与学优化算法求解问题
[Best,CNVG] = TLBO(nPop, Dim, UpB, LoB, maxIt, F_Obj);
% 绘制迭代曲线
figure
plot(CNVG,'r-','linewidth',2);                   % 绘制收敛曲线
axis tight;                                       % 坐标轴显示范围为紧凑型
box on;                                           % 加边框
grid on;                                          % 添加网格
title('教与学优化算法收敛曲线')                     % 添加标题
xlabel('迭代次数')                                 % 添加 x 轴标注
ylabel('适应度值')                                 % 添加 y 轴标注
disp(['求解得到的最优解为：',num2str(Best.Pos)]);
disp(['最优解对应的函数值为：Fit=',num2str(Best.Fit)])
```

运行主函数代码（main_Spring_Design.m），输出结果包括教与学优化算法运行时间、迭代次数内获得的最优适应度值（最优解），以及最优解对应的参数值 x。

```
TLOB is now tackling your problem
求解得到的最优解为：0.05        0.37441        8.5581
最优解对应的函数值为：Fit=0.0098827
```

将代码返回的 CNVG 绘制成图 6-7 所示的收敛曲线，可以直观地看到每次迭代适应度值的变化情况。

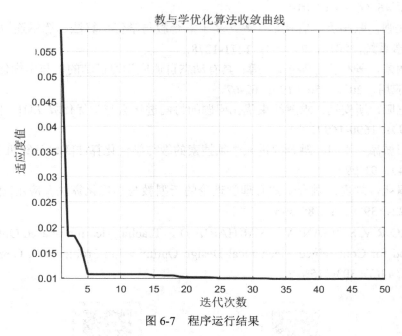

图 6-7　程序运行结果

本章涉及的代码文件如图 6-8 所示。

图 6-8　代码文件

参 考 文 献

[1] 拓守恒，雍龙泉. 一种用于 PID 控制的教与学优化算法[J]. 智能系统学报，2014（6）：740-746.

[2] 拓守恒，雍龙泉，邓方安."教与学"优化算法研究综述[J]. 计算机应用研究，2013，30（7）：1933-1938.

[3] 拓守恒，邓方安，雍龙泉. 改进教与学优化算法的 LQR 控制器优化设计[J]. 智能系统学报，2014，9（5）：602-607.

[4] 何雨洁，钱斌，胡蓉. 混合离散教与学算法求解复杂并行机调度问题[J]. 自动化学报，2020，46（4）：805-819.

[5] 马文强，张超勇，唐秋华，等. 基于混合教与学优化算法的炼钢连铸调度[J]. 计算机集成制造系统，2015，21（5）：1271-1278.

[6] 李丽荣，李木子，李崔灿，等. 具有动态自适应学习机制的教与学优化算法[J]. 计算机工程与应用，2020，56（19）：62-67.

[7] 刘三阳，靳安钊. 求解约束优化问题的协同进化教与学优化算法[J]. 自动化学报，2018，44（9）：1690-1697.

[8] 欧阳城添，周凯. 融合改进天牛须搜索的教与学优化算法[J]. 计算机工程与应用，2022，58（4）：91-99.

[9] 何佩苑，刘勇. 融合认知心理学理论的新型教与学优化算法及应用[J]. 计算机应用研究，2022，39（3）：785-796.

[10] RAO R V, SAVSANI V J, VAKHARIA D P. Teaching-learning-based Optimization: A Novel Method for Constrained Mechanical Design Optimization Problems[J]. Computer Aided Design, 2011, 43(3): 303-315.

第 6 章课件

第 6 章代码

第 **7** 章
鲫鱼优化算法原理及其 MATLAB 实现

7.1 鲫鱼优化算法的基本原理

鲫鱼优化算法（Remora Optimization Algorithm，ROA）由贾鹤鸣等人于 2021 年提出，该算法是通过模拟鲫鱼依附宿主、经验攻击和宿主觅食等过程而得到的一种优化算法，主要包括探索和开发两个阶段，具有算法原理简单、探索能力和开发能力较强的特点。

7.1.1 探索阶段

1. 旗鱼优化策略

当鲫鱼吸附在旗鱼上时，可以认为它的位置是随旗鱼的更新而同步改变的。基于旗鱼算法的精英思想，对原本的旗鱼位置更新公式进行了改进，得到如下公式：

$$X_i(t+1) = \mathbf{gbest} - \left(\mathbf{rand}() \times \left(\frac{\mathbf{gbest} + X_{\mathrm{rand}}(t)}{2} \right) - X_{\mathrm{rand}}(t) \right) \tag{7-1}$$

其中，t 代表当前迭代次数，i 代表第 i 个个体，$X_i(t+1)$ 代表更新后的个体位置，$\mathbf{gbest}$ 为更新前的最优个体位置，$\mathbf{rand}$ 为[0,1]之间的随机向量。$X_{\mathrm{rand}}(t)$ 代表更新前随机个体的位置。

2. 经验攻击

为了确定是否需要更换宿主，鲫鱼会围绕宿主不断进行小范围移动，这个过程类似于经验的积累，计算公式如下：

$$X_{\mathrm{att}} = X_i(t) - (X_i(t) - X_{\mathrm{pre}}) \times \mathrm{randn} \tag{7-2}$$

其中，X_{pre} 代表上一次迭代的位置，这可以看作是一种经验。X_{att} 代表鲫鱼试探性的一步。该机制利用 randn 函数的随机性在当前位置和上一位置之间进行局部搜索。然后，通过比较当前位置的适应度值和试探移动后的适应度值来判断是否需要更换宿主。

7.1.2 开发阶段

1. 鲸鱼优化策略

在开发阶段，鲫鱼吸附在鲸鱼表面。当鲫鱼的宿主是鲸鱼时，其位置更新公式如下：

$$X_i(t+1) = D \times e^{\alpha} \times \cos(2\pi\alpha) + X_i(t) \tag{7-3}$$

其中，D 代表宿主与猎物之间的距离，计算公式如下：

$$D = |\mathbf{gbest} - X_i(t)| \tag{7-4}$$

其中，$X_i(t)$ 代表个体当前位置。

式（7-3）中，α 为[-1,1]之间的随机数，计算公式如下：

$$\alpha = \mathbf{rand}(0,1) \times (a-1) + 1 \tag{7-5}$$

其中，a 在迭代过程中会在[-2, -1]之间线性下降，计算公式如下：

$$a = -\left(1 + \frac{t}{\max \mathrm{It}}\right) \tag{7-6}$$

其中，t 为当前迭代次数，maxIt 代表最大迭代次数。

2. 宿主觅食

宿主觅食策略是对目标空间进一步细分，在此阶段，最佳的空间可以缩小为宿主的位置空间。此时鲫鱼在宿主周围进行小范围移动，其位置更新公式如下：

$$X_i(t+1) = X_i(t) + A \tag{7-7}$$

其中，A 代表鲫鱼的移动步长，其值与鲫鱼和宿主的体积空间有关，计算公式如下：

$$A = B \times (X_i(t) - C \times \mathbf{gbest}) \tag{7-8}$$

其中，B 用来模拟鲫鱼寄宿的空间，计算公式如下：

$$B = 2 \times V \times \mathbf{rand}() - V \tag{7-9}$$

其中，V 代表鲫鱼的体积，计算公式如下：

$$V = 2 \times \left(1 - \frac{t}{\max \mathrm{It}}\right) \tag{7-10}$$

7.2 算法流程图

鲫鱼优化算法流程描述如下。

（1）初始化种群。

（2）计算个体适应度值，记录最优个体。

（3）个体根据选择因子 H 通过式（7-1）或式（7-3）进行位置更新。

（4）个体根据式（7-2）进行经验攻击。

（5）比较当前位置的适应度值 $f(X_i(t))$ 和试探移动后的适应度值 $f(X_{\mathrm{att}})$，若 $f(X_i(t)) < f(X_{\mathrm{att}})$，则个体根据式（7-7）进行宿主觅食，否则个体进行宿主更换。

（6）判断是否满足终止条件，若满足则跳出循环，否则返回步骤（2）。

（7）输出最优位置及最优适应度值。

鲫鱼优化算法流程图如图 7-1 所示。

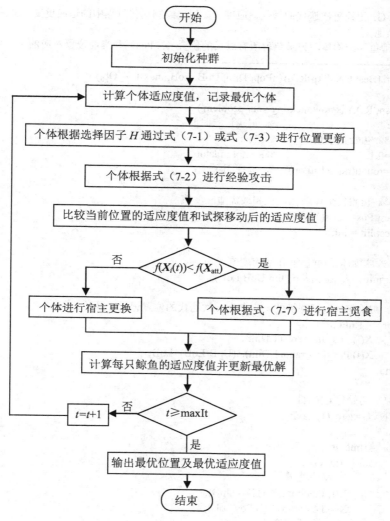

图 7-1 鲫鱼优化算法流程图

7.3 鲫鱼优化算法的 MATLAB 实现

鲫鱼优化算法的代码如下。

```
%%----------------鲫鱼优化算法-ROA.m--------------------%%
%% 输入: nPop, Dim, UpB, LoB, maxIt, F_Obj
% nPop: 鲫鱼数量
% Dim: 目标空间的维度
% UpB: 目标空间的上边界
% LoB: 目标空间的下边界
% maxIt: 算法的最大迭代次数
% F_Obj: 适应度函数接口
%% 输出: Best, CNVG
% Best: 记录全部迭代完成后的最优位置（Best.Pos）和最优适应度值（Best.Fit）
```

```
% CNVG: 记录每次迭代的最优适应度值，用于绘制迭代过程中的适应度变化曲线
%%% 其他
% X: 鲫鱼群结构体，记录鱼群所有成员的位置（X.Pos）和当前位置对应的适应度值（X.Fit）
%%%-------------------------------------------------------%%
function [Best,CNVG]=ROA(nPop, Dim, UpB, LoB, maxIt, F_Obj)

    disp('ROA is now tackling your problem')
    tic                    % 记录运行时间
    %%% 初始化参数
    C=0.1;                 %Remora factor
    H=round(rand(1,nPop)); % 选择因子

    %%% 初始化个体最优位置和最优适应度值
    Best.Pos=zeros(1,Dim);
    Best.Fit = inf;

    %%% 初始化种群位置和适应度值
    X=initialization(nPop,Dim,UpB,LoB);

    % 初始化鲫鱼试探性的一步和上一次迭代的位置记录（经验）
    for i = 1:nPop
        X(i).Pos_att=zeros(1,Dim);
        X(i).Pos_pre=rand(1,Dim).*(UpB-LoB)+LoB;
    end

    %%% 初始化 CNVG
    CNVG=zeros(1,maxIt);

    for t=1:maxIt
        for i=1:nPop
            % 检查边界
            X(i).Pos=min(X(i).Pos,UpB);
            X(i).Pos=max(X(i).Pos,LoB);
            % 计算适应度值
            X(i).Fit=F_Obj(X(i).Pos);
            % 更新最优位置和最优适应度值
            if X(i).Fit<Best.Fit
                Best.Fit=X(i).Fit;
                Best.Pos=X(i).Pos;
            end
        end

        % 更新位置
        for i=1:nPop
            a1=2-t*((2)/maxIt);
            r1=rand();

            % 鲸鱼优化策略
            if H(i)==0
                a2=-1+t*((-1)/maxIt);
                l=(a2-1)*rand+1;
```

```
                distance2Leader=abs(Best.Pos-X(i).Pos);
                X(i).Pos=distance2Leader*exp(l).*cos(l.*2*pi)+Best.Pos;

        % 旗鱼优化策略
        elseif    H(i)==1
                rand_leader_index = floor(nPop*rand()+1);
                X_rand = X(rand_leader_index).Pos;
                X(i).Pos = Best.Pos - (rand(1,Dim) .* (Best.Pos+X_rand)/2 - X_rand);
          end

        % 经验攻击
        X(i).Pos_att=X(i).Pos+(X(i).Pos+X(i).Pos_pre).*randn;
        if feval(F_Obj,X(i).Pos_att)<feval(F_Obj,X(i).Pos)
                X(i).Pos=X(i).Pos_att;
                H(i)=round(rand);
        else

        % 宿主觅食
                A=(2*a1*r1-a1);
                X(i).Pos=X(i).Pos-A*(X(i).Pos-C*Best.Pos);
        end

        X(i).Pos_pre=X(i).Pos;
        end
        CNVG(t)=Best.Fit;
    end
end
```

鲫鱼优化算法的种群初始化代码如下。

```
%%-------------种群初始化函数-initialization.m-------------%%
% nPop: 鲫鱼数量
% Dim: 目标空间的维度
% UpB: 目标空间的上边界
% LoB: 目标空间的下边界
% X.Pos 为种群的初始化位置，X.Fit 为其适应度值
function X=initialization(nPop,Dim,UpB,LoB)
    for i = 1:nPop
        X(i).Pos=rand(1,Dim).*(UpB-LoB)+LoB;          % 初始化个体的位置
        X(i).Fit=inf;                                  % 初始化个体的适应度值
    end
end
```

7.4　鲫鱼优化算法的应用案例

7.4.1　求解单峰函数极值问题

问题描述：计算函数 $f(x)=\sum_{i=1}^{n}x_i^2$（$-100\leqslant x_i\leqslant 100$）的最小值，其中 x_i 的维度为 30。

以 $f(x_1, x_2)$ 为例，函数的搜索曲面如图 7-2 所示。

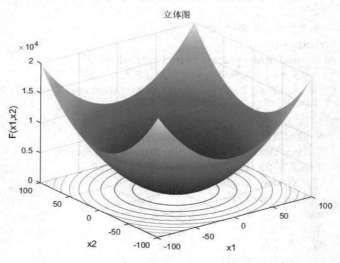

图 7-2　$f(x_1, x_2)$ 的搜索曲面

绘图代码如下。

```
%%------------绘制f(x1, x2)的搜索曲面-Fun_plot.m-------------%%
x1 = -100:1:100;
x2 = -100:1:100;
L1 = length(x1);
L2 = length(x2);
for i =1:L1
    for j = 1:L2
        f(i,j) = x1(i).^2+x2(j).^2;
    end
end
figure
surfc(x1,x2,f,'LineStyle','none');        % 绘制搜索曲面
title('立体图');                          % 标题
xlabel('x1');                             % x 轴标注
ylabel('x2');                             % y 轴标注
zlabel('F(x1,x2)');                       % z 轴标注
```

函数 $f(x)$ 为单峰函数，意味着只有一个极值点，即 $x=(0, 0, \cdots, 0)$ 时产生理论最小值 $f(0, 0, \cdots, 0)=0$。通过仿真模拟，将该函数问题转换为适应度函数代码，具体代码如下。

```
%%--------------适应度函数-fitness.m-------------------%%
function Fit = fitness(xi)
    % xi 为输入的一个个体，维度为[1,Dim]
    % Fit 为输出的适应度值
    Fit = sum(xi.^2);
end
```

其中，x_i 为输入的一个个体，适应度函数就是问题模型，Fit 为 Fun_Plot 函数的返回结果，称为适应度值。

假设鲫鱼数量 nPop=30，目标空间的维度 Dim=30。仿真过程可以理解为 30 只鲫鱼在 (-100, 100) 的目标空间中，通过鲫鱼优化算法在有限的迭代次数（maxIt）内更新位置，并将每次更新的位置传入 Fun_Plot 函数获取适应度值，直到找到一只鲫鱼的位置可以使 Fun_Plot 函数获得或接近理论最优解，即完成求解过程。求解该问题的主函数代码如下。

```
%%--------------主函数-main.m------------------%%
clc;                                    % 清屏
clear all;                              % 清除所有变量
close all;                              % 关闭所有窗口
% 参数设置
nPop = 30;                              % 鲫鱼数量
Dim = 30;                               % 目标空间的维度
UpB = 100;                              % 目标空间的上边界
LoB = -100;                             % 目标空间的下边界
maxIt = 50;                             % 算法的最大迭代次数
F_Obj = @(x)fitness(x);                 % 设置适应度函数
% 利用鲫鱼优化算法求解问题
[Best,CNVG] = ROA(nPop, Dim, UpB, LoB, maxIt, F_Obj);
% 绘制迭代曲线
figure
plot(CNVG,'r-','linewidth',2);          % 绘制收敛曲线
axis tight;                             % 坐标轴显示范围为紧凑型
box on;                                 % 加边框
grid on;                                % 添加网格
title('鲫鱼优化算法收敛曲线')            % 添加标题
xlabel('迭代次数')                       % 添加 x 轴标注
ylabel('适应度值')                       % 添加 y 轴标注
disp(['求解得到的最优解为：',num2str(Best.Pos)]);
disp(['最优解对应的函数值为：Fit=',num2str(Best.Fit)])
```

运行主函数代码（main.m），输出结果包括鲫鱼优化算法运行时间、迭代次数内获得的最优适应度值（最优解），以及最优解对应的参数值 x。

```
ROA is now tackling your problem
求解得到的最优解为：  -1.0402e-22    7.8813e-23      1.0502e-22     -2.6052e-22
-5.2158e-22    1.7043e-21    1.5785e-21      3.3183e-22     -3.4698e-22     9.0541e-23
9.6057e-22    -3.7991e-23    2.4452e-21      7.9262e-22     -3.2176e-22     -1.4336e-21
-9.559e-22     9.3438e-22    1.553e-21      -1.831e-22       5.0448e-22     -2.2366e-22
-7.3884e-22    7.8563e-22   -4.5305e-22      5.0193e-22     -1.0547e-21     2.0942e-22
-7.8346e-23    5.8986e-22
最优解对应的函数值为：Fit=2.336e-41
```

将代码返回的 CNVG 绘制成图 7-3 所示的收敛曲线，可以直观地看到每次迭代适应度值的变化情况。

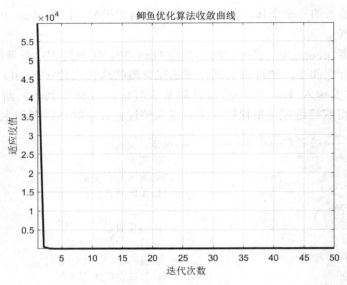

图 7-3　程序运行结果

7.4.2　求解多峰函数极值问题

问题描述：计算函数 $f(x) = \sum_{i=1}^{n} -x_i \sin\sqrt{|x_i|}$（$-500 \leqslant x_i \leqslant 500$）的最小值，其中 x_i 的维度为 30。以 $f(x_1, x_2)$ 为例，函数的搜索曲面如图 7-4 所示。

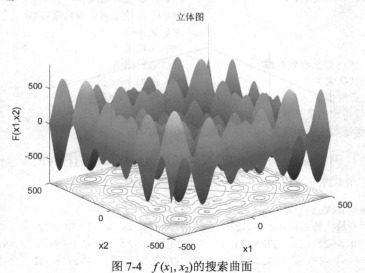

图 7-4　$f(x_1, x_2)$ 的搜索曲面

绘图代码如下。

```
%%------------绘制f(x₁,x₂)的搜索曲面-Fun_plot2.m-------------%%
x1 = -500:1:500;
x2 = -500:1:500;
L1 = length(x1);
L2 = length(x2);
```

```
for i =1:L1
    for j = 1:L2
f(i,j)=-x1(i).*sin(sqrt(abs(x1(i))))+-x2(j).*sin(sqrt(abs(x2(j))));
    end
end
figure
surfc(x1,x2,f,'LineStyle','none');           % 绘制搜索曲面
title('立体图');                             % 标题
xlabel('x1');                               % x 轴标注
ylabel('x2');                               % y 轴标注
zlabel('F(x1,x2)');                         % z 轴标注
```

函数 $f(x)$ 为多峰函数，意味着存在多个局部最优解，在仿真过程中容易陷入局部最优解而忽略全局最优解，该函数的理论最优解为-418.9829×Dim=-12569.487。通过仿真模拟，将该函数问题转换为适应度函数代码，具体代码如下。

```
%%--------------适应度函数-fitness2.m------------------%%
function Fit = fitness2(xi)
    % xi 为输入的一个个体，维度为[1,Dim]
    % Fit 为输出的适应度值
    Fit = sum(-xi.*sin(sqrt(abs(xi))));
end
```

假设鲫鱼数量 nPop=30，目标空间的维度 Dim=30，算法的最大迭代次数 maxIt=50，求解该问题的主函数代码如下。

```
%%--------------主函数-main2.m------------------%%
clc;                                        % 清屏
clear all;                                  % 清除所有变量
close all;                                  % 关闭所有窗口
% 参数设置
nPop = 30;                                  % 鲫鱼数量
Dim = 30;                                   % 目标空间的维度
UpB = 500;                                  % 目标空间的上边界
LoB = -500;                                 % 目标空间的下边界
maxIt = 50;                                 % 算法的最大迭代次数
F_Obj = @(x)fitness2(x);                    % 设置适应度函数
% 利用鲫鱼优化算法求解问题
[Best,CNVG] = ROA(nPop, Dim, UpB, LoB, maxIt, F_Obj);
% 绘制迭代曲线
figure
plot(CNVG,'r-','linewidth',2);              % 绘制收敛曲线
axis tight;                                 % 坐标轴显示范围为紧凑型
box on;                                     % 加边框
grid on;                                    % 添加网格
title('鲫鱼优化算法收敛曲线')                % 添加标题
xlabel('迭代次数')                          % 添加 x 轴标注
ylabel('适应度值')                          % 添加 y 轴标注
disp(['求解得到的最优解为：',num2str(Best.Pos)]);
disp(['最优解对应的函数值为：Fit=',num2str(Best.Fit)])
```

运行主函数代码（main2.m），输出结果包括鲫鱼优化算法运行时间、迭代次数内获得的最优适应度值（最优解），以及最优解对应的参数值 x。

ROA is now tackling your problem					
求解得到的最优解为：	421.415	422.7703	421.6937	422.7316	420.91
422.7119	421.5384	421.3494	422.6109	422.0476	421.3242	421.8962
423.0774	421.3871	409.9346	421.4317	422.3158	421.7019	422.1521
421.5504	420.81	422.0934	421.7003	421.7937	421.9996	420.8245
422.6419	420.5118	421.3904	421.6248			
最优解对应的函数值为：Fit=-12550.298					

将代码返回的 CNVG 绘制成图 7-5 所示的收敛曲线，可以直观地看到每次迭代适应度值的变化情况。

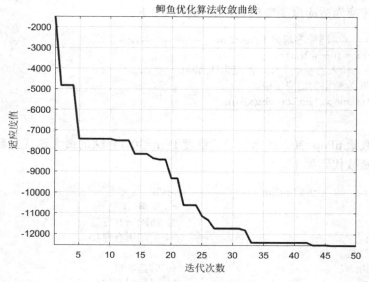

图 7-5　程序运行结果

7.4.3　拉力/压力弹簧设计问题

拉力/压力弹簧设计问题模型如图 7-6 所示。

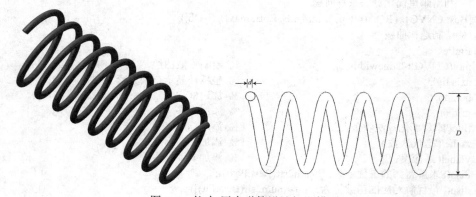

图 7-6　拉力/压力弹簧设计问题模型

问题描述：拉力/压力弹簧设计问题旨在通过优化算法找到弹簧直径（d）、平均线圈直径（D）以及有效线圈数（N）的最优值，并在最小偏差（g_1）、剪切应力（g_2）、冲击频率（g_3）、外径限制（g_4）4 种约束条件下降低弹簧的质量。

拉力/压力弹簧设计的数学模型描述如下。

设：$\boldsymbol{x} = [x_1\ x_2\ x_3] = [d\ D\ N]$

目标函数：$\min f(\boldsymbol{x}) = (x_3 + 2)x_2 x_1^2$

约束条件：

$$g_1(\boldsymbol{x}) = 1 - \frac{x_2^3 x_3}{71785 x_1^4} \leqslant 0$$

$$g_2(\boldsymbol{x}) = \frac{4x_2^2 - x_1 x_2}{12566(x_2 x_1^3 - x_1^4)} + \frac{1}{5108 x_1^2} - 1 \leqslant 0$$

$$g_3(\boldsymbol{x}) = 1 - \frac{140.45 x_1}{x_2^2 x_3} \leqslant 0$$

$$g_4(\boldsymbol{x}) = \frac{x_1 + x_2}{1.5} - 1 \leqslant 0$$

变量范围：

$$0.05 \leqslant x_1 \leqslant 2.00$$
$$0.25 \leqslant x_2 \leqslant 1.30$$
$$2.00 \leqslant x_3 \leqslant 15.00$$

拉力/压力弹簧设计问题的适应度函数代码如下。

```
%%--------------适应度函数-fitness_Spring_Design.m------------------%%
function Fit=fitness_Spring_Design(x)
    % 惩罚系数
    PCONST = 100000;
    % 目标函数
    Fit=(x(3)+2)*x(2)*(x(1)^2);
    G1=1-((x(2)^3)*x(3))/(71785*x(1)^4);
    G2=(4*x(2)^2-x(1)*x(2))/(12566*x(2)*x(1)^3-x(1)^4)+1/(5108*x(1)^2)-1;
    G3=1-(140.45*x(1))/((x(2)^2)*x(3));
    G4=((x(1)+x(2))/1.5)-1;
    % 惩罚函数
    Fit = Fit + PCONST*(max(0,G1)^2+max(0,G2)^2+max(0,G3)^2+max(0,G4)^2);
end
```

主函数代码如下。

```
%%--------------主函数-main_Spring_Design.m------------------%%
clc;                          % 清屏
clear all;                    % 清除所有变量
close all;                    % 关闭所有窗口
% 参数设置
nPop = 30;                    % 鲫鱼数量
Dim = 3;                      % 目标空间的维度
UpB = [2.00 1.30 15.0];       % 目标空间的上边界
```

```
LoB = [0.05 0.25 2.00];                        % 目标空间的下边界
maxIt = 50;                                     % 算法的最大迭代次数
F_Obj = @(x)fitness_Spring_Design(x);          % 设置适应度函数
% 利用鲫鱼优化算法求解问题
[Best,CNVG] =ROA(nPop, Dim, UpB, LoB, maxIt, F_Obj);
% 绘制迭代曲线
figure
plot(CNVG,'r-','linewidth',2);                 % 绘制收敛曲线
axis tight;                                     % 坐标轴显示范围为紧凑型
box on;                                         % 加边框
grid on;                                        % 添加网格
title('鲫鱼优化算法收敛曲线')                    % 添加标题
xlabel('迭代次数')                              % 添加 x 轴标注
ylabel('适应度值')                              % 添加 y 轴标注
disp(['求解得到的最优解为：',num2str(Best.Pos)]);
disp(['最优解对应的函数值为：Fit=',num2str(Best.Fit)])
```

运行主函数代码（main_Spring_Design.m），输出结果包括鲫鱼优化算法运行时间、迭代次数内获得的最优适应度值（最优解），以及最优解对应的参数值 x。

```
ROA is now tackling your problem
求解得到的最优解为：0.059689      0.64591       3.5555
最优解对应的函数值为：Fit=0.012785
```

将代码返回的 CNVG 绘制成图 7-7 所示的收敛曲线，可以直观地看到每次迭代适应度值的变化情况。

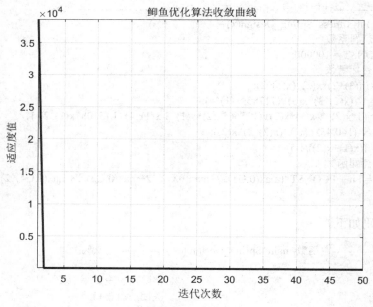

图 7-7　程序运行结果

本章涉及的代码文件如图 7-8 所示。

图 7-8　代码文件

参 考 文 献

[1] 刘竹松，李生．正余混沌双弦鲸鱼优化算法[J]．计算机工程与应用，2018，54（7）：159-212．

[2] 李安东，刘升．混合策略改进鲸鱼优化算法[J]．计算机应用研究，2022，39（5）：1415-1421．

[3] 王坚浩，张亮，史超，等．基于混沌搜索策略的鲸鱼优化算法[J]．控制与决策，2019，34（9）：1893-1900．

[4] 秋兴国，王瑞知，张卫国，等．基于混合策略改进的鲸鱼优化算法[J]．计算机工程与应用，2022，58（1）：70-78．

[5] 郭振洲，王平，马云峰，等．基于自适应权重和柯西变异的鲸鱼优化算法[J]．微电子学与计算机，2017，34（9）：20-25．

[6] 褚鼎立，陈红，王旭光．基于自适应权重和模拟退火的鲸鱼优化算法[J]．电子学报，2019，47（5）：992-999．

[7] 许德刚，王再庆，郭奕欣，等．鲸鱼优化算法研究综述[J]．计算机应用研究，2023（2）：328-336．

[8] 张永，陈锋．一种改进的鲸鱼优化算法[J]．计算机工程，2018，44（3）：208-219．

[9] 刘磊，白克强，但志宏，等．一种全局搜索策略的鲸鱼优化算法[J]．小型微型计算机系统，2020，41（9）：1820-1825．

[10] JIA H, PENG X, LANG C. Remora Optimization Algorithm[J]. Expert Systems with Applications, 2021, 185: 115665.

第 7 章课件

第 7 章代码

第 **8** 章

灰狼优化算法原理及其 MATLAB 实现

8.1 灰狼优化算法的基本原理

灰狼优化（Grey Wolf Optimization，GWO）算法由 Mirjalili 等人于 2014 年提出，提出该算法的灵感来源于灰狼群体的捕食行为。该算法结构简单，调节参数少，容易实现，通过自适应调整的收敛因子以及信息反馈机制，能够在局部寻优与全局搜索之间实现平衡，因此在对问题的求解精度和收敛速度方面都有良好的性能，但也存在易早熟收敛、面对复杂问题时收敛精度不高和收敛速度不够快等问题。该算法可应用于车间调度、参数优化、图像分类、路径规划等方面。

灰狼优化算法模拟了自然界中灰狼的领导和狩猎层级，集体狩猎是灰狼的一种社会行为，捕食的过程在头狼的带领下完成，主要包括先跟踪和接近猎物，再骚扰、追捕和包围猎物直到猎物停止移动，最后攻击猎物三个步骤。

8.1.1 社会等级制度

社会等级制度在灰狼集体狩猎过程中发挥着重要的作用，狼群中存在四种角色，α 狼是最具有智慧的领导，在狩猎过程中可以敏锐地发现猎物的位置，β 狼可以认为是军师，它更聪明，更能知道猎物的位置，δ 狼负责协助前两个层级的狼，ω 狼负责跟踪猎物。

8.1.2 包围猎物

包围猎物行为的数学建模如下。

$$\boldsymbol{D} = \left| \boldsymbol{C} \cdot \textbf{gbest} - \boldsymbol{X}(t) \right| \tag{8-1}$$

$$\boldsymbol{X}(t+1) = \textbf{gbest} - \boldsymbol{A} \cdot \boldsymbol{D} \tag{8-2}$$

式（8-1）为灰狼和猎物之间的距离，式（8-2）是灰狼的位置更新公式，其中，$\boldsymbol{X}(t+1)$ 是灰狼下一次迭代位置，t 表示当前迭代次数，$\boldsymbol{A}$ 和 $\boldsymbol{D}$ 是系数向量，**gbest** 是猎物的位置向量，$\boldsymbol{X}(t)$ 表示灰狼的位置向量。向量 $\boldsymbol{A}$ 和 $\boldsymbol{C}$ 的计算公式如下：

$$\boldsymbol{A} = 2 \cdot a \cdot \boldsymbol{r}_1 - a \tag{8-3}$$

$$\boldsymbol{C} = 2 \cdot \boldsymbol{r}_2 \tag{8-4}$$

其中，收敛因子 a 是一个平衡灰狼优化算法勘探与开发能力的关键参数，它的取值在迭代过程中随着迭代次数的增大从 2 线性减少到 0，$\boldsymbol{r}_1$、$\boldsymbol{r}_2$ 是[0, 1]中的随机向量。

位于$(\boldsymbol{X}, \boldsymbol{Y})$位置的灰狼可以根据猎物的位置$(\boldsymbol{X}^*, \boldsymbol{Y}^*)$更新其位置。通过调整向量 $\boldsymbol{A}$ 和 $\boldsymbol{C}$

的值，可以相对于当前位置到达最优代理周围的不同位置。例如，位于(X^*-X, Y^*)位置的灰狼可通过设置 $A=(1,0)$ 和 $C=(1,1)$，使用式（8-1）、式（8-2）更新其在任意随机位置的猎物周围空间内的位置。

8.1.3　狩猎攻击

灰狼能识别猎物的位置并包围它们，狩猎通常由 α 狼指导，β 狼和 δ 狼也可能偶尔参与狩猎。然而，在抽象的目标空间中无法知道猎物的最优位置。为了从数学上模拟灰狼的狩猎行为，假设 α 狼（最优候选解）、β 狼和 δ 狼对猎物的潜在位置有更好的了解，因此保存到目前为止获得的前三个最优解决方案，并要求其他搜索代理根据最优搜索代理的位置更新其位置：

$$D_\alpha = \left| C_1 \cdot X_\alpha - X \right|$$
$$D_\beta = \left| C_2 \cdot X_\beta - X \right| \tag{8-5}$$
$$D_\delta = \left| C_3 \cdot X_\delta - X \right|$$

$$X_1 = X_\alpha - A_1 \cdot D_\alpha$$
$$X_2 = X_\beta - A_2 \cdot D_\beta \tag{8-6}$$
$$X_3 = X_\delta - A_3 \cdot D_\delta$$

$$X(t+1) = \frac{X_1 + X_2 + X_3}{3} \tag{8-7}$$

其中，D_α、D_β、D_δ 分别表示 ω 狼个体与 α 狼、β 狼和 δ 狼的距离，X_1、X_2、X_3 分别表示受 α 狼、β 狼和 δ 狼影响，ω 狼个体需要调整的位置，这里取平均值，如式（8-7）所示。最终位置将位于由目标空间中的 α 狼、β 狼和 δ 狼位置定义的规定范围内的随机位置。即 α 狼、β 狼和 δ 狼估计猎物的位置，ω 狼随机更新它们在猎物周围的位置。

8.2　算法流程图

灰狼优化算法流程描述如下。

（1）初始化狼群的位置。

（2）计算狼群个体适应度值，保存适应度最好的前三匹灰狼 α 狼、β 狼和 δ 狼。

（3）追捕猎物阶段。

① 利用式（8-5）分别计算 ω 狼个体与 α 狼、β 狼和 δ 狼的距离。

② 利用式（8-6）分别计算受 α 狼、β 狼和 δ 狼影响，ω 狼个体需要调整的距离。

③ 利用式（8-7）计算 ω 狼个体需要调整的位置。

（4）更新适应度值和前三匹灰狼 α 狼、β 狼和 δ 狼的位置。

（5）判断是否满足终止条件，若满足则跳出循环，否则返回步骤（3）。

（6）输出最优位置及最优适应度值。

灰狼优化算法流程图如 8-1 所示。

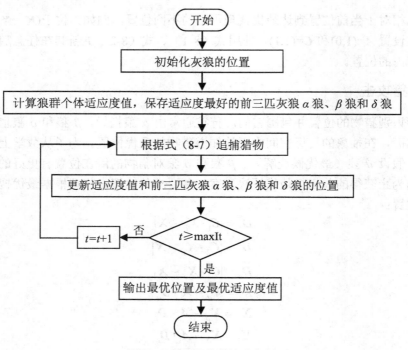

图 8-1　灰狼优化算法流程图

8.3　灰狼优化算法的 MATLAB 实现

灰狼优化算法的代码如下。

```
%%----------------灰狼优化算法-GWO.m------------------%%
%% 输入：nPop, Dim, UpB, LoB, maxIt, F_Obj
% nPop: 灰狼数量
% Dim: 目标空间的维度
% UpB: 目标空间的上边界
% LoB: 目标空间的下边界
% maxIt: 算法的最大迭代次数
% F_Obj: 适应度函数接口
%% 输出：Best, CNVG
% Best: 记录全部迭代完成后的最优位置（Best.Pos）和最优适应度值（Best.Fit）
% CNVG: 记录每次迭代的最优适应度值，用于绘制迭代过程中的适应度变化曲线
%% 其他
% X: 灰狼种群结构体，记录狼群所有成员的位置（X.Pos）和当前位置对应的适应度值（X.Fit）
%%-------------------------------------------------------%%
function [Best,CNVG]=GWO(nPop, Dim, UpB, LoB, maxIt, F_Obj)

    disp('GWO is now tackling your problem')
    tic
    %% 初始化参数
    %% 初始化 α 狼、β 狼和 δ 狼的位置
    GX.Alpha_pos=zeros(1,Dim);
```

```
GX.Alpha_score=inf;
GX.Beta_pos=zeros(1,Dim);
GX.Beta_score=inf;
GX.Delta_pos=zeros(1,Dim);
GX.Delta_score=inf;

%% 初始化种群位置和适应度值
X =initialization(nPop,Dim,UpB,LoB);
%% 初始化 CNVG
CNVG=zeros(1,maxIt);

t=0; %  循环计数器
while t<maxIt
    for i=1:nPop
        %  检查边界
        X(i).Pos=min(X(i).Pos,UpB);
        X(i).Pos=max(X(i).Pos,LoB);
        %  计算适应度值
        X(i).Fit=F_Obj(X(i).Pos);

        %  更新 α 狼、β 狼和 δ 狼的适应度值
        if X(i).Fit<GX.Alpha_score
            GX.Alpha_score=X(i).Fit;  %  更新 α 狼的位置
            GX.Alpha_pos=X(i).Pos;
            %  保存 α 狼的最优位置
            Best.Pos=GX.Alpha_pos;
            Best.Fit=GX.Alpha_score;
        end

        if X(i).Fit>GX.Alpha_score && X(i).Fit<GX.Beta_score
            GX.Beta_score=X(i).Fit;    %  更新 β 狼的位置
            GX.Beta_pos=X(i).Pos;
        end

        if X(i).Fit>GX.Beta_score && X(i).Fit<GX.Delta_score
            GX.Delta_score=X(i).Fit;   %  更新 δ 狼的位置
            GX.Delta_pos=X(i).Pos;
        end
    end
    %% a 从 2 线性减少到 0
    a=2-t*((2)/maxIt);

    %  狩猎攻击阶段
    for i=1:nPop
        for j=1:Dim
            %  计算受 α 狼影响的位置 X₁
            r1=rand(); % r1 是[0,1]中的随机数
            r2=rand(); % r2 是[0,1]中的随机数
            A1=2*a*r1-a;
            C1=2*r2;
```

```
                    D_alpha=abs(C1*GX.Alpha_pos(j)-X(i).Pos(j));
                    X1=GX.Alpha_pos(j)-A1*D_alpha;
                    % 计算受 β 狼影响的位置 X2
                    r1=rand();
                    r2=rand();
                    A2=2*a*r1-a;
                    C2=2*r2;
                    D_beta=abs(C2*GX.Beta_pos(j)-X(i).Pos(j));
                    X2=GX.Beta_pos(j)-A2*D_beta;
                    % 计算受 δ 狼影响的位置 X3
                    r1=rand();
                    r2=rand();
                    A3=2*a*r1-a;
                    C3=2*r2;
                    D_delta=abs(C3*GX.Delta_pos(j)-X(i).Pos(j));
                    X3=GX.Delta_pos(j)-A3*D_delta;
                    % ω 狼个体需要调整的位置，这里取平均值
                    X(i).Pos(j)=(X1+X2+X3)/3;
                end
            end
            t=t+1;
            CNVG(t)=Best.Fit;                        % 最优解的收敛曲线
        end
    end
```

灰狼优化算法的种群初始化代码如下。

```
%%-------------种群初始化函数-initialization.m-------------%%
% nPop: 灰狼数量
% Dim: 目标空间的维度
% UpB: 目标空间的上边界
% LoB: 目标空间的下边界
% X.Pos 为种群的初始化位置，X.Fit 为其适应度值
function X=initialization(nPop,Dim,UpB,LoB)
    for i = 1:nPop
        X(i).Pos=rand(1,Dim).*(UpB-LoB)+LoB;    % 初始化个体的位置
        X(i).Fit=inf;                           % 初始化个体的适应度值
    end
end
```

8.4 灰狼优化算法的应用案例

8.4.1 求解单峰函数极值问题

问题描述：计算函数 $f(x) = \sum_{i=1}^{n} x_i^2$ （$-100 \leqslant x_i \leqslant 100$）的最小值，其中 x_i 的维度为 30。以 $f(x_1, x_2)$ 为例，函数的搜索曲面如图 8-2 所示。

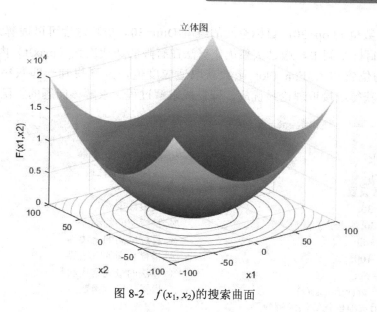

图 8-2　$f(x_1, x_2)$的搜索曲面

绘图代码如下。

```
%%-------------绘制 f(x₁, x₂)的搜索曲面-Fun_plot.m-------------%%
x1 = -100:1:100;
x2 = -100:1:100;
L1 = length(x1);
L2 = length(x2);
for i =1:L1
    for j = 1:L2
        f(i,j) = x1(i).^2+x2(j).^2;
    end
end
figure
surfc(x1,x2,f,'LineStyle','none');          %  绘制搜索曲面
title('立体图');                             %  标题
xlabel('x1');                               % x 轴标注
ylabel('x2');                               % y 轴标注
zlabel('F(x1,x2)');                         % z 轴标注
```

函数 $f(x)$为单峰函数，意味着只有一个极值点，即 $x=(0, 0, \cdots, 0)$时产生理论最小值 $f(0, 0, \cdots, 0)=0$。通过仿真模拟，将该函数问题转换为适应度函数代码，具体代码如下。

```
%%-------------适应度函数-fitness.m-------------------%%
function Fit = fitness(xi)
    % xᵢ 为输入的一个个体，维度为[1,Dim]
    % Fit 为输出的适应度值
    Fit = sum(xi.^2);
end
```

其中，x_i为输入的一个个体，适应度函数就是问题模型，Fit 为 Fun_Plot 函数的返回结果，称为适应度值。

假设灰狼数量 nPop=30，目标空间的维度 Dim=30。仿真过程可以理解为 30 匹灰狼在 (−100，100)的目标空间中，通过灰狼优化算法在有限的迭代次数（maxIt）内更新位置，并将每次更新的位置传入 Fun_Plot 函数获取适应度值，直到找到一匹灰狼的位置可以使 Fun_Plot 函数获得或接近理论最优解，即完成求解过程。求解该问题的主函数代码如下。

```
%%---------------主函数-main.m-----------------%%
clc;                                    % 清屏
clear all;                              % 清除所有变量
close all;                              % 关闭所有窗口
% 参数设置
nPop = 30;                              % 灰狼数量
Dim = 30;                               % 目标空间的维度
UpB = 100;                              % 目标空间的上边界
LoB = -100;                             % 目标空间的下边界
maxIt = 50;                             % 算法的最大迭代次数
F_Obj = @(x)fitness(x);                 % 设置适应度函数
% 利用灰狼优化算法求解问题
[Best,CNVG] = GWO(nPop, Dim, UpB, LoB, maxIt, F_Obj);
% 绘制迭代曲线
figure
plot(CNVG,'r-','linewidth',2);          % 绘制收敛曲线
axis tight;                             % 坐标轴显示范围为紧凑型
box on;                                 % 加边框
grid on;                                % 添加网格
title('灰狼优化算法收敛曲线')            % 添加标题
xlabel('迭代次数')                      % 添加 x 轴标注
ylabel('适应度值')                      % 添加 y 轴标注
disp(['求解得到的最优解为：',num2str(Best.Pos)]);
disp(['最优解对应的函数值为：Fit=',num2str(Best.Fit)])
```

运行主函数代码（main.m），输出结果包括灰狼优化算法运行时间、迭代次数内获得的最优适应度值（最优解），以及最优解对应的参数值 x。

	GWO is now tackling your problem				
	求解得到的最优解为：-1.0339	1.3543	0.94718	-1.0118	-0.92527
-1.0266	0.59761	0.38347	-0.80649	0.72359	1.0494	-1.0431
-0.81948	1.0716	1.2083	-0.4897	-1.3925	0.82913	-0.84092
-1.346	1.2086	-1.1127	-0.71964	-0.92618	1.1995	-0.39368
0.95167	-1.0081	0.60522	-1.2553			
	最优解对应的函数值为：Fit=28.7989				

将代码返回的 CNVG 绘制成图 8-3 所示的收敛曲线，可以直观地看到每次迭代适应度值的变化情况。

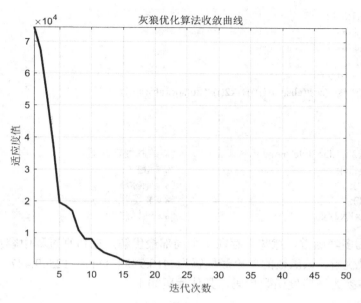

图 8-3　程序运行结果

8.4.2　求解多峰函数极值问题

问题描述：计算函数 $f(x) = \sum\limits_{i=1}^{n} -x_i \sin\sqrt{|x_i|}$　（$-500 \leqslant x_i \leqslant 500$）的最小值，其中 x_i 的维度为 30。以 $f(x_1, x_2)$ 为例，函数的搜索曲面如图 8-4 所示。

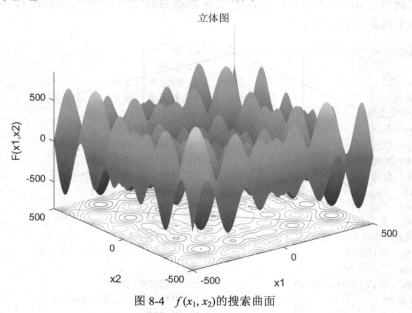

图 8-4　$f(x_1, x_2)$ 的搜索曲面

绘图代码如下。

```
%%-------------绘制 f(x₁,x₂)的搜索曲面-Fun_plot2.m-------------%%
x1 = -500:1:500;
```

```
x2 = -500:1:500;
L1 = length(x1);
L2 = length(x2);
for i =1:L1
    for j = 1:L2
f(i,j)=-x1(i).*sin(sqrt(abs(x1(i))))+-x2(j).*sin(sqrt(abs(x2(j))));
    end
end
figure
surfc(x1,x2,f,'LineStyle','none');          % 绘制搜索曲面
title('立体图');                             % 标题
xlabel('x1');                               % x 轴标注
ylabel('x2');                               % y 轴标注
zlabel('F(x1,x2)');                         % z 轴标注
```

函数 $f(x)$ 为多峰函数，意味着存在多个局部最优解，在仿真过程中容易陷入局部最优解而忽略全局最优解，该函数的理论最优解为-418.9829×Dim=-12569.487。通过仿真模拟，将该函数问题转换为适应度函数代码，具体代码如下。

```
%%--------------适应度函数-fitness2.m-----------------%%
function Fit = fitness2(xi)
    % xi 为输入的一个个体，维度为[1,Dim]
    % Fit 为输出的适应度值
    Fit = sum(-xi.*sin(sqrt(abs(xi))));
end
```

假设灰狼数量 nPop=30，目标空间的维度 Dim=30，算法的最大迭代次数 maxIt=50，求解该问题的主函数代码如下。

```
%%--------------主函数-main2.m-----------------%%
clc;                                        % 清屏
clear all;                                  % 清除所有变量
close all;                                  % 关闭所有窗口
% 参数设置
nPop = 30;                                  % 灰狼数量
Dim = 30;                                   % 目标空间的维度
UpB = 500;                                  % 目标空间的上边界
LoB = -500;                                 % 目标空间的下边界
maxIt = 50;                                 % 算法的最大迭代次数
F_Obj = @(x)fitness2(x);                    % 设置适应度函数
% 利用灰狼优化算法求解问题
[Best,CNVG] = GWO(nPop, Dim, UpB, LoB, maxIt, F_Obj);
% 绘制迭代曲线
figure
plot(CNVG,'r-','linewidth',2);              % 绘制收敛曲线
axis tight;                                 % 坐标轴显示范围为紧凑型
box on;                                     % 加边框
grid on;                                    % 添加网格
title('灰狼优化算法收敛曲线')                % 添加标题
xlabel('迭代次数')                          % 添加 x 轴标注
```

```
ylabel('适应度值')                                    % 添加 y 轴标注
disp(['求解得到的最优解为：',num2str(Best.Pos)]);
disp(['最优解对应的函数值为：Fit=',num2str(Best.Fit)])
```

运行主函数代码（main2.m），输出结果包括灰狼优化算法运行时间、迭代次数内获得的最优适应度值（最优解），以及最优解对应的参数值 x。

```
GWO is now tackling your problem
求解得到的最优解为： -119.8057    426.8079    217.9285    -132.4586    -80.5846
-27.20169    59.91305    -316.5639    418.4295    418.4894    203.6475    415.3011
-285.1823    -104.5312    -73.56705    415.5301    -79.82432    416.9061    417.6253
-306.9932    410.1766    67.62051    419.3573    187.6126    -299.6372    -300.2942
432.7411    68.621    424.0381    207.2034
最优解对应的函数值为：Fit=-7134.7232
```

将代码返回的 CNVG 绘制成图 8-5 所示的收敛曲线，可以直观地看到每次迭代适应度值的变化情况。

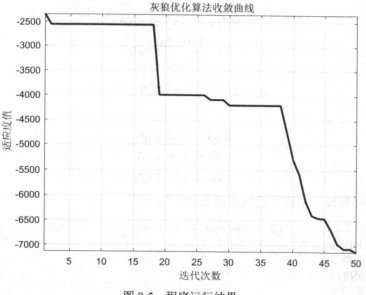

图 8-5　程序运行结果

8.4.3　拉力/压力弹簧设计问题

拉力/压力弹簧设计问题模型如图 8-6 所示。

问题描述：拉力/压力弹簧设计问题旨在通过优化算法找到弹簧直径（d）、平均线圈直径（D）以及有效线圈数（N）的最优值，并在最小偏差（g_1）、剪切应力（g_2）、冲击频率（g_3）、外径限制（g_4）4 种约束条件下降低弹簧的质量。

拉力/压力弹簧设计的数学模型描述如下。

设：$x = [x_1\ x_2\ x_3] = [d\ D\ N]$

目标函数：$\min f(x) = (x_3 + 2)x_2 x_1^2$

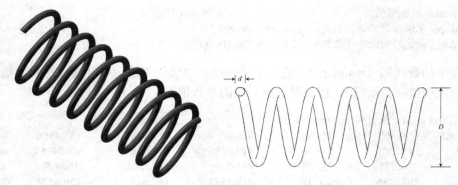

图 8-6 拉力/压力弹簧设计问题模型

约束条件：

$$g_1(\boldsymbol{x}) = 1 - \frac{x_2^3 x_3}{71785 x_1^4} \leqslant 0$$

$$g_2(\boldsymbol{x}) = \frac{4x_2^2 - x_1 x_2}{12566(x_2 x_1^3 - x_1^4)} + \frac{1}{5108 x_1^2} - 1 \leqslant 0$$

$$g_3(\boldsymbol{x}) = 1 - \frac{140.45 x_1}{x_2^2 x_3} \leqslant 0$$

$$g_4(\boldsymbol{x}) = \frac{x_1 + x_2}{1.5} - 1 \leqslant 0$$

变量范围：

$$0.05 \leqslant x_1 \leqslant 2.00$$
$$0.25 \leqslant x_2 \leqslant 1.30$$
$$2.00 \leqslant x_3 \leqslant 15.00$$

拉力/压力弹簧设计问题的适应度函数代码如下。

```
%%--------------适应度函数-fitness_Spring_Design.m------------------%%
function Fit=fitness_Spring_Design(x)
    % 惩罚系数
    PCONST = 100000;
    % 目标函数
    Fit=(x(3)+2)*x(2)*(x(1)^2);
    G1=1-((x(2)^3)*x(3))/(71785*x(1)^4);
    G2=(4*x(2)^2-x(1)*x(2))/(12566*x(2)*x(1)^3-x(1)^4)+1/(5108*x(1)^2)-1;
    G3=1-(140.45*x(1))/((x(2)^2)*x(3));
    G4=((x(1)+x(2))/1.5)-1;
    % 惩罚函数
    Fit = Fit + PCONST*(max(0,G1)^2+max(0,G2)^2+max(0,G3)^2+max(0,G4)^2);
end
```

主函数代码如下。

```
%%--------------主函数-main_Spring_Design.m------------------%%
clc;                                    % 清屏
clear all;                              % 清除所有变量
```

```
close all;                                    %  关闭所有窗口
%  参数设置
nPop = 30;                                    %  灰狼数量
Dim = 3;                                      %  目标空间的维度
UpB = [2.00 1.30 15.0];                       %  目标空间的上边界
LoB = [0.05 0.25 2.00];                       %  目标空间的下边界
maxIt = 50;                                   %  算法的最大迭代次数
F_Obj = @(x)fitness_Spring_Design(x);         %  设置适应度函数
%  利用灰狼优化算法求解问题
[Best,CNVG] =GWO(nPop, Dim, UpB, LoB, maxIt, F_Obj);
%  绘制迭代曲线
figure
plot(CNVG,'r-','linewidth',2);                %  绘制收敛曲线
axis tight;                                   %  坐标轴显示范围为紧凑型
box on;                                       %  加边框
grid on;                                      %  添加网格
title('灰狼优化算法收敛曲线')                   %  添加标题
xlabel('迭代次数')                             %  添加 x 轴标注
ylabel('适应度值')                             %  添加 y 轴标注
disp(['求解得到的最优解为：',num2str(Best.Pos)]);
disp(['最优解对应的函数值为：Fit=',num2str(Best.Fit)])
```

运行主函数代码（main_Spring_Design.m），输出结果包括灰狼优化算法运行时间、迭代次数内获得的最优适应度值（最优解），以及最优解对应的参数值 x。

```
GWO is now tackling your problem
求解得到的最优解为：0.055477        0.51213        5.2392
最优解对应的函数值为：Fit=0.01141
```

将代码返回的 CNVG 绘制成图 8-7 所示的收敛曲线，可以直观地看到每次迭代适应度值的变化情况。

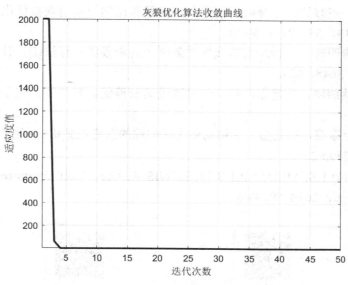

图 8-7　程序运行结果

本章涉及的代码文件如图 8-8 所示。

图 8-8　代码文件

参考文献

[1] 龙文，蔡绍洪，焦建军，等．求解高维优化问题的混合灰狼优化算法[J]．控制与决策，2016，31（11）：1991-1997．

[2] 李阳，李维刚，赵云涛，等．基于莱维飞行和随机游动策略的灰狼算法[J]．计算机科学，2020，47（8）：291-296．

[3] 郭振洲，刘然，拱长青，等．基于灰狼算法的改进研究[J]．计算机应用研究，2017，34（12）：3603-3610．

[4] 姜天华．混合灰狼优化算法求解柔性作业车间调度问题[J]．控制与决策，2018，33（3）：503-508．

[5] 张晓凤，王秀英．灰狼优化算法研究综述[J]．计算机科学，2019，46（3）：30-38．

[6] 王秋萍，王梦娜，王晓峰．改进收敛因子和比例权重的灰狼优化算法[J]．计算机工程与应用，2019，55（21）：59-64．

[7] 王敏，唐明珠．一种新型非线性收敛因子的灰狼优化算法[J]．计算机应用研究，2016，33（12）：3648-3653．

[8] 龙文，蔡绍洪，焦建军，等．一种改进的灰狼优化算法[J]．电子学报，2019，47（1）：169-175．

[9] 龙文，赵东泉，徐松金．求解约束优化问题的改进灰狼优化算法[J]．计算机应用，2015，35（9）：2590-2595．

[10] MIRJALILI S, MIRJALILI S M, LEWIS A. Grey Wolf Optimizer[J]. Advances in Engineering Software, 2014, 69: 46-61.

第 8 章课件

第 8 章代码

第 **9** 章
堆优化算法原理及其 MATLAB 实现

9.1 堆优化算法的基本原理

堆优化（Heap-Based Optimizer，HBO）算法由 Askari 等人于 2020 年提出，该算法利用堆数据结构模拟了公司等级制度，采用了堆的概念形成个体之间的交互，并且构建了三种构造新解的数学模型，具有收敛速度快、精度高的特点。

堆优化算法模拟公司等级制度建立树状结构（即三元堆或三叉树结构）。公司等级制度的最终目标是以最好的方式完成与业务相关的任务，主要包括 3 个数学模型：下属与直接领导的交互、与同事的交互和个体的自我贡献。

9.1.1 公司等级制度

用堆数据结构模拟公司等级制度，整个公司等级制度被认为是一个群体。根据定义，堆是一个非线性树形数据结构，具有以下两个属性：

（1）堆是一个完整的树。如果树的每一层（可能除了最后一层）都被填满，并且最后一层中的所有节点都尽可能向左，则称为完整树。

（2）在最小堆情况下，每个父节点的键都小于或等于其子节点的键；在最大堆情况下，每个父节点的键都大于或等于其子节点的键。

最高层仅有一个个体（其适应度值最高，为最优个体）；第二层个体的适应度值低于第一层个体的适应度值；第一层至第三层为高层，第四层为低层（其个体的适应度值低于高层个体的适应度值）。从第二层开始，所有的个体都是通过直接领导和同事的引导进行更新。同一层次的个体均为其同事，且只有一个直接领导。然而对于最高领导，它所在的层是最高层，没有直接领导，并且该层只有它一个个体，也不存在同事。

9.1.2 下属与直接领导交互的数学模型

在一个集中的组织结构中，规则和政策由上层实施，下属服从直接领导。假设每个父节点是其子节点的直接领导，这种行为可以通过父节点 B 更新每个搜索代理 $\boldsymbol{x}_i$ 的位置来建模，公式如下：

$$x_i^k(t+1) = B^k + \gamma\lambda^k\left|B^k - x_i^k(t)\right| \tag{9-1}$$

其中，t 表示当前迭代次数，k 表示向量的第 k 个分量。λ^k 是向量 λ 的第 k 个分量，其值由以下公式随机生成。

$$\lambda^k = 2r - 1 \tag{9-2}$$

其中，r 是均匀分布在[0, 1]内的随机数。在式（9-1）中，γ 是设计参数，其计算公式如下：

$$\gamma = \left|2 - \frac{\left(t \bmod \dfrac{\text{maxIt}}{C}\right)}{\dfrac{\text{maxIt}}{4C}}\right| \tag{9-3}$$

其中，t 表示当前迭代次数，maxIt 表示最大迭代次数，C 是用户定义的参数。在迭代过程中，γ 从 2 线性减少到 0；然后又从 0 增加到 2。参数 C 决定了在 maxIt 次迭代中 γ 将完成多少个循环。C 对式（9-1）起关键作用，因为 C 控制 $\gamma\lambda^k$ 的变化率。通过大量测试，C 被定义为

$$C = \frac{\text{maxIt}}{25} \tag{9-4}$$

9.1.3　同事之间互动的数学模型

级别相同的职员被认为是同事。在堆中，假设同一层的节点是同事节点，每个搜索代理 x_i 根据其随机选择的同事 s_i 更新其位置，公式如下：

$$x_i^k(t+1) = \begin{cases} S_r^k + \gamma\lambda^k\left|S_r^k - x_i^k(t)\right|, & f(S_r) < f(x_i(t)) \\ x_r^k + \gamma\lambda^k\left|S_r^k - x_i^k(t)\right|, & f(S_r) \geqslant f(x_i(t)) \end{cases} \tag{9-5}$$

其中，f 表示目标函数计算搜索代理的适应度值。式（9-5）的位置更新机制与式（9-1）非常相似，但不同的是，当 $f(S_r) < f(x_i(t))$ 时，式（9-5）只允许搜索代理搜索 S_r^k 周围的区域；当 $f(S_r) \geqslant f(x_i(t))$ 时，只允许搜索 x_i^k 周围的区域。这种行为促进了探索和开发。随机选择的同事具有多样性，同时总是在优秀的解决方案周围寻找，从而促进了收敛。

9.1.4　员工自我贡献的数学模型

在员工自我贡献的数学模型中，个体在前一次迭代中的一些位置信息会一直保留到下一次迭代。搜索代理 x_i 在下一次迭代中不会更改其第 k 个设计变量的位置。

$$x_i^k(t+1) = x_i^k(t) \tag{9-6}$$

9.1.5　联合公式

在堆优化算法中，概率 p_1、p_2、p_3 决定了个体将会在以上 3 个数学模型中选择哪个模

型进行更新。选择概率的计算方法如下。

概率为 p_1 的个体允许搜索代理使用式（9-6）更新其位置，p_1 的计算公式如下：

$$p_1 = 1 - \frac{t}{\text{maxIt}} \tag{9-7}$$

其中，t 表示当前迭代次数，maxIt 表示最大迭代次数。

概率为 p_2 的个体允许搜索代理使用式（9-1）更新其位置。p_2 的计算公式如下：

$$p_2 = p_1 + \frac{1 - p_1}{2} \tag{9-8}$$

概率为 p_3 的个体允许搜索代理使用式（9-5）更新其位置，p_3 的计算公式如下：

$$p_3 = p_2 + \frac{1 - p_1}{2} = 1 \tag{9-9}$$

总体位置更新公式为

$$\boldsymbol{x}_i^k(t+1) = \begin{cases} \boldsymbol{x}_i^k(t), & p \leqslant p_1 \\ \boldsymbol{B}^k + \gamma\lambda^k \left| \boldsymbol{B}^k - \boldsymbol{x}_i^k(t) \right|, & p > p_1 \text{ 且 } p \leqslant p_2 \\ \boldsymbol{S}_r^k + \gamma\lambda^k \left| \boldsymbol{S}_r^k - \boldsymbol{x}_i^k(t) \right|, & p > p_2 \text{ 且 } p \leqslant p_3 \text{ 且 } f(\boldsymbol{S}_r) < f(\boldsymbol{x}_i(t)) \\ \boldsymbol{x}_i^k + \gamma\lambda^k \left| \boldsymbol{S}_r^k - \boldsymbol{x}_i^k(t) \right|, & p > p_2 \text{ 且 } p \leqslant p_3 \text{ 且 } f(\boldsymbol{S}_r) \geqslant f(\boldsymbol{x}_i(t)) \end{cases} \tag{9-10}$$

9.2　算法流程图

堆优化算法流程描述如下。

（1）初始化公司。

（2）评估公司成员中每个成员的适应度值，获取全局最优解。

（3）构建堆。

（4）根据不同的概率 p 从 3 个数学模型中选择一个数学模型进行位置更新。如果 $p \leqslant p_1$，选择员工自我贡献的数学模型，通过式（9-6）更新个体位置；如果 $p > p_1$ 且 $p \leqslant p_2$，选择下属与直接领导交互的数学模型，通过式（9-1）更新个体位置；如果 $p > p_2$ 且 $p \leqslant p_3$，选择同事之间互动的数学模型，通过式（9-5）更新个体位置。

（5）边界控制，计算每个成员的适应度值。

（6）更新公司。

（7）判断是否满足终止条件，若满足则跳出循环，否则返回步骤（3）。

（8）输出最优位置及最优适应度值。

堆优化算法流程图如图 9-1 所示。

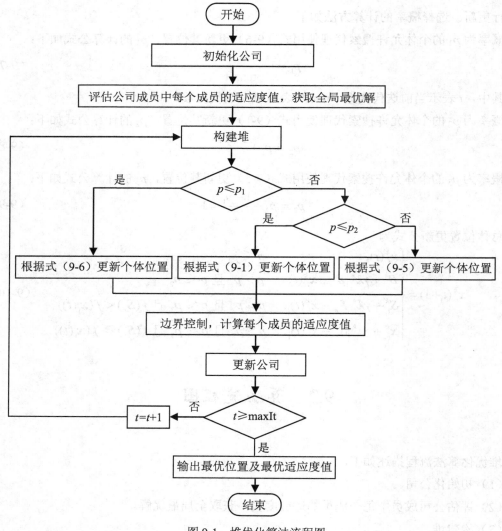

图 9-1 堆优化算法流程图

9.3 堆优化算法的 MATLAB 实现

堆优化算法的代码如下。

```
%%-----------------堆优化算法-HBO.m------------------%%
%% 输入: nPop, Dim, UpB, LoB, maxIt, F_Obj
% nPop: 公司成员数量
% Dim: 目标空间的维度
% UpB: 目标空间的上边界
% LoB: 目标空间的下边界
% maxIt: 算法的最大迭代次数
% F_Obj: 适应度函数接口
%% 输出: Best, CNVG
```

```matlab
% Best: 记录全部迭代完成后的最优位置（Best.Pos）和最优适应度值（Best.Fit）
% CNVG: 记录每次迭代的最优适应度值，用于绘制迭代过程中的适应度变化曲线
%%% 其他
% X: 公司结构体，记录公司所有成员的位置（X.Pos）和当前位置对应的适应度值（X.Fit）
%%%----------------------------------------------------%%
function [Best,CNVG]= HBO(nPop, Dim, UpB, LoB, maxIt, F_Obj)

    disp('HBO is now tackling your problem')
    tic                             % 记录运行时间
    % 初始化领导者的位置和适应度值
    Best.Pos=zeros(1,Dim);
    Best.Fit=inf;
    %%% 初始化公司成员位置和适应度值
    X = initialization(nPop,Dim,UpB,LoB);
    %%% 初始化 CNVG
    CNVG=zeros(1,maxIt);

    cycles = floor(maxIt/25);
    degree = 3;                     % 使用三元堆来实现公司等级制度
    % 对公司等级制度进行建模
    treeHeight = ceil((log10(nPop * degree - nPop + 1)/log10(degree)));
    fevals = 0;

    % 构建初始堆
    for c = 1:nPop
        fitness = F_Obj(X(c).Pos);
        fevals = fevals +1;
        X(c).Fit(1) = fitness;
        X(c).Fit(2) = c;

        % 将适应度值与领导的目标值进行对比，更新位置
        t = c;
        while t > 1
            parentInd = floor((t+1)/degree);
            if X(t).Fit(1) >= X(parentInd).Fit(1)
                break;
            else
                tempFitness = X(t).Fit;
                X(t).Fit= X(parentInd).Fit;
                X(parentInd).Fit = tempFitness;
            end
            t = parentInd;
        end

        if fitness <= Best.Fit      % 适应度值小于领导的目标值，进行替换
            Best.Fit = fitness;
            Best.Pos = X(c).Pos;
        end
    end

% Main loop
```

```
% 对同事之间的互动进行建模
colleaguesLimits = colleaguesLimitsGenerator(degree,nPop);
itPerCycle = maxIt/cycles;
qtrCycle = itPerCycle / 4;
for it=1:maxIt
    gamma = (mod(it, itPerCycle)) / qtrCycle;
    gamma = abs(2-gamma);

    for c = nPop:-1:2

        if c == 1
            continue;
        else
            parentInd = floor((c+1)/degree);
            curSol = X(X(c).Fit(2)).Pos;              % 记录节点位置
            parentSol = X(X(parentInd).Fit(2)).Pos;   % 记录父节点位置

            if colleaguesLimits(c,2) > nPop  % 与同事之间互动的数学模型限制条件进行对比
                colleaguesLimits(c,2) = nPop;
            end
            colleagueInd = c;
            while colleagueInd == c
                colleagueInd = randi([colleaguesLimits(c,1) colleaguesLimits(c,2)]);
            end
            colleagueSol = X(X(colleagueInd).Fit(2)).Pos;%根据同事之间互动的数学模型更新
其最优位置

            for j = 1:Dim
                p1 = (1 - it/(maxIt));% 通过 p1 选择员工自我贡献的数学模型更新个体位置
                p2 = p1+(1- p1)/2;% 通过 p2 选择下属与直接领导交互的数学模型更新个体位置
                r = rand();
                rn = (2*rand()-1);

                if r < p1                          % 员工自我贡献的数学模型
                    continue;
                elseif   r < p2                    % 下属与直接领导交互的数学模型
                    D = abs(parentSol(j) - curSol(j));
                    curSol(1, j) = parentSol(j) + rn * gamma * D;
                else
                    if X(colleagueInd).Fit(1)<X(c).Fit(1)
                        D = abs(colleagueSol(j) - curSol(j));
                        curSol(1, j) = colleagueSol(j) + rn * gamma * D;
                    else
                        D = abs(colleagueSol(j) - curSol(j));
                        curSol(1, j) = curSol(j) + rn * gamma * D;
                    end
                end
            end
        end
    end

    % 检查边界
```

```
Flag4ub=curSol(1, :)>UpB;
Flag4lb=curSol(1, :)<LoB;
curSol(1, :)=(curSol(1, :).*(~(Flag4ub+Flag4lb)))+UpB.*Flag4ub+LoB.*Flag4lb;

newFitness = F_Obj(curSol);
fevals = fevals +1;
if newFitness < X(c).Fit(1)
    X(c).Fit(1) = newFitness;
    X(X(c).Fit(2)).Pos = curSol;
end
if newFitness < Best.Fit
    Best.Fit = newFitness;
    Best.Pos = curSol;
end

% 更新堆模型
t = c;
while t > 1
    parentInd = floor((t+1)/degree);
    if X(t).Fit(1) >= X(parentInd).Fit(1)
        break;
    else
        tempFitness = X(t).Fit;
        X(t).Fit = X(parentInd).Fit;
        X(parentInd).Fit = tempFitness;
    end
    t = parentInd;
    end
end
format long
CNVG(it)=Best.Fit;
[fevals Best.Fit];
end
end
```

堆优化算法的公司初始化代码如下。

```
%%-------------公司初始化函数-initialization.m-------------%%
% nPop: 公司成员数量
% Dim: 目标空间的维度
% UpB: 目标空间的上边界
% LoB: 目标空间的下边界
% X.Pos 为公司的初始化位置，X.Fit 为其适应度值
function X=initialization(nPop,Dim,UpB,LoB)
    for i = 1:nPop
        X(i).Pos=rand(1,Dim).*(UpB-LoB)+LoB;      % 初始化个体的位置
        X(i).Fit=inf;                             % 初始化个体的适应度值
    end
end
```

9.4 堆优化算法的应用案例

9.4.1 求解单峰函数极值问题

问题描述：计算函数 $f(x) = \sum_{i=1}^{n} x_i^2$ （$-100 \leqslant x_i \leqslant 100$）的最小值，其中 x_i 的维度为 30。以 $f(x_1, x_2)$ 为例，函数的搜索曲面如图 9-2 所示。

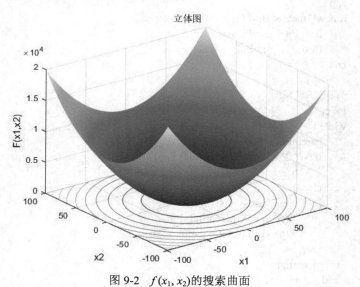

图 9-2 $f(x_1, x_2)$ 的搜索曲面

绘图代码如下。

```
%%------------绘制f(x₁, x₂)的搜索曲面-Fun_plot.m-------------%%
x1 = -100:1:100;
x2 = -100:1:100;
L1 = length(x1);
L2 = length(x2);
for i =1:L1
    for j = 1:L2
        f(i,j) = x1(i).^2+x2(j).^2;
    end
end
figure
surfc(x1,x2,f,'LineStyle','none');      % 绘制搜索曲面
title('立体图');                         % 标题
xlabel('x1');                           % x 轴标注
ylabel('x2');                           % y 轴标注
zlabel('F(x1,x2)');                     % z 轴标注
```

函数 $f(x)$ 为单峰函数，意味着只有一个极值点，即 $x=(0, 0, \cdots, 0)$ 时产生理论最小值 $f(0, 0, \cdots, 0)= 0$。通过仿真模拟，将该函数问题转换为适应度函数代码，具体代码如下。

```
%%---------------适应度函数-fitness.m-----------------%%
function Fit = fitness(xi)
        % xi 为输入的一个个体，维度为[1,Dim]
        % Fit 为输出的适应度值
        Fit = sum(xi.^2);
end
```

其中，x_i 为输入的一个个体，适应度函数就是问题模型，Fit 为 Fun_Plot 函数的返回结果，称为适应度值。

假设公司成员数量 nPop=30，目标空间的维度 Dim=30。仿真过程可以理解为 30 个成员在(-100, 100)的目标空间中，通过堆优化算法在有限的迭代次数（maxIt）内更新位置，并将每次更新的位置传入 Fun_Plot 函数获取适应度值，直到找到一个成员的位置可以使 Fun_Plot 函数获得或接近理论最优解，即完成求解过程。求解该问题的主函数代码如下。

```
%%---------------主函数-main.m-----------------%%
clc;                                    % 清屏
clear all;                              % 清除所有变量
close all;                              % 关闭所有窗口
% 参数设置
nPop = 30;                              % 公司成员数量
Dim = 30;                               % 目标空间的维度
UpB = 100;                              % 目标空间的上边界
LoB = -100;                             % 目标空间的下边界
maxIt = 50;                             % 算法的最大迭代次数
F_Obj = @(x)fitness(x);                 % 设置适应度函数
% 利用堆优化算法求解问题
[Best,CNVG] = HBO(nPop, Dim, UpB, LoB, maxIt, F_Obj);
% 绘制迭代曲线
figure
plot(CNVG,'r-','linewidth',2);          % 绘制收敛曲线
axis tight;                             % 坐标轴显示范围为紧凑型
box on;                                 % 加边框
grid on;                                % 添加网格
title('堆优化算法收敛曲线')              % 添加标题
xlabel('迭代次数')                       % 添加 x 轴标注
ylabel('适应度值')                       % 添加 y 轴标注
disp(['求解得到的最优解为：',num2str(Best.Pos)]);
disp(['最优解对应的函数值为：Fit=',num2str(Best.Fit)])
```

运行主函数代码（main.m），输出结果包括堆优化算法运行时间、迭代次数内获得的最优适应度值（最优解），以及最优解对应的参数值 x。

HBO is now tackling your problem				
求解得到的最优解为： 6.30607	-7.16078	-15.113	-13.8441	6.54598
-6.34338　13.8914	-3.70265	6.26726	-14.0396	1.84602　14.8229
11.5941　8.42188	19.5822	-18.3237	10.9332	-2.03773　18.5111
14.8806　5.45111	2.21589	-2.35141	-9.92853	-6.93424　-6.27869
5.98442　-7.43237	-12.4937	-8.93754		
最优解对应的函数值为：Fit=3425.999				

将代码返回的 CNVG 绘制成图 9-3 所示的收敛曲线，可以直观地看到每次迭代适应度值的变化情况。

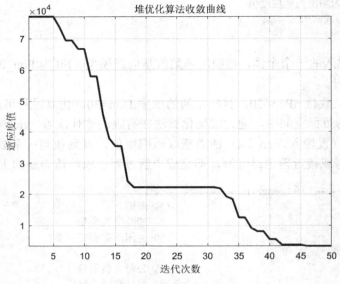

图 9-3　程序运行结果

9.4.2　求解多峰函数极值问题

问题描述：计算函数 $f(x) = \sum_{i=1}^{n} -x_i \sin\sqrt{|x_i|}$ （$-500 \leqslant x_i \leqslant 500$）的最小值，其中 x_i 的维度为 30。以 $f(x_1, x_2)$ 为例，函数的搜索曲面如图 9-4 所示。

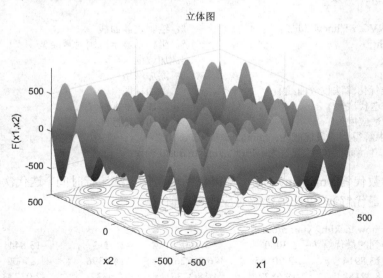

图 9-4　$f(x_1, x_2)$ 的搜索曲面

绘图代码如下。

```
%%-------------绘制 f(x₁,x₂)的搜索曲面-Fun_plot2.m-------------%%
x1 = -500:1:500;
x2 = -500:1:500;
L1 = length(x1);
L2 = length(x2);
for i =1:L1
    for j = 1:L2
f(i,j)=-x1(i).*sin(sqrt(abs(x1(i))))+-x2(j).*sin(sqrt(abs(x2(j))));
    end
end
figure
surfc(x1,x2,f,'LineStyle','none');              % 绘制搜索曲面
title('立体图');                                 % 标题
xlabel('x1');                                    % x 轴标注
ylabel('x2');                                    % y 轴标注
zlabel('F(x1,x2)');                              % z 轴标注
```

函数 $f(x)$ 为多峰函数，意味着存在多个局部最优解，在仿真过程中容易陷入局部最优解而忽略全局最优解，该函数的理论最优解为 $-418.9829 \times Dim = -12569.487$。通过仿真模拟，将该函数问题转换为适应度函数代码，具体代码如下。

```
%%-------------适应度函数-fitness2.m-------------%%
function Fit = fitness2(xi)
    % xᵢ 为输入的一个个体，维度为[1,Dim]
    % Fit 为输出的适应度值
    Fit = sum(-xi.*sin(sqrt(abs(xi))));
end
```

假设公司成员数量 nPop=30，目标空间的维度 Dim=30，算法的最大迭代次数 maxIt=50，求解该问题的主函数代码如下。

```
%%-------------主函数-main2.m-------------%%
clc;                                  % 清屏
clear all;                            % 清除所有变量
close all;                            % 关闭所有窗口
% 参数设置
nPop = 30;                            % 公司成员数量
Dim = 30;                             % 目标空间的维度
UpB = 500;                            % 目标空间的上边界
LoB = -500;                           % 目标空间的下边界
maxIt = 50;                           % 算法的最大迭代次数
F_Obj = @(x)fitness2(x);              % 设置适应度函数
% 利用堆优化算法求解问题
[Best,CNVG] = HBO(nPop, Dim, UpB, LoB, maxIt, F_Obj);
% 绘制迭代曲线
figure
plot(CNVG,'r-','linewidth',2);        % 绘制收敛曲线
```

```
axis tight;                           % 坐标轴显示范围为紧凑型
box on;                               % 加边框
grid on;                              % 添加网格
title('堆优化算法收敛曲线')            % 添加标题
xlabel('迭代次数')                     % 添加 x 轴标注
ylabel('适应度值')                     % 添加 y 轴标注
disp(['求解得到的最优解为：',num2str(Best.Pos)]);
disp(['最优解对应的函数值为：Fit=',num2str(Best.Fit)])
```

运行主函数代码（main2.m），输出结果包括堆优化算法运行时间、迭代次数内获得的最优适应度值（最优解），以及最优解对应的参数值 x。

HBO is now tackling your problem					
求解得到的最优解为：-187.4718		-500	198.9044	452.1499	441.5183
449.9827	203.7648	444.2861	-500	475.4236	-500	308.9682
380.0863	439.8945	-335.9541	440.441	418.9044	-258.4256	-54.94319
422.7823	-93.29321	375.2238	425.6082	-104.7804	64.87269	402.5987
434.0413	397.9588	450.312	186.0396			
最优解对应的函数值为：Fit=-6293.846					

将代码返回的 CNVG 绘制成图 9-5 所示的收敛曲线，可以直观地看到每次迭代适应度值的变化情况。

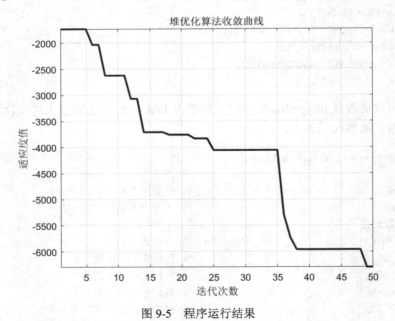

图 9-5　程序运行结果

9.4.3　拉力/压力弹簧设计问题

拉力/压力弹簧设计问题模型如图 9-6 所示。

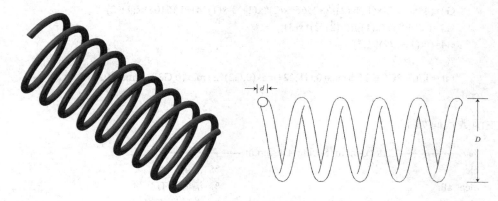

图 9-6　拉力/压力弹簧设计问题模型

问题描述：拉力/压力弹簧设计问题旨在通过优化算法找到弹簧直径（d）、平均线圈直径（D）以及有效线圈数（N）的最优值，并在最小偏差（g_1）、剪切应力（g_2）、冲击频率（g_3）、外径限制（g_4）4 种约束条件下降低弹簧的质量。

拉力/压力弹簧设计的数学模型描述如下所示。

设：　$\boldsymbol{x} = [x_1\ x_2\ x_3] = [d\ D\ N]$

目标函数：　$\min f(\boldsymbol{x}) = (x_3 + 2)x_2 x_1^2$

约束条件：

$$g_1(\boldsymbol{x}) = 1 - \frac{x_2^3 x_3}{71785 x_1^4} \leqslant 0$$

$$g_2(\boldsymbol{x}) = \frac{4x_2^2 - x_1 x_2}{12566(x_2 x_1^3 - x_1^4)} + \frac{1}{5108 x_1^2} - 1 \leqslant 0$$

$$g_3(\boldsymbol{x}) = 1 - \frac{140.45 x_1}{x_2^2 x_3} \leqslant 0$$

$$g_4(\boldsymbol{x}) = \frac{x_1 + x_2}{1.5} - 1 \leqslant 0$$

变量范围：

$$0.05 \leqslant x_1 \leqslant 2.00$$
$$0.25 \leqslant x_2 \leqslant 1.30$$
$$2.00 \leqslant x_3 \leqslant 15.00$$

拉力/压力弹簧设计问题的适应度函数代码如下。

```
%%--------------适应度函数-fitness_Spring_Design.m-------------------%%
function Fit=fitness_Spring_Design(x)
    % 惩罚系数
    PCONST = 100000;
    % 目标函数
    Fit=(x(3)+2)*x(2)*(x(1)^2);
    G1=1-((x(2)^3)*x(3))/(71785*x(1)^4);
```

```
        G2=(4*x(2)^2-x(1)*x(2))/(12566*x(2)*x(1)^3-x(1)^4)+1/(5108*x(1)^2)-1;
        G3=1-(140.45*x(1))/((x(2)^2)*x(3));
        G4=((x(1)+x(2))/1.5)-1;
        % 惩罚函数
        Fit = Fit + PCONST*(max(0,G1)^2+max(0,G2)^2+max(0,G3)^2+max(0,G4)^2);
    end
```

主函数代码如下。

```
%%--------------主函数-main_Spring_Design.m------------------%%
clc;                                        % 清屏
clear all;                                  % 清除所有变量
close all;                                  % 关闭所有窗口
% 参数设置
nPop = 30;                                  % 公司成员数量
Dim = 3;                                    % 目标空间的维度
UpB = [2.00 1.30 15.0];                     % 目标空间的上边界
LoB = [0.05 0.25 2.00];                     % 目标空间的下边界
maxIt = 50;                                 % 算法的最大迭代次数
F_Obj = @(x)fitness_Spring_Design(x);       % 设置适应度函数
% 利用堆优化算法求解问题
[Best,CNVG] =HBO(nPop, Dim, UpB, LoB, maxIt, F_Obj);
% 绘制迭代曲线
figure
plot(CNVG,'r-','linewidth',2);              % 绘制收敛曲线
axis tight;                                 % 坐标轴显示范围为紧凑型
box on;                                     % 加边框
grid on;                                    % 添加网格
title('堆优化算法收敛曲线')                   % 添加标题
xlabel('迭代次数')                           % 添加 x 轴标注
ylabel('适应度值')                           % 添加 y 轴标注
disp(['求解得到的最优解为：',num2str(Best.Pos)]);
disp(['最优解对应的函数值为：Fit=',num2str(Best.Fit)])
```

运行主函数代码（main_Spring_Design.m），输出结果包括堆优化算法运行时间、迭代次数内获得的最优适应度值（最优解），以及最优解对应的参数值 x。

```
HBO is now tackling your problem
求解得到的最优解为：0.051128        0.39192        8.331
最优解对应的函数值为：Fit=0.010584
```

将代码返回的 CNVG 绘制成图 9-7 所示的收敛曲线，可以直观地看到每次迭代适应度值的变化情况。

本章涉及的代码文件如图 9-8 所示。

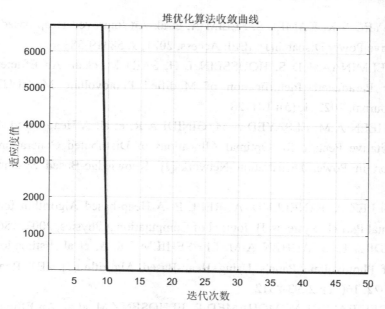

图 9-7　程序运行结果

图 9-8　代码文件

参 考 文 献

[1] 张贝，闵华松，张新明. 强化信息交流的堆优化算法及其机器人路径规划[J]. 计算机应用研究，2022，39（10）：2935-2942.

[2] 张新明，温少晨，刘尚旺. 差分扰动的堆优化算法[J]. 计算机应用，2022，42（8）：2519-2527.

[3] ASKARI Q, SAEED M, YOUNAS I. Heap-based Optimizer Inspired by Corporate Rank Hierarchy for Global Optimization[J]. Expert Systems with Applications, 2020, 161: 113702.

[4] RIZK-ALLAH R M, El-FERGANY A A. Emended Heap-based Optimizer for Characterizing Performance of Industrial Solar Generating Units Using Triple-diode Model[J]. Energy, 2021, 237: 121561.

[5] ELSAYED S K, KAMEL S, SELIM A, et al. An Improved Heap-based Optimizer for Optimal Reactive Power Dispatch[J]. IEEE Access, 2021, 9: 58319-58336.

[6] ABDELMINAAM D S, HOUSSEIN E H, SAID M, et al. An Efficient Heap-based Optimizer for Parameters Identification of Modified Photovoltaic Models[J]. Ain Shams Engineering Journal, 2022, 13(5): 101728.

[7] SHAHEEN A M, ELSAYED A M, GINIDI A R, et al. A Heap-based Algorithm with Deeper Exploitative Feature for Optimal Allocations of Distributed Generations with Feeder Reconfiguration in Power Distribution Networks[J]. Knowledge-Based Systems, 2022, 241: 108269.

[8] NOULLEZ A, FANELLI D, AURELL E. A Heap-based Algorithm for The Study of One-dimensional Particle Systems[J]. Journal of Computational Physics, 2003, 186(2): 697-703.

[9] GINIDI A R, SHAHHEN A M, El‑SEHIEMY R A, et al. Estimation of Electrical Parameters of Photovoltaic Panels Using Heap-Based Algorithm[J]. IET Renewable Power Generation, 2022, 16(11): 2292-2312.

[10] ABDEL-BASSET M, MOHAMED R, ELHOSENY M, et al. An Efficient Heap-based Optimization Algorithm for Parameters Identification of Proton Exchange Membrane Fuel Cells Model: Analysis and Case Studies[J]. International Journal of Hydrogen Energy, 2021, 46(21): 11908-11925.

第 9 章课件

第 9 章代码

第 *10* 章
黏菌算法原理及其 MATLAB 实现

10.1 黏菌算法的基本原理

黏菌算法（slime mould algorithm，SMA）由 Shimin Li 等人于 2020 年提出，该算法主要模拟了黏菌型多头绒泡菌在觅食过程中的行为和形态变化。黏菌算法具有独特的数学模型，利用自适应权重模拟基于生物振荡器的黏菌传播波产生正、负反馈的过程，形成连接具有良好探索能力和开发倾向的食物的最优路径。黏菌算法主要由接近食物阶段、包围食物阶段和抓取食物阶段 3 个部分组成。

10.1.1 接近食物阶段

在这个阶段，黏菌可以根据空气中的气味接近食物，黏菌接近食物时呈圆形与扇形结构运动，具体收缩模式的公式如下：

$$X(t+1)=\begin{cases} \textbf{gbest}+\boldsymbol{v}_{\text{b}}\cdot(W\cdot\boldsymbol{X}_A(t)-\boldsymbol{X}_B(t)), & r<p \\ \boldsymbol{v}_{\text{c}}\cdot\boldsymbol{X}(t), & r\geqslant p \end{cases} \tag{10-1}$$

其中，$\boldsymbol{v}_{\text{b}}$ 是 $[-a, a]$ 内的参数，$\boldsymbol{v}_{\text{c}}$ 从 1 线性下降到 0。t 表示当前迭代次数，$\textbf{gbest}$ 表示当前发现的气味浓度最高的个体位置，$\boldsymbol{X}(t)$ 代表黏菌的位置，$\boldsymbol{X}_A(t)$ 和 $\boldsymbol{X}_B(t)$ 代表从黏菌中随机选择的两个个体，W 代表黏菌的权重。p 的计算公式如下：

$$p=\tanh|S(i)-\text{DF}| \tag{10-2}$$

其中，$i\in 1,2,\cdots,n$，$S(i)$ 表示 X 的适应度值，DF 表示在所有迭代中获得的最优适应度值。$\boldsymbol{v}_{\text{b}}$ 的计算公式如下：

$$\boldsymbol{v}_{\text{b}}=[-a,a] \tag{10-3}$$

$$a=\text{arctanh}\left(-\left(\frac{t}{\text{max It}}\right)+1\right) \tag{10-4}$$

W 的计算公式如下：

$$W(\text{SmellIndex}(i))=\begin{cases} 1+r\cdot\log\left(\frac{\text{bF}-S(i)}{\text{bF}-\text{wF}}+1\right), & \text{condition} \\ 1-r\cdot\log\left(\frac{\text{bF}-S(i)}{\text{bF}-\text{wF}}+1\right), & \text{others} \end{cases} \tag{10-5}$$

$$\text{SmellIndex}=\text{sort}(S) \tag{10-6}$$

其中，condition 表示 $S(i)$ 排名前一半的群集，others 表示其他群集，r 表示 $[0,1]$ 之间的随机数，bF 表示当前迭代过程中的最优适应度值，wF 表示当前迭代过程中的最差适应度值，SmellIndex 表示序列的适应度值排序。

10.1.2 包围食物阶段

本阶段模拟了黏菌静脉组织结构的收缩模式。与静脉接触的食物浓度越高，生物振荡器产生的波就越强，细胞质流动得越快，静脉也就越厚。当食物浓度升高时，该区域附近的权重增大；当食物浓度降低时，该区域附近的权重减小，从而探索其他区域。

基于上述原理，黏菌位置更新的数学公式如下：

$$X^* = \begin{cases} \text{rand} \cdot (\text{UpB} - \text{LoB}) + \text{LoB}, & \text{rand} < z \\ \text{gbest} + v_b \cdot (W \cdot X_A(t) - X_B(t)), & r < p \\ v_c \cdot X(t), & r \geqslant p \end{cases} \tag{10-7}$$

其中，UpB、LoB 分别表示搜索范围的上边界和下边界，rand 和 r 表示[0,1]中的随机值。在参数值设置实验中将讨论 z 的值。

10.1.3 抓取食物阶段

黏菌主要依赖于生物振荡器产生的传播波来改变静脉中的细胞质流动，使它们往往处于更好的食物浓度位置。

权重 W 用数学方法模拟黏菌振荡频率附近不同食物中一个食物的浓度，这样黏菌可以更快地接近食物。当黏菌找到高质量的食物时，可以更快地接近食物，而当食物浓度较低时，黏菌接近食物的速度较慢，从而提高黏菌选择最优食物来源的效率。

v_b 的值在[-a, a]之间随机振荡，随着迭代次数的增加逐渐趋于 0。v_c 的值在[-1,1]之间振荡，最终趋于 0。v_b 和 v_c 之间的协同作用模拟了黏菌的选择行为。为了找到一个最好的食物来源，黏菌在找到一个较好的食物来源后，仍将分开一些有机物质探索其他领域试图找到一个更高质量的食物来源。

此外，v_b 的振荡过程模拟了黏菌决定是接近食物来源还是寻找其他食物来源的状态。同时，探测食物的过程也并不顺利。在此期间，可能会有各种障碍，如光照、干燥的环境，限制黏菌的传播。然而，这也提高了黏菌寻找高质量食物的可能性，避免了局部最优。

10.2 算法流程图

黏菌算法流程描述如下。

（1）初始化黏菌的位置。

（2）计算所有黏菌的适应度值。

（3）根据式（10-5）更新黏菌的权重 W。

（4）根据式（10-7）更新黏菌的位置。

（5）计算所有黏菌的适应度值。

（6）判断是否满足终止条件，若满足则跳出循环，否则返回步骤（3）。

（7）输出最优位置及最优适应度值。

黏菌算法流程图如图 10-1 所示。

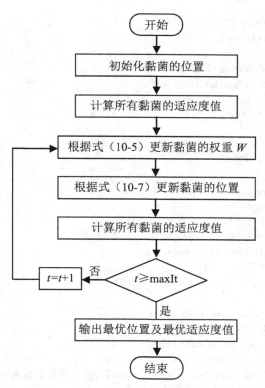

图 10-1　黏菌算法流程图

10.3　黏菌算法的 MATLAB 实现

黏菌算法的代码如下。

```
%%----------------黏菌算法-SMA.m--------------------%%
%%输入: nPop, Dim, UpB, LoB, maxIt, F_Obj
% nPop: 黏菌数量
% Dim: 目标空间的维度
% UpB: 目标空间的上边界
% LoB: 目标空间的下边界
% maxIt: 算法的最大迭代次数
% F_Obj: 适应度函数接口
%%输出: Best, CNVG
% Best: 记录全部迭代完成后的最优位置（Best.Pos）和最优适应度值（Best.Fit）
% CNVG: 记录每次迭代的最优适应度值,用于绘制迭代过程中的适应度变化曲线
%%其他
% X: 黏菌群结构体,记录黏菌所有成员的位置（X.Pos）和当前位置对应的适应度值（X.Fit）
%%----------------------------------------------------%%
function [Best,CNVG]=SMA(nPop, Dim, UpB, LoB, maxIt, F_Obj)

    disp('SMA is now tackling your problem')
    tic     % 记录运行时间
```

```matlab
%%% 初始化种群的位置和适应度值
Best.Pos=zeros(1,Dim);
Best.Fit=inf;
 %%% 初始化种群位置和适应度值
X =initialization(nPop,Dim,UpB,LoB);
%%% 初始化 CNVG
CNVG=zeros(1,maxIt);

%%% 开始迭代
t=1;     % 循环计数器
z=0.03; % 参数
while    t <= maxIt
    for i=1:nPop
        % 检查边界
        X(i).Pos=min(X(i).Pos,UpB);
        X(i).Pos=max(X(i).Pos,LoB);
        % 计算适应度值
        X(i).Fit=F_Obj(X(i).Pos);
    end
    [~,SmellIndex] = sort ([X.Fit]);
    SmellOrder=[X(SmellIndex).Fit];
    worstFitness = SmellOrder(nPop);
    bestFitness = SmellOrder(1);
    S=bestFitness-worstFitness+eps;    % 加上 eps，避免分母为 0
    % 计算每个黏菌的适应度权重
    for i=1:nPop
        for j=1:Dim
            if i<=(nPop/2)
                X(SmellIndex(i)).Weight(j) = 1+rand()*log10((bestFitness-SmellOrder(i))/(S)+1);
            else
                X(SmellIndex(i)).Weight(j) = 1-rand()*log10((bestFitness-SmellOrder(i))/(S)+1);
            end
        end
    end
    % 更新最优位置和最优适应度值
    if bestFitness < Best.Fit
        Best.Pos=X(SmellIndex(1)).Pos;
        Best.Fit = bestFitness;
    end
    a = atanh(-(t/maxIt)+1);
    b = 1-t/maxIt;
    % 更新种群的位置
    for i=1:nPop
        if rand<z
            X(i).Pos = (UpB-LoB).*rand(1,Dim)+LoB;
        else
            p =tanh(abs(X(i).Fit-Best.Fit));
            vb = unifrnd(-a,a,1,Dim);
            vc = unifrnd(-b,b,1,Dim);
            for j=1:Dim
                r = rand();
```

```
                            A = randi([1,nPop]);
                            B = randi([1,nPop]);
                            if r<p
                                X(i).Pos(j) = Best.Pos(j)+ vb(j)*(X(i).Weight(j)*X(A).Pos(j)-X(B).Pos(j));
                            else
                                X(i).Pos(j) = vc(j)*X(i).Pos(j);
                            end
                        end
                    end
                end
                CNVG(t)=Best.Fit;
                t=t+1;
            end
    end
```

黏菌算法的种群初始化代码如下。

```
%%--------------种群初始化函数-initialization.m------------%%
% nPop: 黏菌数量
% Dim: 目标空间的维度
% UpB: 目标空间的上边界
% LoB: 目标空间的下边界
% X.Pos 为种群的初始化位置，X.Fit 为其适应度值
function X=initialization(nPop,Dim,UpB,LoB)
    for i = 1:nPop
        X(i).Pos=rand(1,Dim).*(UpB-LoB)+LoB;        % 初始化个体的位置
        X(i).Fit=inf;                               % 初始化个体的适应度值
    end
end
```

10.4　黏菌算法的应用案例

10.4.1　求解单峰函数极值问题

问题描述：计算函数 $f(x) = \sum_{i=1}^{n} x_i^2$ （$-100 \leqslant x_i \leqslant 100$）的最小值，其中 x_i 的维度为 30。

以 $f(x_1, x_2)$ 为例，函数的搜索曲面如图 10-2 所示。

绘图代码如下。

```
%%------------绘制f(x₁, x₂)的搜索曲面-Fun_plot.m-------------%%
x1 = -100:1:100;
x2 = -100:1:100;
L1 = length(x1);
L2 = length(x2);
for i =1:L1
    for j = 1:L2
        f(i,j) = x1(i).^2+x2(j).^2;
    end
end
```

```
figure
surfc(x1,x2,f,'LineStyle','none');          % 绘制搜索曲面
title('立体图');                             % 标题
xlabel('x1');                               % x 轴标注
ylabel('x2');                               % y 轴标注
zlabel('F(x1,x2)');                         % z 轴标注
```

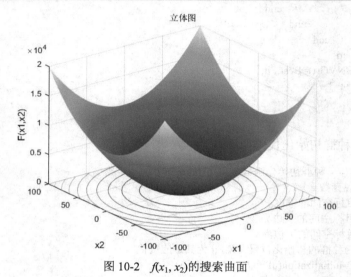

图 10-2 $f(x_1, x_2)$ 的搜索曲面

函数 $f(x)$ 为单峰函数，意味着只有一个极值点，即 $x=(0, 0, \cdots, 0)$ 时产生理论最小值 $f(0, 0, \cdots, 0)= 0$。通过仿真模拟，将该函数问题转换为适应度函数代码，具体代码如下。

```
%%---------------适应度函数-fitness.m------------------%%
function Fit = fitness(xi)
    % xi 为输入的一个个体，维度为[1, Dim]
    % Fit 为输出的适应度值
    Fit = sum(xi.^2);
end
```

其中，x_i 为输入的一个个体，适应度函数就是问题模型，Fit 为 Fun_Plot 函数的返回结果，称为适应度值。

假设黏菌数量 nPop=30，目标空间的维度 Dim=30。仿真过程可以理解为 30 个黏菌在 (−100, 100) 的目标空间中，通过黏菌优化算法在有限的迭代次数（maxIt）内更新位置，并将每次更新的位置传入 Fun_Plot 函数获取适应度值，直到找到一个黏菌的位置可以使 Fun_Plot 函数获得或接近理论最优解，即完成求解过程。求解该问题的主函数代码如下。

```
%%--------------主函数-main.m------------------%%
clc;                                        % 清屏
clear all;                                  % 清除所有变量
close all;                                  % 关闭所有窗口
% 参数设置
nPop = 30;                                  % 黏菌数量
Dim = 30;                                   % 目标空间的维度
UpB = 100;                                  % 目标空间的上边界
```

```
LoB = -100;                                % 目标空间的下边界
maxIt = 50;                                % 算法的最大迭代次数
F_Obj = @(x)fitness(x);                    % 设置适应度函数
% 利用黏菌算法求解问题
[Best,CNVG] = SMA(nPop, Dim, UpB, LoB, maxIt, F_Obj);
% 绘制迭代曲线
figure
plot(CNVG,'r-','linewidth',2);             % 绘制收敛曲线
axis tight;                                % 坐标轴显示范围为紧凑型
box on;                                    % 加边框
grid on;                                   % 添加网格
title('黏菌算法收敛曲线')                   % 添加标题
xlabel('迭代次数')                          % 添加 x 轴标注
ylabel('适应度值')                          % 添加 y 轴标注
disp(['求解得到的最优解为：',num2str(Best.Pos)]);
disp(['最优解对应的函数值为：Fit=',num2str(Best.Fit)])
```

运行主函数代码（main.m），输出结果包括黏菌算法运行时间、迭代次数内获得的最优适应度值（最优解），以及最优解对应的参数值 x。

SMA is now tackling your problem			
求解得到的最优解为：-4.1262e-31	-1.7057e-35	-1.5132e-37	1.0967e-36
-8.8276e-34	3.6074e-41	8.5166e-35	-5.4114e-45	6.529e-31	-6.6398e-37
-2.8231e-30	-6.0034e-37	-6.0255e-35	-2.3964e-40	-1.8273e-33	3.9805e-41
-1.4127e-34	8.1075e-40	-1.0691e-31	-7.8449e-34	-8.8449e-30	1.9159e-36
2.1842e-39	-2.2952e-36	3.2783e-36	-1.8469e-36	6.8282e-37	-3.6208e-37
-1.5395e-36	-4.2337e-39
最优解对应的函数值为：Fit=8.681e-59			

将代码返回的 CNVG 绘制成图 10-3 所示的收敛曲线，可以直观地看到每次迭代适应度值的变化情况。

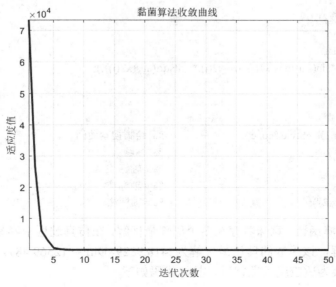

图 10-3　程序运行结果

10.4.2　求解多峰函数极值问题

问题描述：计算函数 $f(x) = \sum_{i=1}^{n} -x_i \sin\sqrt{|x_i|}$（$-500 \leqslant x_i \leqslant 500$）的最小值，其中 x_i 的维度为 30。以 $f(x_1, x_2)$ 为例，函数的搜索曲面如图 10-4 所示。

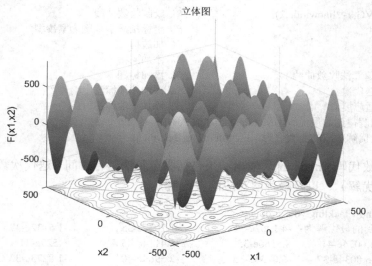

图 10-4　$f(x_1, x_2)$ 的搜索曲面

绘图代码如下。

```
%%------------绘制f(x₁, x₂)的搜索曲面-Fun_plot2.m--------------%%
x1 = -500:1:500;
x2 = -500:1:500;
L1 = length(x1);
L2 = length(x2);
for i =1:L1
    for j = 1:L2
f(i,j)=-x1(i).*sin(sqrt(abs(x1(i))))+-x2(j).*sin(sqrt(abs(x2(j))));
    end
end
figure
surfc(x1,x2,f,'LineStyle','none');              % 绘制搜索曲面
title('立体图');                                 % 标题
xlabel('x1');                                    % x 轴标注
ylabel('x2');                                    % y 轴标注
zlabel('F(x1,x2)');                              % z 轴标注
```

函数 $f(x)$ 为多峰函数，意味着存在多个局部最优解，在仿真过程中容易陷入局部最优解而忽略全局最优解，该函数的理论最优解为 $-418.9829 \times \text{Dim} = -12569.487$。通过仿真模拟，将该函数问题转换为适应度函数代码，具体代码如下。

```
%%--------------适应度函数-fitness2.m------------------%%
function Fit = fitness2(xi)
        % xi 为输入的一个个体，维度为[1,Dim]
        % Fit 为输出的适应度值
        Fit = sum(-xi.*sin(sqrt(abs(xi))));
end
```

假设黏菌数量 nPop=30，目标空间的维度 Dim=30，算法的最大迭代次数 maxIt=50，求解该问题的主函数代码如下。

```
%%--------------主函数-main2.m------------------%%
clc;                                    % 清屏
clear all;                              % 清除所有变量
close all;                              % 关闭所有窗口
% 参数设置
nPop = 30;                              % 黏菌数量
Dim = 30;                               % 目标空间的维度
UpB = 500;                              % 目标空间的上边界
LoB = -500;                             % 目标空间的下边界
maxIt = 50;                             % 算法的最大迭代次数
F_Obj = @(x)fitness2(x);                % 设置适应度函数
% 利用黏菌算法求解问题
[Best,CNVG] = SMA(nPop, Dim, UpB, LoB, maxIt, F_Obj);
% 绘制迭代曲线
figure
plot(CNVG,'r-','linewidth',2);          % 绘制收敛曲线
axis tight;                             % 坐标轴显示范围为紧凑型
box on;                                 % 加边框
grid on;                                % 添加网格
title('黏菌算法收敛曲线')                  % 添加标题
xlabel('迭代次数')                        % 添加 x 轴标注
ylabel('适应度值')                        % 添加 y 轴标注
disp(['求解得到的最优解为：',num2str(Best.Pos)]);
disp(['最优解对应的函数值为：Fit=',num2str(Best.Fit)])
```

运行主函数代码（main2.m），输出结果包括黏菌算法运行时间、迭代次数内获得的最优适应度值（最优解），以及最优解对应的参数值 x。

	SMA is now tackling your problem				
	求解得到的最优解为：422.122	425.9467	419.6028	424.5751	412.6805
424.339	425.0324	424.861	423.2971	422.0451	420.5236	423.6807
427.1629	424.3827	422.6697	420.9308	424.6522	419.9599	419.9178
420.6023	423.7526	426.9448	427.1284	417.2186	414.2059	418.5261
427.2889	422.8646	421.0078	420.1645			
	最优解对应的函数值为：Fit=-12515.6853				

将代码返回的 CNVG 绘制成图 10-5 所示的收敛曲线，可以直观地看到每次迭代适应

度值的变化情况。

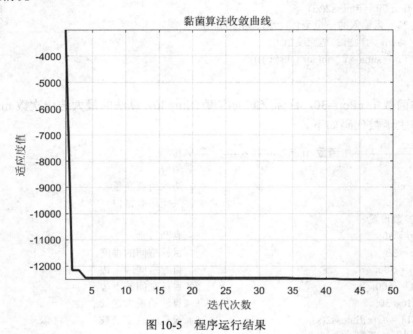

图 10-5 程序运行结果

10.4.3 拉力/压力弹簧设计问题

拉力/压力弹簧设计问题模型如图 10-6 所示。

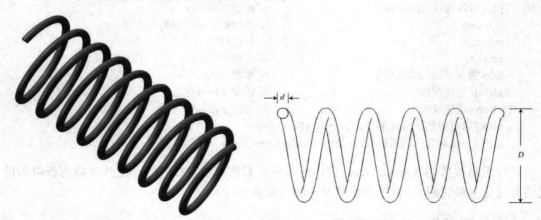

图 10-6 拉力/压力弹簧设计问题模型

问题描述：拉力/压力弹簧设计问题旨在通过优化算法找到弹簧直径（d）、平均线圈直径（D）以及有效线圈数（N）的最优值，并在最小偏差（g_1）、剪切应力（g_2）、冲击频率（g_3）、外径限制（g_4）4 种约束条件下降低弹簧的质量。

拉力/压力弹簧设计的数学模型描述如下。

设：$\boldsymbol{x} = [x_1\ x_2\ x_3] = [d\ D\ N]$

目标函数：　$\min f(\boldsymbol{x}) = (x_3 + 2)x_2 x_1^2$

约束条件：

$$g_1(\boldsymbol{x}) = 1 - \frac{x_2^3 x_3}{71785 x_1^4} \leqslant 0$$

$$g_2(\boldsymbol{x}) = \frac{4x_2^2 - x_1 x_2}{12566(x_2 x_1^3 - x_1^4)} + \frac{1}{5108 x_1^2} - 1 \leqslant 0$$

$$g_3(\boldsymbol{x}) = 1 - \frac{140.45 x_1}{x_2^2 x_3} \leqslant 0$$

$$g_4(\boldsymbol{x}) = \frac{x_1 + x_2}{1.5} - 1 \leqslant 0$$

变量范围：

$$0.05 \leqslant x_1 \leqslant 2.00$$
$$0.25 \leqslant x_2 \leqslant 1.30$$
$$2.00 \leqslant x_3 \leqslant 15.00$$

拉力/压力弹簧设计问题的适应度函数代码如下。

```
%%--------------适应度函数-fitness_Spring_Design.m------------------%%
function Fit=fitness_Spring_Design(x)
    % 惩罚系数
    PCONST = 100000;
    % 目标函数
    Fit=(x(3)+2)*x(2)*(x(1)^2);
    G1=1-((x(2)^3)*x(3))/(71785*x(1)^4);
    G2=(4*x(2)^2-x(1)*x(2))/(12566*x(2)*x(1)^3-x(1)^4)+1/(5108*x(1)^2)-1;
    G3=1-(140.45*x(1))/((x(2)^2)*x(3));
    G4=((x(1)+x(2))/1.5)-1;
    % 惩罚函数
    Fit = Fit + PCONST*(max(0,G1)^2+max(0,G2)^2+max(0,G3)^2+max(0,G4)^2);
end
```

主函数代码如下。

```
%%--------------主函数-main_Spring_Design.m------------------%%
clc;                                      % 清屏
clear all;                                % 清除所有变量
close all;                                % 关闭所有窗口
% 参数设置
nPop = 30;                                % 黏菌数量
Dim = 3;                                  % 目标空间的维度
UpB = [2.00 1.30 15.0];                   % 目标空间的上边界
LoB = [0.05 0.25 2.00];                   % 目标空间的下边界
maxIt = 50;                               % 算法的最大迭代次数
F_Obj = @(x)fitness_Spring_Design(x);     % 设置适应度函数
% 利用黏菌算法求解问题
```

```
[Best,CNVG] =SMA(nPop, Dim, UpB, LoB, maxIt, F_Obj);
% 绘制迭代曲线
figure
plot(CNVG,'r-','linewidth',2);                    % 绘制收敛曲线
axis tight;                                       % 坐标轴显示范围为紧凑型
box on;                                            % 加边框
grid on;                                           % 添加网格
title('黏菌算法收敛曲线')                            % 添加标题
xlabel('迭代次数')                                  % 添加 x 轴标注
ylabel('适应度值')                                  % 添加 y 轴标注
disp(['求解得到的最优解为：',num2str(Best.Pos)]);
disp(['最优解对应的函数值为：Fit=',num2str(Best.Fit)])
```

运行主函数代码（main_Spring_Design.m），输出结果包括黏菌算法运行时间、迭代次数内获得的最优适应度值（最优解），以及最优解对应的参数值 x。

```
SMA is now tackling your problem
求解得到的最优解为：0.05       0.37428       8.5703
最优解对应的函数值为：Fit=0.0098907
```

将代码返回的 CNVG 绘制成图 10-7 所示的收敛曲线，可以直观地看到每次迭代适应度值的变化情况。

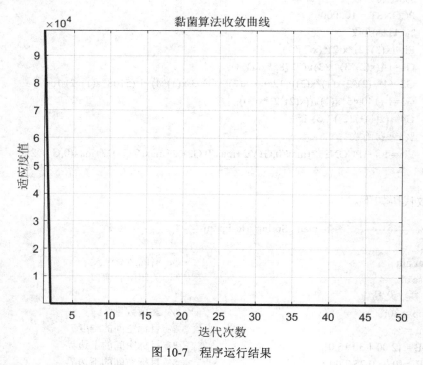

图 10-7　程序运行结果

本章涉及的代码文件如图 10-8 所示。

图 10-8　代码文件

参 考 文 献

[1] 邱仲睿，苗虹，曾成碧．多策略融合的改进黏菌算法[J]．计算机应用，2023，43（3）：812-819．

[2] 刘宇淞，刘升．成败历史存档的融合龙格库塔黏菌算法[J]．计算机工程与应用，2022，58（17）：61-71．

[3] 刘成汉，何庆．改进交叉算子的自适应人工蜂群黏菌算法[J]．小型微型计算机系统，2023，44（2）：263-268．

[4] 翟卫欣，潘家文，兰玉彬，等．基于多元振荡黏菌算法的田路分割模型参数优化方法[J]．农业工程学报，2022，38（18）：176-183．

[5] 杨亚，张兰红，谢生清．基于改进黏菌优化算法的光伏 MPPT 方法[J]．自动化与仪表，2023，38（3）：1-5．

[6] 贾鹤鸣，张棕淇，姜子超，等．基于混合身份搜索黏菌优化的模糊 C-均值聚类算法[J]．智能系统学报，2022，17（5）：999-1011．

[7] 卫治廷，张敏，周兴野，等．基于黏菌算法的热电联产机组负荷优化分配[J]．动力工程学报，2022，42（4）：380-386．

[8] 李菲，陈燕．透镜成像对立学习的 SMA 算法及舆情预测应用[J]．计算机工程与设计，2023，44（5）：1547-1554．

[9] 郭雨鑫，刘升，张磊，等．精英反向与二次插值改进的黏菌算法[J]．计算机应用研究，2021，38（12）：3651-3656．

[10] LI S, CHEN H, WANG M, et al. Slime Mould Algorithm: A New Method for Stochastic Optimization[J]. Future Generation Computer Systems, 2020, 111: 300-323.

第 10 章课件

第 10 章代码

第**11**章
算术优化算法原理及其 MATLAB 实现

11.1 算术优化算法的基本原理

算术优化算法（Arithmetic Optimization Algorithm，AOA）由 Laith Abualigah 等人于 2021 年提出，该算法根据算术运算符的分布特性实现全局寻优，包含初始化阶段、探索阶段和开发阶段，具有收敛速度快、精度高等特点，因此该算法已应用于图像分割、神经网络训练、电机控制等领域。

算术是数论的基本组成部分，也是现代数学的重要组成部分之一。算术运算符（即乘法、除法、减法和加法）通常用于研究数字的传统计算方法。算术优化算法使用简单的算子作为数学优化，以从一些候选方案（解决方案）中确定受特定标准影响的最优方案。

11.1.1 初始化阶段

在算术优化算法中，优化过程从式（11-1）所示的候选解 X 开始，它是随机生成的，每次迭代中的最优候选解被认为是当前得到的最优解或接近最优解。

$$X = \begin{bmatrix} x_{1,1} & x_{1,2} & \cdots & x_{1,j} & \cdots & x_{1,n} \\ x_{2,1} & x_{2,2} & \cdots & x_{2,j} & \cdots & x_{2,n} \\ \vdots & \vdots & \vdots & \vdots & \vdots & \vdots \\ x_{N,1} & x_{N,2} & \cdots & x_{N,j} & \cdots & x_{N,n} \end{bmatrix} \tag{11-1}$$

在算术优化算法启动之前，需要确定其后续的搜索阶段（即探索阶段或开发阶段）。因此，设定数学优化器加速函数 MOA(t)，如式（11-2）所示。

$$\text{MOA}(t) = \min + t \times \left(\frac{\max - \min}{\text{maxIt}} \right) \tag{11-2}$$

其中，t 表示当前的迭代次数，它在 1 和最大的迭代次数 maxIt 之间。MOA(t) 表示当前迭代的函数值，min 和 max 分别表示加速函数的最小值和最大值。当随机函数 $r_1 >$ MOA(t) 时，算法进入探索阶段；反之，则进入开发阶段。

11.1.2 探索阶段

根据算术运算符的特点，使用除法运算符（D）或乘法运算符（M）的数学计算能够得到高分布的值或决策。然而，与减法运算符（S）和加法运算符（A）不同，D 和 M 由于高度分散，不能轻易接近目标，因此，探索阶段可以推导出接近最优的解决方案。算术优化算法在多个区域上随机进行探索，并基于除法和乘法探索策略寻找更好的解决方案。探索部分的位置更新如下：

$$x_{i,j}(t+1) = \begin{cases} \text{gbest}_j \div (\text{MOP} + \varepsilon) \times \left(\left(\text{UpB}_j - \text{LoB}_j \right) \times \mu + \text{LoB}_j \right), & r_2 < 0.5 \\ \text{gbest}_j \times \text{MOP} \times \left(\left(\text{UpB}_j - \text{LoB}_j \right) \times \mu + \text{LoB}_j \right), & r_2 \geq 0.5 \end{cases} \tag{11-3}$$

其中，r_2 是一个随机数，$x_{i,j}(t+1)$ 表示在当前迭代中第 i 个解的第 j 个维度的值，gbest_j 是目前得到的最优解的第 j 个维度的值。ε 是一个小的整数，UpB_j 和 LoB_j 分别表示第 j 个位置的上边界和下边界。μ 是调整探索过程的控制参数，固定为 0.5。

$$\text{MOP}(t) = 1 - \frac{t^{\frac{1}{\alpha}}}{\text{maxIt}^{\frac{1}{\alpha}}} \tag{11-4}$$

其中，$\text{MOP}(t)$ 表示第 t 次迭代时的函数值，α 是一个敏感参数，定义了迭代的利用精度，设置为 5。

11.1.3 开发阶段

算术优化算法的开发运算符（S 和 A）在几个密集的探索区域进行了深入的探索，并基于两种主要的开发策略（即减法和加法探索策略）找到更好的解决方案，如式（11-5）所示。

$$x_{i,j}(t+1) = \begin{cases} \text{gbest}_j - \text{MOP} \times \left(\left(\text{UpB}_j - \text{LoB}_j \right) \times \mu + \text{LoB}_j \right), & r_3 < 0.5 \\ \text{gbest}_j + \text{MOP} \times \left(\left(\text{UpB}_j - \text{LoB}_j \right) \times \mu + \text{LoB}_j \right), & r_3 \geq 0.5 \end{cases} \tag{11-5}$$

这个阶段通过进行区域的深度探索来实现局部开发，以随机数 $r_3 < 0.5$ 为条件，执行减法运算或执行加法运算。该过程有助于局部深度开发并找到最优解。参数 μ 在每次迭代中产生一个随机值，使探索更具随机性。

11.2 算法流程图

算术优化算法流程描述如下。

（1）初始化参数。

（2）初始化解决方案的位置。

（3）计算适应度值并确定最优位置。

（4）根据式（11-2）和式（11-4）分别更新 MOA 和 MOP。

（5）通过生成随机数 r_1、r_2 与 MOA，MOP 的比较情况，选择策略。

① 当 $r_1 > \text{MOA}$，$r_2 \geq 0.5$ 时，根据式（11-3）使用除法探索策略。

② 当 $r_1 > \text{MOA}$，$r_2 < 0.5$ 时，根据式（11-3）使用乘法探索策略。

③ 当 $r_1 < \text{MOA}$，$r_2 \geq 0.5$ 时，根据式（11-5）使用减法探索策略。

④ 当 $r_1 < \text{MOA}$，$r_2 < 0.5$ 时，根据式（11-5）使用加法探索策略。

（6）计算适应度值并确定最优位置。

（7）判断是否满足终止条件，若满足则跳出循环，否则返回步骤（4）。

（8）输出最优位置及最优适应度值。

算术优化算法流程图如图 11-1 所示。

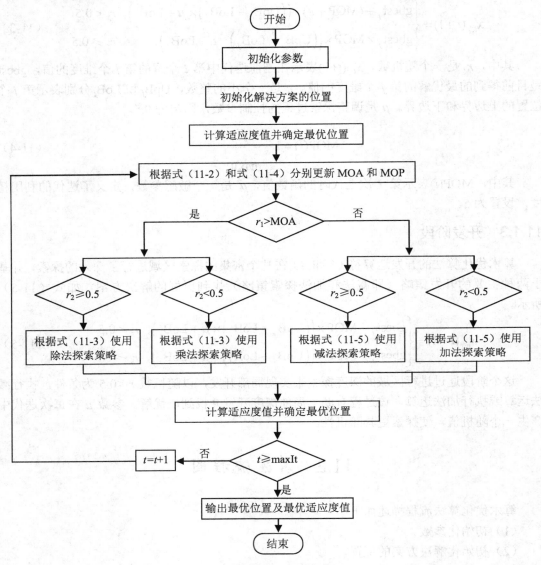

图 11-1　算术优化算法流程图

11.3　算术优化算法的 MATLAB 实现

算术优化算法的代码如下。

```
%%-----------------算术优化算法-AOA.m-------------------%%
%% 输入: nPop, Dim, UpB, LoB, maxIt, F_Obj
% nPop: 解决方案数量
% Dim: 目标空间的维度
% UpB: 目标空间的上边界
```

% LoB: 目标空间的下边界
% maxIt: 算法的最大迭代次数
% F_Obj: 适应度函数接口
%%% 输出: Best, CNVG
% Best: 记录全部迭代完成后的最优位置（Best.Pos）和最优适应度值（Best.Fit）
% CNVG: 记录每次迭代的最优适应度值，用于绘制迭代过程中的适应度变化曲线
%%% 其他
% X: 解决方案的结构体，记录所有解决方案的位置（X.Pos）和当前位置对应的适应度值（X.Fit）
%%%--%%%
function [Best,CNVG]=AOA(nPop, Dim, UpB, LoB, maxIt, F_Obj)

```matlab
    disp('AOA is now tackling your problem')
    tic                                          % 记录运行时间
    %%% 初始化参数

    MOP_Max=1;                                   % MOP 的最大值为 1
    MOP_Min=0.2;                                 % MOP 的最小值为 0.2

    Alpha=5;                                     % 敏感参数，定义了迭代的利用精度
    Mu=0.499;                                    % 控制参数，值为 0.499

    %%% 初始化最优解的位置和适应度值
    Best.Pos=zeros(1,Dim);
    Best.Fit=inf;

    %%% 初始化解决方案位置和适应度值
    X =initialization(nPop,Dim,UpB,LoB);

    %%% 初始化 CNVG
    CNVG=zeros(1,maxIt);

    for i=1:nPop
        X(i).Fit=F_Obj(X(i).Pos);                % 计算解的适应度值
        if X(i).Fit<Best.Fit
            Best.Fit=X(i).Fit;
            Best.Pos=X(i).Pos;
        end
    end

    %%% 开始迭代
    t=1;                                         % 循环计数器
    while t<maxIt+1
        MOP=1-((t)^(1/Alpha)/(maxIt)^(1/Alpha)); % 计算概率系数
        MOA=MOP_Min+t*((MOP_Max-MOP_Min)/maxIt);  % 加速系数

        % 更新解决方案的位置
        for i=1:nPop
                r1=rand();
                    if r1<MOA
                        r2=rand();
                            if r2>0.5            % 除法探索策略
```

```
                              X(i).Pos(:)=Best.Pos(1,:)/(MOP+eps).*((UpB-LoB).*Mu+LoB);
                    else                                    % 乘法探索策略
                              X(i).Pos(:)=Best.Pos(1,:).*MOP.*((UpB-LoB).*Mu+LoB);
                    end
          else
              r3=rand();
                    if r3>0.5                               % 减法探索策略
                              X(i).Pos(:)=Best.Pos(1,:)-MOP.*((UpB-LoB)*Mu+LoB);
                    else                                    % 加法探索策略
                              X(i).Pos(:)=Best.Pos(1,:)+MOP.*((UpB-LoB)*Mu+LoB);
                    end
          end

          % 检查边界
          X(i).Pos=min(X(i).Pos,UpB);
          X(i).Pos=max(X(i).Pos,LoB);

          X(i).Fit=F_Obj(X(i).Pos);                         % 计算适应度函数
          if X(i).Fit<Best.Fit
              Best.Fit=X(i).Fit;
              Best.Pos=X(i).Pos;
          end
     end

     CNVG(t)=Best.Fit;                                       % 更新收敛曲线
     t=t+1;                                                  % 增量迭代
    end
end
```

算术优化算法的解决方案初始化代码如下。

```
%%--------------解决方案初始化函数-initialization.m-------------%%
% nPop: 解决方案数量
% Dim: 目标空间的维度
% UpB: 目标空间的上边界
% LoB: 目标空间的下边界
% X.Pos 为解决方案的初始化位置，X.Fit 为其适应度值
function X=initialization(nPop,Dim,UpB,LoB)
    for i = 1:nPop
        X(i).Pos=rand(1,Dim).*(UpB-LoB)+LoB;                % 初始化个体的位置
        X(i).Fit=inf;                                       % 初始化个体的适应度值
    end
end
```

11.4 算术优化算法的应用案例

11.4.1 求解单峰函数极值问题

问题描述：计算函数 $f(x)=\sum_{i=1}^{n}x_i^2$ （$-100 \leqslant x_i \leqslant 100$）的最小值，其中 x_i 的维度为 30。

以 $f(x_1, x_2)$ 为例，函数的搜索曲面如图 11-2 所示。

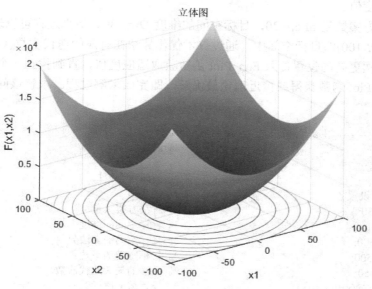

图 11-2　$f(x_1, x_2)$ 的搜索曲面

绘图代码如下。

```
%%-------------绘制 f(x₁, x₂) 的搜索曲面-Fun_plot.m-------------%%
x1 = -100:1:100;
x2 = -100:1:100;
L1 = length(x1);
L2 = length(x2);
for i = 1:L1
    for j = 1:L2
        f(i,j) = x1(i).^2+x2(j).^2;
    end
end
figure
surfc(x1,x2,f,'LineStyle','none');         % 绘制搜索曲面
title('立体图');                            % 标题
xlabel('x1');                              %x 轴标注
ylabel('x2');                              %y 轴标注
zlabel('F(x1,x2)');                        %z 轴标注
```

函数 $f(x)$ 为单峰函数，意味着只有一个极值点，即 $x=(0, 0, \cdots, 0)$ 时产生理论最小值 $f(0, 0, \cdots, 0)=0$。通过仿真模拟，将该函数问题转换为适应度函数代码，具体代码如下。

```
%%-------------适应度函数-fitness.m-------------%%
function Fit = fitness(xi)
    % xᵢ 为输入的一个个体，维度为[1,Dim]
    % Fit 为输出的适应度值
    Fit = sum(xi.^2);
end
```

其中，x_i 为输入的一个个体，适应度函数就是问题模型，Fit 为 Fun_Plot 函数的返回结果，称为适应度值。

假设解决方案数量 nPop=30，目标空间的维度 Dim=30。仿真过程可以理解为 30 个解决方案在(-100, 100)的目标空间中，通过算术优化算法在有限的迭代次数（maxIt）内更新位置，并将每次更新的位置传入 Fun_Plot 函数获取适应度值，直到找到一个解决方案的位置可以使 Fun_Plot 函数获得或接近理论最优解，即完成求解过程。求解该问题的主函数代码如下。

```
%%--------------主函数-main.m------------------%%
clc;                                    % 清屏
clear all;                              % 清除所有变量
close all;                              % 关闭所有窗口
% 参数设置
nPop = 30;                              % 解决方案数量
Dim = 30;                               % 目标空间的维度
UpB = 500;                              % 目标空间的上边界
LoB = -500;                             % 目标空间的下边界
maxIt = 50;                             % 算法的最大迭代次数
F_Obj = @(x)fitness(x);                 % 设置适应度函数
% 利用算术优化算法求解问题
[Best,CNVG] = AOA(nPop, Dim, UpB, LoB, maxIt, F_Obj);
% 绘制迭代曲线
figure
plot(CNVG,'r-','linewidth',2);          % 绘制收敛曲线
axis tight;                             % 坐标轴显示范围为紧凑型
box on;                                 % 加边框
grid on;                                % 添加网格
title('算术优化算法收敛曲线')              % 添加标题
xlabel('迭代次数')                        % 添加 x 轴标注
ylabel('适应度值')                        % 添加 y 轴标注
disp(['求解得到的最优解为：',num2str(Best.Pos)]);
disp(['最优解对应的函数值为：Fit=',num2str(Best.Fit)])
```

运行主函数代码（main.m），输出结果包括算术优化算法运行时间、迭代次数内获得的最优适应度值（最优解），以及最优解对应的参数值 x。

```
AOA is now tackling your problem
求解得到的最优解为：-1.7682e-10        6.1196e-14      -6.2817e-08      -9.5706e-10
-1.3819e-13    -4.347e-10     4.4449e-08     -2.1174e-14     7.2709e-23      7.359e-10
3.5042e-17     -4.0929e-10    5.7851e-07     -1.6586e-09     1.8694e-10      1.0479e-12
-1.4367e-09    7.7822e-09     -1.5875e-10     2.6583e-12     -6.6966e-11     -3.1436e-14
-3.916e-08     -4.6903e-10    1.0381e-12      -7.6484e-13    -2.7774e-12     9.6862e-15
6.5423e-09     -6.8328e-11
最优解对应的函数值为：Fit=3.4224e-13
```

将代码返回的 CNVG 绘制成图 11-3 所示的收敛曲线，可以直观地看到每次迭代适应度值的变化情况。

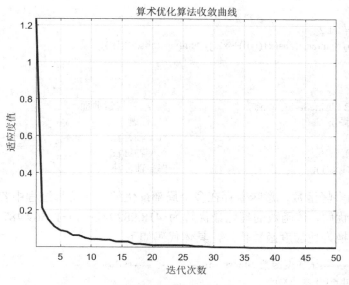

图 11-3 程序运行结果

11.4.2 求解多峰函数极值问题

问题描述：计算函数 $f(x) = \sum_{i=1}^{n} -x_i \sin\sqrt{|x_i|}$（$-500 \leqslant x_i \leqslant 500$）的最小值，其中 x_i 的维度为 30。以 $f(x_1, x_2)$ 为例，函数的搜索曲面如图 11-4 所示。

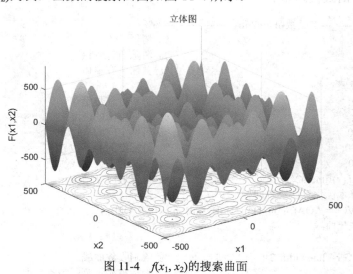

图 11-4 $f(x_1, x_2)$ 的搜索曲面

绘图代码如下。

```
%%-------------绘制 f(x₁,x₂)的搜索曲面-Fun_plot2.m-------------%%
x1 = -500:1:500;
x2 = -500:1:500;
L1 = length(x1);
L2 = length(x2);
```

```
for i =1:L1
    for j = 1:L2
f(i,j)=-x1(i).*sin(sqrt(abs(x1(i))))+-x2(j).*sin(sqrt(abs(x2(j))));
    end
end
figure
surfc(x1,x2,f,'LineStyle','none');          % 绘制搜索曲面
title('立体图');                            % 标题
xlabel('x1');                              % x 轴标注
ylabel('x2');                              % y 轴标注
zlabel('F(x1,x2)');                        % z 轴标注
```

函数 $f(x)$ 为多峰函数，意味着存在多个局部最优解，在仿真过程中容易陷入局部最优解而忽略全局最优解，该函数的理论最优解为-418.9829×Dim=-12569.487。通过仿真模拟，将该函数问题转换为适应度函数代码，具体代码如下。

```
%%--------------适应度函数-fitness2.m------------------%%
function Fit = fitness2(xi)
    % xᵢ 为输入的一个个体，维度为[1,Dim]
    % Fit 为输出的适应度值
    Fit = sum(-xi.*sin(sqrt(abs(xi))));
end
```

假设解决方案数量 nPop=30，目标空间的维度 Dim=30，算法的最大迭代次数 maxIt=50，求解该问题的主函数代码如下。

```
%%--------------主函数-main2.m------------------%%
clc;                                      % 清屏
clear all;                                % 清除所有变量
close all;                                % 关闭所有窗口
% 参数设置
nPop = 30;                                % 解决方案数量
Dim = 30;                                 % 目标空间的维度
UpB = 500;                                % 目标空间的上边界
LoB = -500;                               % 目标空间的下边界
maxIt = 50;                               % 算法的最大迭代次数
F_Obj = @(x)fitness2(x);                  % 设置适应度函数
% 利用算术优化算法求解问题
[Best,CNVG] = AOA(nPop, Dim, UpB, LoB, maxIt, F_Obj);
% 绘制迭代曲线
figure
plot(CNVG,'r-','linewidth',2);            % 绘制收敛曲线
axis tight;                               % 坐标轴显示范围为紧凑型
box on;                                   % 加边框
grid on;                                  % 添加网格
title('算术优化算法收敛曲线')               % 添加标题
xlabel('迭代次数')                         % 添加 x 轴标注
ylabel('适应度值')                         % 添加 y 轴标注
disp(['求解得到的最优解为：',num2str(Best.Pos)]);
disp(['最优解对应的函数值为：Fit=',num2str(Best.Fit)])
```

运行主函数代码（main2.m），输出结果包括算术优化算法运行时间、迭代次数内获得的最优适应度值（最优解），以及最优解对应的参数值 x。

AOA is now tackling your problem				
求解得到的最优解为：408.1615	133.077	-25.46829	-176.9756	-13.71359
427.128	417.7923	-500	38.43282	-499.6931	11.90381	-65.22175
-327.2497	-499.6931	1.50821	-499.6931	396.8051	-96.66304	-129.1454
162.4679	-307.9681	-499.0019	-500	-499.6931	438.123	-500
-319.1661	-111.2319	-249.8211	67.409			
最优解对应的函数值为：Fit=-4274.2598				

将代码返回的 CNVG 绘制成图 11-5 所示的收敛曲线，可以直观地看到每次迭代适应度值的变化情况。

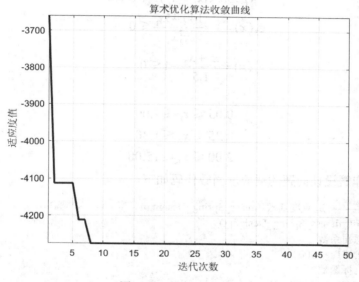

图 11-5　程序运行结果

11.4.3　拉力/压力弹簧设计问题

拉力/压力弹簧设计问题模型如图 11-6 所示。

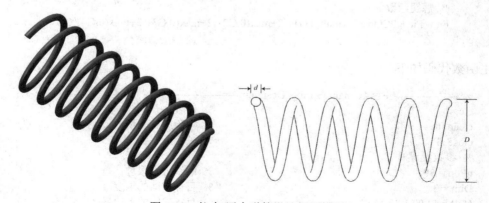

图 11-6　拉力/压力弹簧设计问题模型

问题描述：拉力/压力弹簧设计问题旨在通过优化算法找到弹簧直径（d）、平均线圈直径（D）以及有效线圈数（N）的最优值，并在最小偏差（g_1）、剪切应力（g_2）、冲击频率（g_3）、外径限制（g_4）4 种约束条件下降低弹簧的质量。

拉力/压力弹簧设计的数学模型描述如下。

设：$\boldsymbol{x} = [x_1 \ x_2 \ x_3] = [d \ D \ N]$

目标函数：$\min f(\boldsymbol{x}) = (x_3 + 2)x_2 x_1^2$

约束条件：

$$g_1(\boldsymbol{x}) = 1 - \frac{x_2^3 x_3}{71785 x_1^4} \leqslant 0$$

$$g_2(\boldsymbol{x}) = \frac{4x_2^2 - x_1 x_2}{12566(x_2 x_1^3 - x_1^4)} + \frac{1}{5108 x_1^2} - 1 \leqslant 0$$

$$g_3(\boldsymbol{x}) = 1 - \frac{140.45 x_1}{x_2^2 x_3} \leqslant 0$$

$$g_4(\boldsymbol{x}) = \frac{x_1 + x_2}{1.5} - 1 \leqslant 0$$

变量范围：

$$0.05 \leqslant x_1 \leqslant 2.00$$
$$0.25 \leqslant x_2 \leqslant 1.30$$
$$2.00 \leqslant x_3 \leqslant 15.00$$

拉力/压力弹簧设计问题的适应度函数代码如下。

```
%%--------------适应度函数-fitness_Spring_Design.m------------------%%
function Fit=fitness_Spring_Design(x)
    % 惩罚系数
    PCONST = 100000;
    % 目标函数
    Fit=(x(3)+2)*x(2)*(x(1)^2);
    G1=1-((x(2)^3)*x(3))/(71785*x(1)^4);
    G2=(4*x(2)^2-x(1)*x(2))/(12566*x(2)*x(1)^3-x(1)^4)+1/(5108*x(1)^2)-1;
    G3=1-(140.45*x(1))/((x(2)^2)*x(3));
    G4=((x(1)+x(2))/1.5)-1;
    % 惩罚函数
    Fit = Fit + PCONST*(max(0,G1)^2+max(0,G2)^2+max(0,G3)^2+max(0,G4)^2);
end
```

主函数代码如下。

```
%%--------------主函数-main_Spring_Design.m------------------%%
clc;                                    % 清屏
clear all;                              % 清除所有变量
close all;                              % 关闭所有窗口
% 参数设置
nPop = 30;                              % 解决方案数量
Dim = 3;                                % 目标空间的维度
UpB = [2.00 1.30 15.0];                 % 目标空间的上边界
```

```
LoB = [0.05 0.25 2.00];                        % 目标空间的下边界
maxIt = 50;                                     % 算法的最大迭代次数
F_Obj = @(x)fitness_Spring_Design(x);          % 设置适应度函数
% 利用算术优化算法求解问题
[Best,CNVG] =AOA(nPop, Dim, UpB, LoB, maxIt, F_Obj);
% 绘制迭代曲线
figure
plot(CNVG,'r-','linewidth',2);                 % 绘制收敛曲线
axis tight;                                     % 坐标轴显示范围为紧凑型
box on;                                         % 加边框
grid on;                                        % 添加网格
title('算术优化算法收敛曲线')                   % 添加标题
xlabel('迭代次数')                              % 添加 x 轴标注
ylabel('适应度值')                              % 添加 y 轴标注
disp(['求解得到的最优解为：',num2str(Best.Pos)]);
disp(['最优解对应的函数值为：Fit=',num2str(Best.Fit)])
```

运行主函数代码（main_Spring_Design.m），输出结果包括算术优化算法运行时间、迭代次数内获得的最优适应度值（最优解），以及最优解对应的参数值 x。

```
AOA is now tackling your problem
求解得到的最优解为：0.05        0.37425        10.1518
最优解对应的函数值为：Fit=0.01137
```

将代码返回的 CNVG 绘制成图 11-7 所示的收敛曲线，可以直观地看到每次迭代适应度值的变化情况。

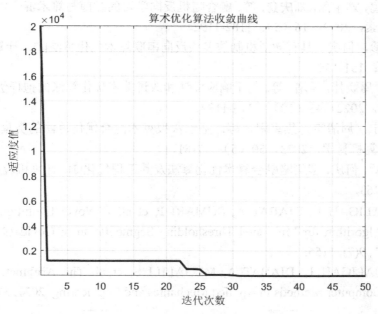

图 11-7　程序运行结果

本章涉及的代码文件如图 11-8 所示。

图 11-8　代码文件

参 考 文 献

[1] 郑婷婷，刘升，叶旭. 自适应 t 分布与动态边界策略改进的算术优化算法[J]. 计算机应用研究，2022，39（5）：1410-1414.

[2] 田露，刘升. 支持向量机辅助演化的算术优化算法及其应用[J]. 计算机工程与应用，2022，58（24）：73-82.

[3] 杨文珍，何庆. 融合微平衡激活的小孔成像算术优化算法[J]. 计算机工程与应用，2022，58（13）：85-93.

[4] 贾鹤鸣，刘宇翔，刘庆鑫，等. 融合随机反向学习的黏菌与算术混合优化算法[J]. 计算机科学与探索，2022，16（5）：1182-1192.

[5] 杨文珍，何庆. 具有激活机制的多头反向串联算术优化算法[J]. 计算机应用研究，2022，39（1）：151-156.

[6] 陶然，周焕林，孟增，等. 基于响应面法和改进算术优化算法的抱杆优化设计[J]. 应用数学和力学，2022，43（10）：1113-1122.

[7] 张文宁，周清雷，焦重阳，等. 基于灰狼算术混合优化算法的类集成测试序列生成方法[J]. 计算机科学，2023，50（5）：72-81.

[8] 兰周新，何庆. 多策略融合算术优化算法及其工程优化[J]. 计算机应用研究，2022，39（3）：758-763.

[9] ABUALIGAH L, DIABAT A, SUMARI P, et al. A Novel Evolutionary Arithmetic Optimization Algorithm for Multilevel Thresholding Segmentation of Covid-19 CT Images[J]. Processes, 2021, 9(7): 1155.

[10] ABUALIGAH L, DIABAT A, MIRJALILI S, et al. The Arithmetic Optimization Algorithm[J]. Computer Methods in Applied Mechanics and Engineering, 2021, 376(1): 113609.

第 11 章课件

第 11 章代码

第 **12** 章
飞蛾扑火优化算法原理及其
MATLAB 实现

12.1　飞蛾扑火优化算法的基本原理

飞蛾扑火优化（moth-flame optimization，MFO）算法由 Seyedali Mirjalili 等人于 2015 年提出，该算法是受自然界中飞蛾的导航方式启发而提出的智能优化算法。飞蛾在夜间通过相对于月球保持一个固定的角度来飞行，这是飞蛾实现长途直线飞行的一种非常有效的机制。该算法具有并行优化能力强、全局性优且不易陷入局部极值的性能特征。

提出飞蛾扑火优化算法的主要灵感来源于飞蛾的导航机制——横向定向，飞蛾和火焰是该算法的主要组成部分，飞蛾在目标空间里寻找最优个体，保存并赋值给火焰，其对应的火焰作为每只飞蛾的寻优指导，使其不断调整并向全局最优靠拢。

12.1.1　初始化阶段

在飞蛾扑火优化算法中，假设候选解是飞蛾，待求问题的变量是飞蛾在空间中的位置。因此，飞蛾可以通过改变其位置向量，在一维、二维、三维或多维空间中飞行。由于飞蛾扑火优化算法是一种基于种群的算法，因此将飞蛾的集合用矩阵的形式表示如下：

$$\boldsymbol{M} = \begin{bmatrix} M_{1,1} & M_{1,2} & \cdots & \cdots & M_{1,d} \\ M_{2,1} & M_{2,2} & \cdots & \cdots & M_{2,d} \\ \vdots & \vdots & \vdots & \vdots & \vdots \\ M_{n,1} & M_{n,1} & \cdots & \cdots & M_{n,d} \end{bmatrix} \tag{12-1}$$

$$\mathrm{OM} = \begin{bmatrix} \mathrm{OM}_1 \\ \mathrm{OM}_2 \\ \vdots \\ \mathrm{OM}_n \end{bmatrix} \tag{12-2}$$

其中，n 为飞蛾的数量，d 为变量的维度；用数组 OM 存储飞蛾的个体适应度值。

该算法的另一个关键组成部分是火焰，用类似于飞蛾集合的矩阵表示如下：

$$F = \begin{bmatrix} F_{1,1} & F_{1,2} & \cdots & \cdots & F_{1,d} \\ F_{2,1} & F_{2,2} & \cdots & \cdots & F_{2,d} \\ \vdots & \vdots & \vdots & \vdots & \vdots \\ F_{n,1} & F_{n,2} & \cdots & \cdots & F_{n,d} \end{bmatrix} \tag{12-3}$$

$$OF = \begin{bmatrix} OF_1 \\ OF_2 \\ \vdots \\ OF_n \end{bmatrix} \tag{12-4}$$

其中，n 为飞蛾的数量，d 为变量的维度；用数组 OF 存储火焰的适应度值。

12.1.2 位置更新阶段

飞蛾扑火优化算法给每只飞蛾分配一个特定的火焰，以对数螺旋为飞蛾的更新机制，并考虑以下 3 个条件：

（1）螺旋的起点应为飞蛾的位置。

（2）螺旋的终点应为火焰的位置。

（3）螺旋范围的波动不能超过目标空间。

其公式如下：

$$S(M_i, F_j) = D_i \cdot e^{bl} \cdot \cos(2\pi l) + F_j \tag{12-5}$$

$$D_i = |F_j - M_i| \tag{12-6}$$

其中，M_i 为第 i 只飞蛾，F_j 为第 j 个火焰，$S(M_i, F_j)$ 为第 i 只飞蛾更新后的位置，D_i 表示第 i 只飞蛾到第 j 个火焰的距离，b 是定义对数螺旋形状的常数，l 是 $[-1,1]$ 中的随机数，$l=-1$ 是最接近火焰的位置，$l=1$ 是距离火焰最远的位置。

在迭代的过程中，飞蛾相对于目标空间中 n 个不同位置的更新可能会影响最优解决方案的获取。为了解决这个问题，该算法提出了一种针对火焰数量的自适应机制，公式如下：

$$\text{flame no} = \text{round}\left(N - t \times \frac{N - t}{\text{maxIt}}\right) \tag{12-7}$$

其中，t 为当前迭代次数，N 为最大火焰数，maxIt 表示最大迭代次数。

12.2 算法流程图

飞蛾扑火优化算法流程描述如下。

（1）初始化种群。

（2）计算所有飞蛾的适应度值并选取最优个体作为火焰。

（3）根据式（12-7）自适应减少火焰数量。

（4）根据式（12-5）更新飞蛾的位置。

（5）计算所有飞蛾的适应度值并选取最优个体作为火焰。

（6）判断是否满足终止条件，若满足则跳出循环，否则返回步骤（3）。

（7）输出最优位置及最优适应度值。

飞蛾扑火优化算法流程图如图 12-1 所示。

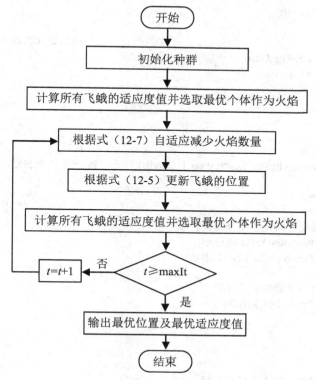

图 12-1　飞蛾扑火优化算法流程图

12.3　飞蛾扑火优化算法的 MATLAB 实现

飞蛾扑火优化算法的代码如下。

```
%%--------------------飞蛾扑火优化算法--------------------%%
%% 输入: nPop,Dim,UpB,LoB,maxIt,F_Obj
% nPop: 飞蛾数量
% Dim: 目标空间的维度
% UpB: 目标空间的上边界
% LoB: 目标空间的下边界
% maxIt: 算法的最大迭代次数
%F_Obj: 适应度函数接口
%% 输出: Best,CNVG
% Best: 记录全部迭代完成后的最优位置（Best.Pos）和最优适应度值（Best.Fit）
% CNVG: 记录每次迭代的最优适应度值，用于绘制迭代过程中的适应度变化曲线
%% 其他
% X: 飞蛾种群结构体，记录种群所有成员的位置（X.Pos）和当前位置对应的适应度值（X.Fit）
function [Best,CNVG]=MFO(nPop,Dim,UpB,LoB,maxIt,F_Obj)
disp('MFO is optimizing your problem');
```

```matlab
% 初始化飞蛾的位置
X=initialization(nPop,Dim,UpB,LoB);
CNVG=zeros(1,maxIt);

Iter=1;                                        % 当前迭代次数
sorted_pop=zeros(nPop,Dim);
pre_pop=zeros(nPop,Dim);
pre_fit=zeros(1,nPop);
% 主循环
while Iter<maxIt+1

    % 火焰数量
    Flame_no=round(nPop-Iter*((nPop-1)/maxIt));          % 火焰数量自适应减少机制

    for i=1:nPop

        % 检查飞蛾是否离开探索区域并带回
        X(i).Pos=min(X(i).Pos,UpB);
        X(i).Pos=max(X(i).Pos,LoB);

        % 计算飞蛾的适应度值
        X(i).Fit=F_Obj(X(i).Pos);

    end

    if Iter==1
        % 对第一批飞蛾进行存储
        [fit_sorted,I]=sort([X.Fit]);       % 对飞蛾适应度值进行排序，并将序列顺序存于 I 中
        for i=1:nPop
            sorted_pop(i,:)=X(I(i)).Pos;
        end

        % 由飞蛾位置更新火焰位置
        best_flames=sorted_pop;
        best_flame_fitness=fit_sorted;            % 排序后
    else

        double_population=[pre_pop;best_flames];
        double_fitness=[pre_fit best_flame_fitness];     % 未排序

        [double_fitness_sorted,I]=sort(double_fitness);  % 排序后
        double_sorted_population=double_population(I,:);

        fit_sorted=double_fitness_sorted(1:nPop);        % 适应度值排序
        sorted_pop=double_sorted_population(1:nPop,:);   % 排序后的飞蛾位置

        % 由飞蛾位置更新火焰位置
        best_flames=sorted_pop;
        best_flame_fitness=fit_sorted;
    end
```

```
        Best.Fit=fit_sorted(1);           % 更新最优适应度值
        Best.Pos=sorted_pop(1);           % 更新最优位置

        for i=1:nPop
            pre_pop(i,:)=X(i).Pos;
            pre_fit(1,i)=X(i).Fit;
        end

        % a 从-1 到-2 线性分割以计算 t
        a=-1+Iter*((-1)/maxIt);

        for i=1:nPop

            for j=1:Dim
                if i<=Flame_no         % 更新飞蛾相对于其对应火焰的位置
                    distance_to_flame=abs(sorted_pop(i,j)-X(i).Pos(j));% 第 j 个火焰与第 i 只飞蛾的距离
                    b=1;
                    t=(a-1)*rand+1;
                    X(i).Pos(j)=distance_to_flame*exp(b.*t).*cos(t.*2*pi)+sorted_pop(i,j);
                end

                if i>Flame_no            % 用对一个火焰的响应更新飞蛾的位置

                    distance_to_flame=abs(sorted_pop(i,j)-X(i).Pos(j));% 第 j 个火焰与第 i 只飞蛾的距离
                    b=1;
                    t=(a-1)*rand+1;
                    X(i).Pos(j)=distance_to_flame*exp(b.*t).*cos(t.*2*pi)+sorted_pop(Flame_no,j);
                    % 飞蛾数量多于火焰时
                end

            end

        end

        CNVG(Iter)=Best.Fit;

        Iter=Iter+1;
    end
```

飞蛾扑火优化算法的种群初始化代码如下。

```
%%-------------种群初始化函数-initialization.m-------------%%
% nPop: 飞蛾数量
% Dim: 目标空间的维度
% UpB: 目标空间的上边界
% LoB: 目标空间的下边界
% X.Pos 为种群的初始化位置，X.Fit 为其适应度值
function X=initialization(nPop,Dim,UpB,LoB)
    for i = 1:nPop
        X(i).Pos=rand(1,Dim).*(UpB-LoB)+LoB;           % 初始化个体的位置
```

```
        X(i).Fit=inf;                        % 初始化个体的适应度值
    end
end
```

12.4　飞蛾扑火优化算法的应用案例

12.4.1　求解单峰函数极值问题

问题描述：计算函数 $f(x)=\sum_{i=1}^{n}x_i^2$（$-100\leqslant x_i\leqslant100$）的最小值，其中 x_i 的维度为 30。以 $f(x_1,x_2)$ 为例，函数的搜索曲面如图 12-2 所示。

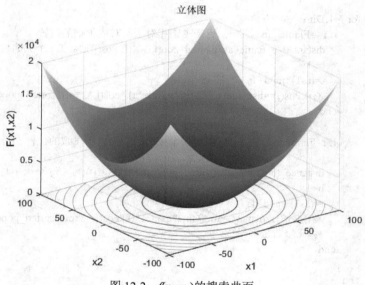

图 12-2　$f(x_1,x_2)$的搜索曲面

绘图代码如下。

```
%%-------------绘制f(x₁,x₂)的搜索曲面-Fun_plot.m-------------%%
x1 = -100:1:100;
x2 = -100:1:100;
L1 = length(x1);
L2 = length(x2);
for i =1:L1
    for j = 1:L2
        f(i,j) = x1(i).^2+x2(j).^2;
    end
end
figure
surfc(x1,x2,f,'LineStyle','none');        % 绘制搜索曲面
title('立体图');                            % 标题
xlabel('x1');                              % x 轴标注
ylabel('x2');                              % y 轴标注
zlabel('F(x1,x2)');                        % z 轴标注
```

函数 $f(x)$ 为单峰函数，意味着只有一个极值点，即 $x=(0, 0, \cdots, 0)$ 时产生理论最小值 $f(0, 0, \cdots, 0)=0$。通过仿真模拟，将该函数问题转换为适应度函数代码，具体代码如下。

```
%%--------------适应度函数-fitness.m------------------%%
function Fit = fitness(xi)
    % xi 为输入的一个个体，维度为[1,Dim]
    % Fit 为输出的适应度值
    Fit = sum(xi.^2);
end
```

其中，x_i 为输入的一个个体，适应度函数就是问题模型，Fit 为 Fun_Plot 函数的返回结果，称为适应度值。

假设飞蛾数量 nPop=30，目标空间的维度 Dim=30。仿真过程可以理解为 30 只飞蛾在 $(-100, 100)$ 的目标空间中，通过飞蛾扑火优化算法在有限的迭代次数（maxIt）内更新位置，并将每次更新的位置传入 Fun_Plot 函数获取适应度值，直到找到一个飞蛾的位置可以使 Fun_Plot 函数获得或接近理论最优解，即完成求解过程。求解该问题的主函数代码如下。

```
%%--------------主函数-main.m------------------%%
clc;                                    % 清屏
clear all;                              % 清除所有变量
close all;                              % 关闭所有窗口
% 参数设置
nPop = 30;                              % 飞蛾数量
Dim = 30;                               % 目标空间的维度
UpB = 100;                              % 目标空间的上边界
LoB = -100;                             % 目标空间的下边界
maxIt = 50;                             % 算法的最大迭代次数
F_Obj = @(x)fitness(x);                 % 设置适应度函数
% 利用飞蛾扑火优化算法求解问题
[Best,CNVG] = MFO(nPop, Dim, UpB, LoB, maxIt, F_Obj);
% 绘制迭代曲线
figure
plot(CNVG,'r-','linewidth',2);          % 绘制收敛曲线
axis tight;                             % 坐标轴显示范围为紧凑型
box on;                                 % 加边框
grid on;                                % 添加网格
title('飞蛾扑火优化算法收敛曲线')         % 添加标题
xlabel('迭代次数')                       % 添加 x 轴标注
ylabel('适应度值')                       % 添加 y 轴标注
disp(['求解得到的最优解为：',num2str(Best.Pos)]);
disp(['最优解对应的函数值为：Fit=',num2str(Best.Fit)])
```

运行主函数代码（main.m），输出结果包括飞蛾扑火优化算法运行时间、迭代次数内获得的最优适应度值（最优解），以及最优解对应的参数值 x。

MFO is optimizing your problem					
求解得到的最优解为：0.576457	-5.06258	11.721	4.10992	90.178	
23.5269	42.5234	20.2549	41.3721	4.02928	-7.98157	8.19034
37.3123	24.1717	-20.5009	-14.3161	-37.6254	-22.979	18.8289
-47.7255	-25.3979	23.9462	2.72572	-25.6436	-30.2883	-46.7149

-20.2353   -26.168   47.2575   -13.4341
最优解对应的函数值为：Fit=28611.8391

将代码返回的 CNVG 绘制成图 12-3 所示的收敛曲线，可以直观地看到每次迭代适应度值的变化情况。

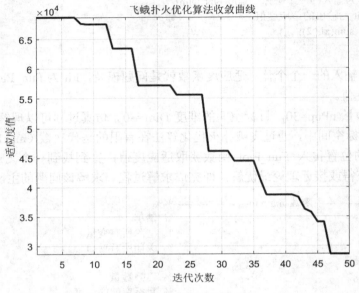

图 12-3　程序运行结果

12.4.2　求解多峰函数极值问题

问题描述：计算函数 $f(x) = \sum_{i=1}^{n} -x_i \sin \sqrt{|x_i|}$ （$-500 \leqslant x_i \leqslant 500$）的最小值，其中 x_i 的维度为 30。以 $f(x_1, x_2)$ 为例，函数的搜索曲面如图 12-4 所示。

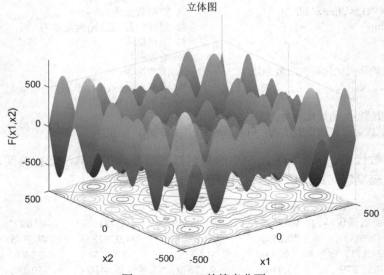

图 12-4　$f(x_1, x_2)$ 的搜索曲面

绘图代码如下。

```
%%------------绘制 f(x₁, x₂)的搜索曲面-Fun_plot2.m--------------%%
x1 = -500:1:500;
x2 = -500:1:500;
L1 = length(x1);
L2 = length(x2);
for i =1:L1
    for j = 1:L2
f(i,j)=-x1(i).*sin(sqrt(abs(x1(i))))+-x2(j).*sin(sqrt(abs(x2(j))));
    end
end
figure
surfc(x1,x2,f,'LineStyle','none');          % 绘制搜索曲面
title('立体图');                            % 标题
xlabel('x1');                               % x 轴标注
ylabel('x2');                               % y 轴标注
zlabel('F(x1,x2)');                         % z 轴标注
```

函数 $f(x)$ 为多峰函数，意味着存在多个局部最优解，在仿真过程中容易陷入局部最优解而忽略全局最优解，该函数的理论最优解为-418.9829×Dim=-12569.487。通过仿真模拟，将该函数问题转换为适应度函数代码，具体代码如下。

```
%%---------------适应度函数-fitness2.m-------------------%%
function Fit = fitness2(xi)
    % xᵢ 为输入的一个个体，维度为[1,Dim]
    % Fit 为输出的适应度值
    Fit = sum(-xi.*sin(sqrt(abs(xi))));
end
```

假设飞蛾数量 nPop=30，目标空间的维度 Dim=30，算法的最大迭代次数 maxIt=50，求解该问题的主函数代码如下。

```
%%---------------主函数-main2.m-------------------%%
clc;                                        % 清屏
clear all;                                  % 清除所有变量
close all;                                  % 关闭所有窗口
% 参数设置
nPop = 30;                                  % 飞蛾数量
Dim = 30;                                   % 目标空间的维度
UpB = 100;                                  % 目标空间的上边界
LoB = -100;                                 % 目标空间的下边界
maxIt = 50;                                 % 算法的最大迭代次数
F_Obj = @(x)fitness2(x);                    % 设置适应度函数
% 利用飞蛾扑火优化算法求解问题
[Best,CNVG] = MFO(nPop, Dim, UpB, LoB, maxIt, F_Obj);
% 绘制迭代曲线
figure
plot(CNVG,'r-','linewidth',2);              % 绘制收敛曲线
axis tight;                                 % 坐标轴显示范围为紧凑型
```

```
box on;                                      % 加边框
grid on;                                     % 添加网格
title('飞蛾扑火优化算法收敛曲线')              % 添加标题
xlabel('迭代次数')                            % 添加 x 轴标注
ylabel('适应度值')                            % 添加 y 轴标注
disp(['求解得到的最优解为：',num2str(Best.Pos)]);
disp(['最优解对应的函数值为：Fit=',num2str(Best.Fit)])
```

运行主函数代码（main2.m），输出结果包括飞蛾扑火优化算法运行时间、迭代次数内获得的最优适应度值（最优解），以及最优解对应的参数值 x。

MFO is optimizing your problem					
求解得到的最优解为：-500		-496.5491	437.318	-500	421.5031
19.42898	-309.435	401.7069	389.5415	-500	-127.5337	37.26619
169.9779	439.837	-375.0701	-130.5078	472.5528	-477.2385	500
63.09549	-122.4742	-257.0734	-12.61802	450.3444	435.195	-37.34466
-500	417.7729	-98.90409	423.0951			
最优解对应的函数值为：Fit=-4860.9388					

将代码返回的 CNVG 绘制成图 12-5 所示的收敛曲面，可以直观地看到每次迭代适应度值的变化情况。

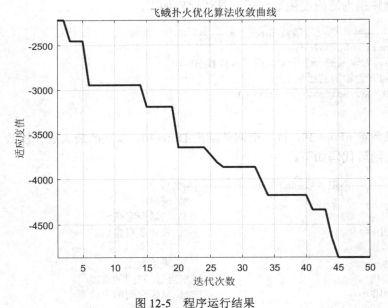

图 12-5　程序运行结果

12.4.3　拉力/压力弹簧设计问题

拉力/压力弹簧设计问题模型如图 12-6 所示。

问题描述：拉力/压力弹簧设计问题旨在通过优化算法找到弹簧直径（d）、平均线圈直径（D）以及有效线圈数（N）的最优值，并在最小偏差（g_1）、剪切应力（g_2）、冲击频率（g_3）、外径限制（g_4）4 种约束条件下降低弹簧的质量。

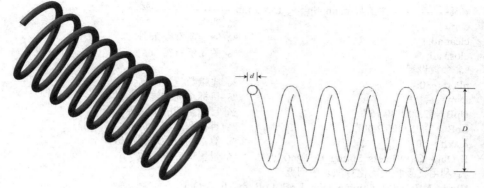

图 12-6 拉力/压力弹簧设计问题模型

拉力/压力弹簧设计的数学模型描述如下。

设： $\boldsymbol{x} = [x_1 \ x_2 \ x_3] = [d \ D \ N]$

目标函数： $\min f(\boldsymbol{x}) = (x_3 + 2)x_2 x_1^2$

约束条件：

$$g_1(\boldsymbol{x}) = 1 - \frac{x_2^3 x_3}{71785 x_1^4} \leqslant 0$$

$$g_2(\boldsymbol{x}) = \frac{4x_2^2 - x_1 x_2}{12566(x_2 x_1^3 - x_1^4)} + \frac{1}{5108 x_1^2} - 1 \leqslant 0$$

$$g_3(\boldsymbol{x}) = 1 - \frac{140.45 x_1}{x_2^2 x_3} \leqslant 0$$

$$g_4(\boldsymbol{x}) = \frac{x_1 + x_2}{1.5} - 1 \leqslant 0$$

变量范围：

$$0.05 \leqslant x_1 \leqslant 2.00$$
$$0.25 \leqslant x_2 \leqslant 1.30$$
$$2.00 \leqslant x_3 \leqslant 15.00$$

拉力/压力弹簧设计问题的适应度函数代码如下。

```
%%--------------适应度函数-fitness_Spring_Design.m--------------------%%
function Fit=fitness_Spring_Design(x)
    % 惩罚系数
    PCONST = 100000;
    % 目标函数
    Fit=(x(3)+2)*x(2)*(x(1)^2);
    G1=1-((x(2)^3)*x(3))/(71785*x(1)^4);
    G2=(4*x(2)^2-x(1)*x(2))/(12566*x(2)*x(1)^3-x(1)^4)+1/(5108*x(1)^2)-1;
    G3=1-(140.45*x(1))/((x(2)^2)*x(3));
    G4=((x(1)+x(2))/1.5)-1;
    % 惩罚函数
    Fit = Fit + PCONST*(max(0,G1)^2+max(0,G2)^2+max(0,G3)^2+max(0,G4)^2);
end
```

主函数代码如下。

```
%%---------------主函数-main_Spring_Design.m--------------------%%
clc;                                        % 清屏
clear all;                                  % 清除所有变量
close all;                                  % 关闭所有窗口
% 参数设置
nPop = 30;                                  % 飞蛾数量
Dim = 3;                                    % 目标空间的维度
UpB = [2.00 1.30 15.0];                     % 目标空间的上边界
LoB = [0.05 0.25 2.00];                     % 目标空间的下边界
maxIt = 50;                                 % 算法的最大迭代次数
F_Obj = @(x)fitness_Spring_Design(x);       % 设置适应度函数
% 利用飞蛾扑火优化算法求解问题
[Best,CNVG] =MFO(nPop, Dim, UpB, LoB, maxIt, F_Obj);
% 绘制迭代曲线
figure
plot(CNVG,'r-','linewidth',2);              % 绘制收敛曲线
axis tight;                                 % 坐标轴显示范围为紧凑型
box on;                                     % 加边框
grid on;                                    % 添加网格
title('飞蛾扑火优化算法收敛曲线')              % 添加标题
xlabel('迭代次数')                           % 添加 x 轴标注
ylabel('适应度值')                           % 添加 y 轴标注
disp(['求解得到的最优解为：',num2str(Best.Pos)]);
disp(['最优解对应的函数值为：Fit=',num2str(Best.Fit)])
```

运行主函数代码（main_Spring_Design.m），输出结果包括飞蛾扑火优化算法运行时间、迭代次数内获得的最优适应度值（最优解），以及最优解对应的参数值 x。

```
MFO is optimizing your problem
求解得到的最优解为： 0.05         0.36555        9.3119
最优解对应的函数值为：Fit=0.010338
```

将代码返回的 CNVG 绘制成图 12-7 所示的收敛曲线，可以直观地看到每次迭代适应度值的变化情况。

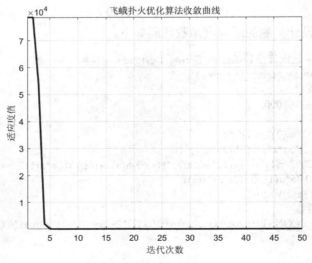

图 12-7　程序运行结果

本章涉及的代码文件如图 12-8 所示。

图 12-8　代码文件

参 考 文 献

[1] 黄鹤，吴琨，王会峰，等. 基于改进飞蛾扑火算法的无人机低空突防路径规划[J]. 中国惯性技术学报，2021，29（2）：256-263.

[2] 杜涛，曾国辉，黄勃，等. 基于改进飞蛾扑火优化算法的 PMSM 矢量控制优化[J]. 传感器与微系统，2021，40（5）：52-55.

[3] 刘小龙. 基于统计指导的飞蛾扑火算法求解大规模优化问题[J]. 控制与决策，2020，35（4）：901-908.

[4] 王智慧，代永强，刘欢. 基于自适应飞蛾扑火优化算法的三维路径规划[J]. 计算机应用研究，2023，40（1）：63-69.

[5] 王光，金嘉毅. 融合折射原理反向学习的飞蛾扑火算法[J]. 计算机工程与应用，2019，55（11）：46-59.

[6] 田鸿，陈国彬，刘超. 新型飞蛾火焰优化算法的研究[J]. 计算机工程与应用，2019，55（16）：138-143.

[7] 李荣，贺兴时，杨新社. 基于差分进化的飞蛾算法在电力调度中的应用[J]. 计算机工程与应用，2021，57（13）：258-268.

[8] 徐慧，方策，刘翔，等. 改进的飞蛾扑火优化算法在网络入侵检测系统中的应用[J]. 计算机应用，2018，38（11）：3231-3240.

[9] 潘晓杰，张立伟，张文朝，等. 基于飞蛾扑火优化算法的多运行方式电力系统稳定器参数协调优化方法[J]. 电网技术，2020，44（8）：3038-3046.

[10] Mirjalili S. Moth-flame Optimization Algorithm: A Novel Nature-inspired Heuristic Paradigm[J]. Knowledge-based Systems, 2015, 89: 228-249.

第 12 章课件

第 12 章代码

第 13 章

小龙虾优化算法原理及其 MATLAB 实现

13.1 小龙虾优化算法的基本原理

小龙虾优化算法（Crayfish Optimization Algorithm，COA）是贾鹤鸣等人于 2023 年提出的一种新的元启发式优化算法。提出该算法的灵感来源于小龙虾的避暑、竞争和觅食行为。这三种行为对应该算法的避暑阶段、竞争阶段和觅食阶段。其中，避暑阶段是该算法的探索阶段，竞争阶段和觅食阶段为该算法的开发阶段。

小龙虾优化算法的探索和开发受温度调节，温度是一个随机数。当温度过高时，小龙虾会进入洞穴避暑。如果没有其他小龙虾争夺洞穴，小龙虾会直接进入洞穴，这是小龙虾优化算法的避暑阶段。如果有其他小龙虾争夺洞穴，则小龙虾会相互竞争，这是小龙虾优化算法的竞争阶段。当温度适宜时，小龙虾进入觅食阶段。在觅食阶段，小龙虾会根据食物的大小选择直接摄食或先撕碎食物再摄食。其中，小龙虾的摄食量与觅食量有关。小龙虾优化算法因温度平衡算法的探索和开发能力而具有更好的优化效果，能够更快地找到最优适应度值。

13.1.1 初始化阶段

在多维优化问题中，每只小龙虾表示一个 $1 \times \dim$ 的矩阵，每个矩阵为一个问题的解决方案。在一组变量 $(X_{i,1}, X_{i,2}, \cdots, X_{i,\dim})$ 中，每个变量都必须在目标空间的上、下边界之间。小龙虾优化算法的初始化是在目标空间的上、下边界之间随机生成 N 组候选解 $\boldsymbol{X}$，即

$$\boldsymbol{X} = [X_1, X_2, \cdots, X_N] = \begin{bmatrix} X_{1,1} & \cdots & X_{1,j} & \cdots & X_{1,\dim} \\ \vdots & \cdots & \vdots & \cdots & \vdots \\ X_{i,1} & \cdots & X_{i,j} & \cdots & X_{i,\dim} \\ \vdots & \cdots & \vdots & \cdots & \vdots \\ X_{N,1} & \cdots & X_{N,j} & \cdots & X_{N,\dim} \end{bmatrix} \quad (13\text{-}1)$$

$$X_{i,j} = \mathrm{Lob}_j + (\mathrm{Upb}_j - \mathrm{Lob}_j) \times \mathrm{rand} \quad (13\text{-}2)$$

其中，$\boldsymbol{X}$ 为初始种群，N 为小龙虾数量，dim 为目标空间的维度，$X_{i,j}$ 为第 i 只小龙虾在第 j 维空间中的位置，Lob_j 表示第 j 维空间的下边界，Upb_j 表示第 j 维空间的上边界，rand 是 $[0,1]$ 的随机数。

13.1.2　定义温度和小龙虾的摄食量

温度的改变会影响小龙虾的行为，如式（13-3）和式（13-4）所示。当温度超过 30℃时，小龙虾会选择一个凉爽的地方避暑。在适宜的温度下，小龙虾就会进行觅食行为。小龙虾的摄食量受温度的影响，温度范围在 15℃～30℃，25℃为最优温度。因此，小龙虾的摄食量可以近似于正态分布。其中，20℃～30℃为最优摄食温度范围。小龙虾摄食量的数学模型如图 13-1 所示。

$$\text{temp} = \text{rand} \times 15 + 20 \tag{13-3}$$

$$p = C_1 \times \frac{1}{\sqrt{2 \times \pi} \times \sigma} \times \exp\left(-\frac{(\text{temp} - \mu)^2}{2\sigma^2}\right) \tag{13-4}$$

其中，temp 表示小龙虾所在环境的温度，p 是小龙虾的摄食量，μ 是最适合小龙虾摄食的温度，分别用系数 σ 和 C_1 来控制不同温度下小龙虾的摄食量。

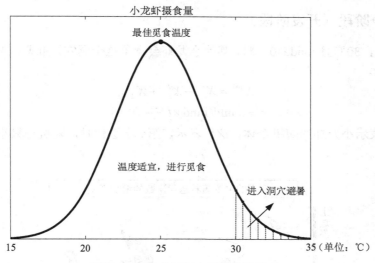

图 13-1　小龙虾摄食量的数学模型

13.1.3　避暑阶段（探索阶段）

当温度高于 30℃时，小龙虾会进入洞穴避暑。洞穴的定义如式（13-5）所示。

$$X_{\text{shade}} = (X_{\text{G}} + X_{\text{L}}) / 2 \tag{13-5}$$

其中，X_{G} 表示通过迭代得到的最优位置，X_{L} 表示上一代种群更新后获得的最优位置。

小龙虾争夺洞穴是一个随机事件。在小龙虾优化算法中，当 rand<0.5 时，意味着没有其他小龙虾争夺洞穴，小龙虾直接进入洞穴避暑，如式（13-6）、式（13-7）和图 13-2 所示。

$$X_{i,j}^{t+1} = X_{i,j}^{t} + C_2 \times \text{rand} \times (X_{\text{shade}} - X_{i,j}^{t}) \tag{13-6}$$

$$C_2 = 2 - (t / \text{maxIt}) \tag{13-7}$$

其中，t 表示当前迭代次数；$t+1$ 表示下一次迭代次数；$X_{i,j}^{t}$ 表示第 t 次迭代时，第 i 只小龙虾在第 j 维空间的位置；$X_{i,j}^{t+1}$ 表示第 $t+1$ 次迭代时，第 i 只小龙虾在第 j 维空间的位置；C_2 为递减曲线；maxIt 表示最大迭代次数。

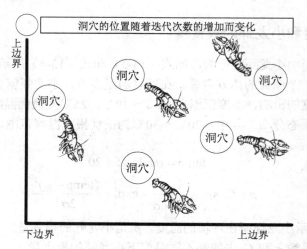

图 13-2　小龙虾进入洞穴避暑

13.1.4　竞争阶段（开发阶段）

当温度高于 30℃且 rand≥0.5 时，其他小龙虾会竞争这个洞穴，如式（13-8）、式（13-9）和图 13-3 所示。

$$X_{i,j}^{t+1} = X_{i,j}^{t} - X_{z,j}^{t} + X_{\text{shade}} \qquad (13\text{-}8)$$

$$z = \text{round}(\text{rand} \times (N-1)) + 1 \qquad (13\text{-}9)$$

其中，z 表示小龙虾的随机个体；$X_{i,j}^{t}$ 表示在第 t 次迭代时，随机一只小龙虾在第 j 维空间的位置。

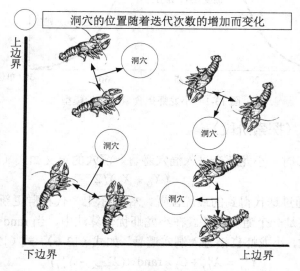

图 13-3　小龙虾竞争洞穴

13.1.5　觅食阶段（开发阶段）

当温度低于或等于 30℃时，小龙虾会去觅食。在摄食时，小龙虾会根据食物的大小判断是否需要撕碎食物。如果食物大小合适，小龙虾会直接摄食；如果食物太大，小龙虾会

使用螯足撕碎食物再摄食。食物位置的定义为

$$X_{\text{food}} = X_{\text{G}} \tag{13-10}$$

食物大小的定义为

$$Q = C_3 \times \text{rand} \times (\text{fitness}_i / \text{fitness}_{\text{food}}) \tag{13-11}$$

其中，C_3 为食物因子，表示最大的食物，值为常数 3。fitness_i 表示第 i 只小龙虾的适应度值，$\text{fitness}_{\text{food}}$ 表示食物所在位置的适应度值。

当 $Q > (C_3+1)/2$ 时，表示食物太大，小龙虾会通过式（13-12）撕碎食物。

$$X_{\text{food}} = \exp\left(-\frac{1}{Q}\right) \times X_{\text{food}} \tag{13-12}$$

撕碎食物后，小龙虾会使用第二、第三步行足交替夹取食物摄食。在等式中采用正弦函数和余弦函数的组合来模拟交替摄食行为。此外，小龙虾获得的食物量与食物摄入量有关。摄食的等式如式（13-13）所示。

$$X_{i,j}^{t+1} = X_{i,j}^{t} + X_{\text{food}} \times p \times (\cos(2 \times \pi \times \text{rand}) - \sin(2 \times \pi \times \text{rand})) \tag{13-13}$$

当 $Q \leqslant (C_3+1)/2$ 时，小龙虾会靠近食物，之后通过摄食量控制小龙虾的觅食量，如式（13-14）所示。

$$X_{i,j}^{t+1} = (X_{i,j}^{t} - X_{\text{food}}) \times p + p \times \text{rand} \times X_{i,j}^{t} \tag{13-14}$$

13.2 算法流程图

小龙虾优化算法流程描述如下。

（1）初始化种群，计算种群的适应度值并获得 X_{G} 和 X_{L}。

（2）根据式（13-3）定义小龙虾生存环境的温度。

（3）当温度大于 30℃且 rand<0.5 时，小龙虾根据式（13-6）获得新的位置并进入步骤（8）。

（4）当温度大于 30℃且 rand≥0.5 时，小龙虾根据式（13-8）获得新的位置并进入步骤（8）。

（5）当温度小于或等于 30℃时，小龙虾进入觅食阶段，根据式（13-4）和式（13-11）定义摄食量 p 和食物大小 Q。

（6）如果 $Q > (C_3+1)/2$，则根据式（13-12）撕碎食物。之后通过式（13-13）摄食获得新位置并进入步骤（8）。

（7）如果 $Q \leqslant (C_3+1)/2$，则通过式（13-14）摄食获得新位置并进入步骤（8）。

（8）更新适应度值并获得 X_{G} 和 X_{L}。

（9）判断是否满足终止条件，若满足则跳出循环，否则返回步骤（2）。

（10）输出最优位置及最优适应度值。

小龙虾优化算法流程图如图 13-4 所示。

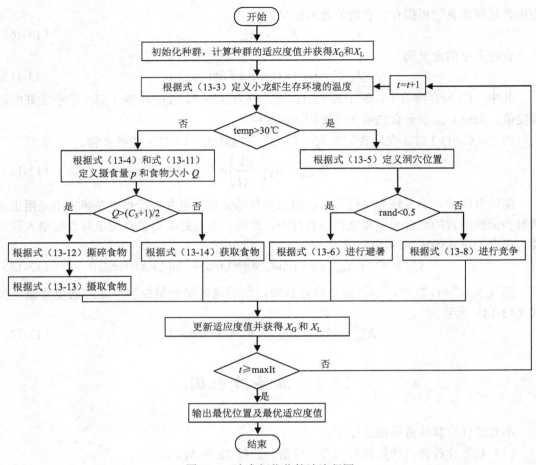

图 13-4　小龙虾优化算法流程图

13.3　小龙虾优化算法的 MATLAB 实现

小龙虾优化算法的代码如下。

```
%%----------------小龙虾优化算法-COA.m--------------------%%
%% 输入: nPop,Dim,UpB,LoB,maxIt,F_Obj
% nPop: 小龙虾数量
% Dim: 目标空间的维度
% UpB: 目标空间的上边界
% LoB: 目标空间的下边界
% maxIt: 算法的最大迭代次数
% F_Obj: 适应度函数接口
%% 输出: Best, CNVG
% Best: 记录全部迭代完成后的最优位置（Best.Pos）和最优适应度值（Best.Fit）
% CNVG: 记录每次迭代的最优适应度值，用于绘制迭代过程中的适应度变化曲线
%% 其他
% X: 小龙虾种群结构体，记录种群所有成员的位置（X.Pos）和当前位置对应的适应度值（X.Fit）
```

```
%%------------------------------------------------------%%
function [Best,CNVG]    =COA(nPop,Dim,UpB,LoB,maxIt,F_Obj)

    disp('COA is now tackling your problem')
    tic                                         % 记录运行时间
    %%% 初始化种群
    X=initialization(nPop,Dim,UpB,LoB);
    Global_Cov = zeros(1,maxIt);
    %%% 初始化最优解的位置和适应度值
    Best.Pos=zeros(1,Dim);
    Best.Fit=inf;
    CNVG=zeros(1,maxIt);
    for i=1:nPop
        X(i).Fit =    F_Obj(X(i).Pos);
        if X(i).Fit<Best.Fit
            Best.Fit = X(i).Fit;
            Best.Pos = X(i).Pos;
        end
    end
    Global.Pos = Best.Pos;
    Global.Fit = Best.Fit;
    CNVG(1)=Best.Fit;
    t=1;
    while(t<=maxIt)
        C = 2-(t/maxIt);
        temp = rand*15+20;                      % 定义温度
        xf = (Best.Pos+Global.Pos)/2;
        Xfood = Best.Pos;
        for i = 1:nPop
            if temp>30
                if rand<0.5                     % 模拟避暑行为
X(i).Next_Pos = X(i).Pos+C*rand(1,Dim).*(xf-X(i).Pos);
                else                            % 模拟小龙虾的竞争行为
                    for j = 1:Dim
                        z = round(rand*(nPop-1))+1;
                        X(i).Next_Pos(j) = X(i).Pos(j)-X(z).Pos(j)+xf(j);
                    end
                end
            else                                % 模拟小龙虾摄食
                P = 3*rand*X(i).Fit/F_Obj(Xfood);   % 定义食物大小
                if P>2                          % 食物过大，需要分解食物再摄食
                    Xfood = exp(-1/P).*Xfood;   % 模拟小龙虾分解食物
                    for j = 1:Dim
                        X(i).Next_Pos(j)=X(i).Pos(j)+cos(2*pi*rand)*Xfood(j)*p_obj(temp)-
sin(2*pi*rand)*Xfood(j)*p_obj(temp);
                    end
                else                            % 模拟小龙虾正常摄食
            X(i).Next_Pos=(X(i).Pos-Xfood)*p_obj(temp)+p_obj(temp).*rand(1,Dim).*X(i).Pos;
                end
            end
        end
```

```
        % 检查边界
        for i=1:nPop
            X(i).Next_Pos=min(X(i).Next_Pos,UpB);
            X(i).Next_Pos=max(X(i).Next_Pos,LoB);
        end

        Global.Pos = X(i).Next_Pos;
        Global.Fit = F_Obj(Global.Pos);

        for i =1:nPop
            new_fitness = F_Obj(X(i).Next_Pos);
            if new_fitness<Global.Fit
                Global.Fit = new_fitness;
                Global.Pos = X(i).Next_Pos;
            end
            if new_fitness<X(i).Fit
                X(i).Fit = new_fitness;
                X(i).Pos = X(i).Next_Pos;
                if X(i).Fit<Best.Fit
                    Best.Fit=X(i).Fit;
                    Best.Pos=X(i).Pos;
                end
            end
        end
        Global_Cov(t) = Global.Fit;
        CNVG(t) = Best.Fit;
        t=t+1;
    end
end
%%% 定义摄食量的函数
function y = p_obj(x)
y = 0.2*(1/(sqrt(2*pi)*3))*exp(-(x-25).^2/(2*3.^2));
end
```

小龙虾优化算法的种群初始化代码如下。

```
%%--------------种群初始化函数-initialization.m-------------%%
% nPop: 小龙虾数量
% Dim: 目标空间的维度
% UpB: 目标空间的上边界
% LoB: 目标空间的下边界
% X.Pos 为种群的初始化位置，X.Fit 为其适应度值
function X=initialization(nPop,Dim,UpB,LoB)
    for i = 1:nPop
        X(i).Pos=rand(1,Dim).*(UpB-LoB)+LoB;        % 初始化个体的位置
        X(i).Fit=inf;                               % 初始化个体的适应度值
        X(i).Next_Pos = X(i).Pos;                   % 定义下一个体的位置
    end
end
```

13.4　小龙虾优化算法的应用案例

13.4.1　求解单峰函数极值问题

问题描述：计算函数 $f(x) = \sum_{i=1}^{n} x_i^2$（$-100 \leqslant x_i \leqslant 100$）的最小值，其中 x_i 的维度为 30。以 $f(x_1, x_2)$ 为例，函数的搜索曲面如图 13-5 所示。

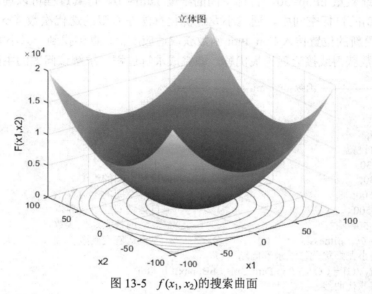

图 13-5　$f(x_1, x_2)$ 的搜索曲面

绘图代码如下。

```
%%------------绘制 f(x₁, x₂)的搜索曲面-Fun_plot.m-------------%%
x1 = -100:1:100;
x2 = -100:1:100;
L1 = length(x1);
L2 = length(x2);
for i =1:L1
    for j = 1:L2
        f(i,j) = x1(i).^2+x2(j).^2;
    end
end
figure
surfc(x1,x2,f,'LineStyle','none');        % 绘制搜索曲面
title('立体图');                           % 标题
xlabel('x1');                             % x 轴标注
ylabel('x2');                             % y 轴标注
zlabel('F(x1,x2)');                       % z 轴标注
```

函数 $f(x)$ 为单峰函数，意味着只有一个极值点，即 $x=(0, 0, \cdots, 0)$ 时产生理论最小值 $f(0, 0, \cdots, 0)=0$。通过仿真模拟，将该函数问题转换为适应度函数代码，具体代码如下。

```
%%--------------适应度函数-fitness.m------------------%%
function Fit = fitness(xi)
    % xi 为输入的一个个体，维度为[1,Dim]
    % Fit 为输出的适应度值
    Fit = sum(xi.^2);
end
```

其中，x_i 为输入的一个个体，适应度函数就是问题模型，Fit 为 Fun_Plot 函数的返回结果，称为适应度值。

假设小龙虾数量 nPop=30，目标空间的维度 Dim=30。仿真过程可以理解为 30 只小龙虾在(-100, 100)的目标空间中，通过小龙虾优化算法在有限的迭代次数（maxIt）内更新位置，并将每次更新的位置传入 Fun_Plot 函数获取适应度值，直到找到一只小龙虾的位置可以使 Fun_Plot 函数获得或接近理论最优解，即完成求解过程。求解该问题的主函数代码如下。

```
%%--------------主函数-main.m------------------%%
clc;                                        % 清屏
clear all;                                  % 清除所有变量
close all;                                  % 关闭所有窗口
% 参数设置
nPop = 30;                                  % 小龙虾数量
Dim = 30;                                   % 目标空间的维度
UpB = 500;                                  % 目标空间的上边界
LoB = -500;                                 % 目标空间的下边界
maxIt = 50;                                 % 算法的最大迭代次数
F_Obj = @(x)fitness(x);                     % 设置适应度函数
% 利用小龙虾优化算法求解问题
[Best,CNVG] = COA(nPop,Dim,UpB,LoB,maxIt,F_Obj);
% 绘制迭代曲线
figure
plot(CNVG,'r-','linewidth',2);              % 绘制收敛曲线
axis tight;                                 % 坐标轴显示范围为紧凑型
box on;                                     % 加边框
grid on;                                    % 添加网格
title('小龙虾优化算法收敛曲线')               % 添加标题
xlabel('迭代次数')                           % 添加 x 轴标注
ylabel('适应度值')                           % 添加 y 轴标注
disp(['求解得到的最优解为：',num2str(Best.Pos)]);
disp(['最优解对应的函数值为：Fit=',num2str(Best.Fit)])
```

运行主函数代码（main.m），输出结果包括小龙虾优化算法运行时间、迭代次数内获得的最优适应度值（最优解），以及最优解对应的参数值 x。

```
    COA is optimizing your problem
    求解得到的最优解为：1.8823e-33      1.0732e-40      -4.8666e-35     -1.9623e-34
1.7158e-38    -3.4043e-35    -2.2249e-35    1.53e-34       2.2502e-34      1.0656e-31
-1.1121e-32   -2.0452e-34    -6.7317e-33    3.1123e-37     -9.9175e-33     -1.0544e-32
5.755e-36     -6.3809e-34    2.3756e-35     4.2029e-32     1.3258e-33      -7.5061e-34
2.0538e-31    1.7126e-34     -4.9116e-33    2.757e-32      5.8953e-33      -4.1798e-36
2.3484e-33    -1.5432e-32
    最优解对应的函数值为：Fit=5.6751e-62
```

将代码返回的 CNVG 绘制成图 13-6 所示的收敛曲线，可以直观地看到每次迭代适应度值的变化情况。

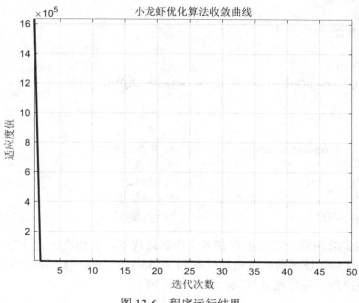

图 13-6 程序运行结果

13.4.2 求解多峰函数极值问题

问题描述：计算函数 $f(x) = \sum_{i=1}^{n} -x_i \sin \sqrt{|x_i|}$ （$-500 \leq x_i \leq 500$）的最小值，其中 x_i 的维度为 30。以 $f(x_1, x_2)$ 为例，函数的搜索曲面如图 13-7 所示。

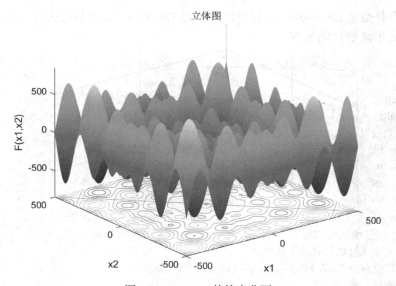

图 13-7 $f(x_1, x_2)$ 的搜索曲面

绘图代码如下。

```
%%-------------绘制f(x1,x2)的搜索曲面-Fun_plot2.m-------------%%
x1 = -500:1:500;
x2 = -500:1:500;
L1 = length(x1);
L2 = length(x2);
for i =1:L1
    for j = 1:L2
f(i,j)=-x1(i).*sin(sqrt(abs(x1(i))))+-x2(j).*sin(sqrt(abs(x2(j))));
    end
end
figure
surfc(x1,x2,f,'LineStyle','none');          % 绘制搜索曲面
title('立体图');                              % 标题
xlabel('x1');                                % x 轴标注
ylabel('x2');                                % y 轴标注
zlabel('F(x1,x2)');                          % z 轴标注
```

函数 $f(x)$ 为多峰函数，意味着存在多个局部最优解，在仿真过程中容易陷入局部最优解而忽略全局最优解，该函数的理论最优解为-418.9829×Dim=-12569.487。通过仿真模拟，将该函数问题转换为适应度函数代码，具体代码如下。

```
%%--------------适应度函数-fitness2.m-------------------%%
function Fit = fitness2(xi)
    % xi 为输入的一个个体，维度为[1,Dim]
    % Fit 为输出的适应度值
    Fit = sum(-xi.*sin(sqrt(abs(xi))));
end
```

假设小龙虾数量 nPop=30，目标空间的维度 Dim=30，算法的最大迭代次数 maxIt=50，求解该问题的主函数代码如下。

```
%%--------------主函数-main2.m-------------------%%
clc;                                  % 清屏
clear all;                            % 清除所有变量
close all;                            % 关闭所有窗口
% 参数设置
nPop = 30;                            % 小龙虾数量
Dim = 30;                             % 目标空间的维度
UpB = 500;                            % 目标空间的上边界
LoB = -500;                           % 目标空间的下边界
maxIt = 50;                           % 算法的最大迭代次数
F_Obj = @(x)fitness2(x);              % 设置适应度函数
% 利用小龙虾优化算法求解问题
[Best,CNVG] = COA(nPop,Dim,UpB,LoB,maxIt,F_Obj);
% 绘制迭代曲线
figure
plot(CNVG,'r-','linewidth',2);        % 绘制收敛曲线
```

```
axis tight;                          % 坐标轴显示范围为紧凑型
box on;                              % 加边框
grid on;                             % 添加网格
title('小龙虾优化算法收敛曲线')          % 添加标题
xlabel('迭代次数')                     % 添加 x 轴标注
ylabel('适应度值')                     % 添加 y 轴标注
disp(['求解得到的最优解为：',num2str(Best.Pos)]);
disp(['最优解对应的函数值为：Fit=',num2str(Best.Fit)])
```

运行主函数代码（main2.m），输出结果包括小龙虾优化算法运行时间、迭代次数内获得的最优适应度值（最优解），以及最优解对应的参数值 *x*。

COA is optimizing your problem					
求解得到的最优解为：-289.9082	232.8241	-499.9337	-500	-181.7204
328.7996	-500	-467.7742	-500	499.5753	-241.8189	-289.0006
-499.5245	367.0605	361.3869	473.1495	397.9639	-295.764	-499.1039
429.9161	-496.363	427.5262	-37.30146	498.3391	-500	-481.9078
-113.6137	-349.9384	-110.2116	474.717			
最优解对应的函数值为：Fit=-3237.7516					

将代码返回的 CNVG 绘制成图 13-8 所示的收敛曲线，可以直观地看到每次迭代适应度值的变化情况。

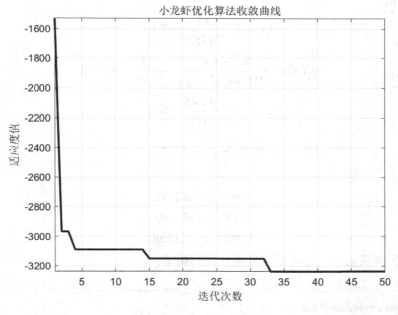

图 13-8 程序运行结果

13.4.3 拉力/压力弹簧设计问题

拉力/压力弹簧设计问题模型如图 13-9 所示。

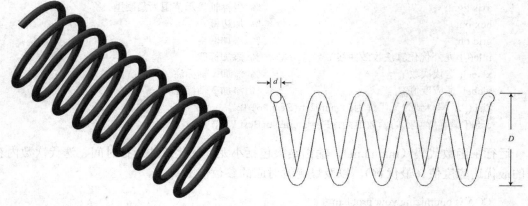

图 13-9　拉力/压力弹簧设计问题模型

　　问题描述：拉力/压力弹簧设计问题旨在通过优化算法找到弹簧直径（d）、平均线圈直径（D）以及有效线圈数（N）的最优值，并在最小偏差（g_1）、剪切应力（g_2）、冲击频率（g_3）、外径限制（g_4）4 种约束条件下降低弹簧的质量。

拉力/压力弹簧设计的数学模型描述如下。

设：$\boldsymbol{x} = [x_1\ x_2\ x_3] = [d\ D\ N]$

目标函数：$\min f(\boldsymbol{x}) = (x_3 + 2)x_2 x_1^2$

约束条件：

$$g_1(\boldsymbol{x}) = 1 - \frac{x_2^3 x_3}{71785 x_1^4} \leq 0$$

$$g_2(\boldsymbol{x}) = \frac{4x_2^2 - x_1 x_2}{12566(x_2 x_1^3 - x_1^4)} + \frac{1}{5108 x_1^2} - 1 \leq 0$$

$$g_3(\boldsymbol{x}) = 1 - \frac{140.45 x_1}{x_2^2 x_3} \leq 0$$

$$g_4(\boldsymbol{x}) = \frac{x_1 + x_2}{1.5} - 1 \leq 0$$

变量范围：

$$0.05 \leq x_1 \leq 2.00$$
$$0.25 \leq x_2 \leq 1.30$$
$$2.00 \leq x_3 \leq 15.00$$

拉力/压力弹簧设计问题的适应度函数代码如下。

```
%%--------------适应度函数-fitness_Spring_Design.m-------------------%%
function Fit=fitness_Spring_Design(x)
    % 惩罚系数
    PCONST = 100000;
    % 目标函数
    Fit=(x(3)+2)*x(2)*(x(1)^2);
    G1=1-((x(2)^3)*x(3))/(71785*x(1)^4);
    G2=(4*x(2)^2-x(1)*x(2))/(12566*x(2)*x(1)^3-x(1)^4)+1/(5108*x(1)^2)-1;
```

```
G3=1-(140.45*x(1))/((x(2)^2)*x(3));
G4=((x(1)+x(2))/1.5)-1;
% 惩罚函数
Fit = Fit + PCONST*(max(0,G1)^2+max(0,G2)^2+max(0,G3)^2+max(0,G4)^2);
end
```

主函数代码如下。

```
%%--------------主函数-main_Spring_Design.m------------------%%
clc;                                    % 清屏
clear all;                              % 清除所有变量
close all;                              % 关闭所有窗口
% 参数设置
nPop = 30;                              % 小龙虾数量
Dim = 3;                                % 目标空间的维度
UpB = [2.00 1.30 15.0];                 % 目标空间的上边界
LoB = [0.05 0.25 2.00];                 % 目标空间的下边界
maxIt = 50;                             % 算法的最大迭代次数
F_Obj = @(x)fitness_Spring_Design(x);   % 设置适应度函数
% 利用小龙虾优化算法求解问题
[Best,CNVG] = COA(nPop,Dim,UpB,LoB,maxIt,F_Obj);
% 绘制迭代曲线
figure
plot(CNVG,'r-','linewidth',2);          % 绘制收敛曲线
axis tight;                             % 坐标轴显示范围为紧凑型
box on;                                 % 加边框
grid on;                                % 添加网格
title('小龙虾优化算法收敛曲线')         % 添加标题
xlabel('迭代次数')                      % 添加 x 轴标注
ylabel('适应度值')                      % 添加 y 轴标注
disp(['求解得到的最优解为：',num2str(Best.Pos)]);
disp(['最优解对应的函数值为：Fit=',num2str(Best.Fit)]);
```

运行主函数代码（main_Spring_Design.m），输出结果包括小龙虾优化算法运行时间、迭代次数内获得的最优适应度值（最优解），以及最优解对应的参数值 x。

```
COA is optimizing your problem
求解得到的最优解为：0.050259        0.37398        8.7997
最优解对应的函数值为：Fit=0.010202
```

将代码返回的 CNVG 绘制成图 13-10 所示的收敛曲线，可以直观地看到每次迭代适应度值的变化情况。

本章涉及的代码文件如图 13-11 所示。

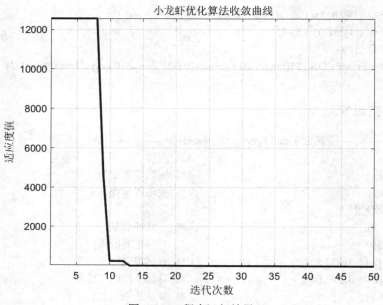

图 13-10 程序运行结果

图 13-11 代码文件

参 考 文 献

[1] Jia H, Rao H, Wen C, et al. Crayfish Optimization Algorithm[J]. Artificial Intelligence Review, 2023(56): 1919-1979.

第 13 章课件

第 13 章代码

第**14**章
标准测试函数

14.1　23 个标准测试函数

23 个标准测试函数的基本信息如表 14-1 所示，其中，F1～F7 为单峰函数，F8～F13 为多峰函数，F14～F23 为固定维度多峰函数。

表 14-1　23 个标准测试函数

类　型	函　数	变量范围	维　度	全局最优值
单峰函数	F1	[-100,100]	30	0
	F2	[-10,10]	30	0
	F3	[-100,100]	30	0
	F4	[-100,100]	30	0
	F5	[-30,30]	30	0
	F6	[-100,100]	30	0
	F7	[-1.28,1.28]	30	0
多峰函数	F8	[-500,500]	30	-418.9829×维度
	F9	[-5.12,5.12]	30	0
	F10	[-32,32]	30	0
	F11	[-600,600]	30	0
	F12	[-50,50]	30	0
	F13	[-50,50]	30	0
固定维度多峰函数	F14	[-65,65]	2	1
	F15	[-5,5]	4	0.00030
	F16	[-5,5]	2	-1.0316
	F17	[-5,5]	2	0.398
	F18	[-2,2]	2	3
	F19	[-1,2]	3	-3.86
	F20	[0,1]	6	-3.32
	F21	[0,10]	4	-10.1532
	F22	[0,10]	4	-10.4028
	F23	[0,10]	4	-10.5363

23 个标准测试函数的主函数 MATLAB 代码如下。

```
function [lb,ub,dim,fobj] = Get_Functions_details30(F)
```

```
switch F
    case 'F1'
        fobj = @F1;
        lb=-100;
        ub=100;
        dim=30;

    case 'F2'
        fobj = @F2;
        lb=-10;
        ub=10;
        dim=30;

    case 'F3'
        fobj = @F3;
        lb=-100;
        ub=100;
        dim=30;

    case 'F4'
        fobj = @F4;
        lb=-100;
        ub=100;
        dim=30;

    case 'F5'
        fobj = @F5;
        lb=-30;
        ub=30;
        dim=30;

    case 'F6'
        fobj = @F6;
        lb=-100;
        ub=100;
        dim=30;

    case 'F7'
        fobj = @F7;
        lb=-1.28;
        ub=1.28;
        dim=30;

    case 'F8'
        fobj = @F8;
        lb=-500;
        ub=500;
        dim=30;

    case 'F9'
```

```
            fobj = @F9;
            lb=-5.12;
            ub=5.12;
            dim=30;

    case 'F10'
            fobj = @F10;
            lb=-32;
            ub=32;
            dim=30;

    case 'F11'
            fobj = @F11;
            lb=-600;
            ub=600;
            dim=30;

    case 'F12'
            fobj = @F12;
            lb=-50;
            ub=50;
            dim=30;

    case 'F13'
            fobj = @F13;
            lb=-50;
            ub=50;
            dim=30;

    case 'F14'
            fobj = @F14;
            lb=-65;
            ub=65;
            dim=2;

    case 'F15'
            fobj = @F15;
            lb=-5;
            ub=5;
            dim=4;

    case 'F16'
            fobj = @F16;
            lb=-5;
            ub=5;
            dim=2;

    case 'F17'
            fobj = @F17;
            lb=-5;
            ub=5;
            dim=2;
```

```
        case 'F18'
            fobj = @F18;
            lb=-2;
            ub=2;
            dim=2;

        case 'F19'
            fobj = @F19;
            lb=-1;
            ub=2;
            dim=3;

        case 'F20'
            fobj = @F20;
            lb=0;
            ub=1;
            dim=6;

        case 'F21'
            fobj = @F21;
            lb=0;
            ub=10;
            dim=4;

        case 'F22'
            fobj = @F22;
            lb=0;
            ub=10;
            dim=4;

        case 'F23'
            fobj = @F23;
            lb=0;
            ub=10;
            dim=4;
    end

    end
```

14.1.1 23 个标准测试函数的图像及代码

1. 函数 F1

函数 F1 的基本信息如表 14-2 所示。

表 14-2 函数 F1 的基本信息

名　称	公　式	维　度	变 量 范 围	全局最优值
F1	$F_1(x) = \sum_{i=1}^{n} x_i^2$	30	$[-100, 100]$	0

使用二维图表绘制的函数 F1 的搜索曲面如图 14-1 所示。

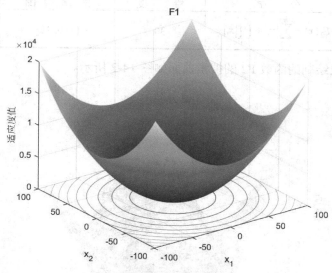

图 14-1　函数 F1 的搜索曲面

函数 F1 的 MATLAB 代码如下。

```
function o = F1(x)% F1
o=sum(x.^2);
end
```

绘制函数 F1 图像的 MATLAB 代码如下。

```
F_name='F1';
[lb,ub,dim,fobj]=Get_Functions_details30(F_name);
x=lb:(ub-lb)/200:ub;
y=x;
L=length(x);
f=zeros(201,201);
for i=1:L
    for j=1:L
            f(i,j)=fobj([x(i),y(j)]);
    end
end

%Draw search space
surfc(x,y,f,'LineStyle','none');
title(F_name);
xlabel('x_1');
ylabel('x_2');
zlabel('适应度值');
```

2. 函数 F2

函数 F2 的基本信息如表 14-3 所示。

表 14-3　函数 F2 的基本信息

名　　称	公　式	维　度	变量范围	全局最优值
F2	$F_2(x) = \sum_{i=1}^{n}\|x_i\| + \prod_{i=1}^{n}\|x_i\|$	30	$[-10, 10]$	0

使用二维图表绘制的函数 F2 的搜索曲面如图 14-2 所示。

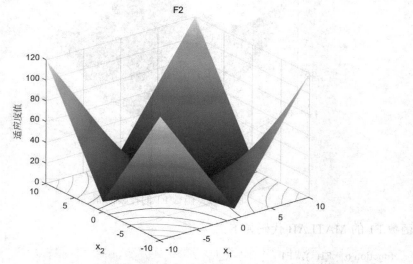

图 14-2　函数 F2 的搜索曲面

函数 F2 的 MATLAB 代码如下。

```
function o = F2(x)% F2
o=sum(abs(x))+prod(abs(x));
end
```

绘制函数 F2 图像的 MATLAB 代码如下。

```
F_name='F2';
[lb,ub,dim,fobj]=Get_Functions_details30(F_name);
x=lb:(ub-lb)/200:ub;
y=x;
L=length(x);
f=zeros(201,201);
for i=1:L
    for j=1:L
            f(i,j)=fobj([x(i),y(j)]);
    end
end

%Draw search space
surfc(x,y,f,'LineStyle','none');
title(F_name);
xlabel('x_1');
ylabel('x_2');
zlabel('适应度值');
```

3. 函数 F3

函数 F3 的基本信息如表 14-4 所示。

表 14-4 函数 F3 的基本信息

名 称	公 式	维 度	变量范围	全局最优值
F3	$F_3(x)=\sum_{i=1}^{i}\left(\sum_{j-1}^{i}x_j\right)^2$	30	$[-100,100]$	0

使用二维图表绘制的函数 F3 的搜索曲面如图 14-3 所示。

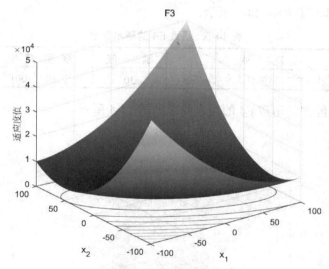

图 14-3 函数 F3 的搜索曲面

函数 F3 的 MATLAB 代码如下。

```
function o = F3(x)% F3
dim=size(x,2);
o=0;
for i=1:dim
    o=o+sum(x(1:i))^2;
end
end
```

绘制函数 F3 图像的 MATLAB 代码如下。

```
F_name='F3';
[lb,ub,dim,fobj]=Get_Functions_details30(F_name);
x=lb:(ub-lb)/200:ub;
y=x;
L=length(x);
f=zeros(201,201);
for i=1:L
    for j=1:L
        f(i,j)=fobj([x(i),y(j)]);
```

```
        end
    end

    %Draw search space
    surfc(x,y,f,'LineStyle','none');
    title(F_name);
    xlabel('x_1');
    ylabel('x_2');
    zlabel('适应度值');
```

4. 函数 F4

函数 F4 的基本信息如表 14-5 所示。

表 14-5　函数 F4 的基本信息

名　称	公　式	维　度	变量范围	全局最优值
F4	$F_4(x) = \max\{|x_i|, \ 1 \leqslant i \leqslant n\}$	30	$[-100, 100]$	0

使用二维图表绘制的函数 F4 的搜索曲面如图 14-4 所示。

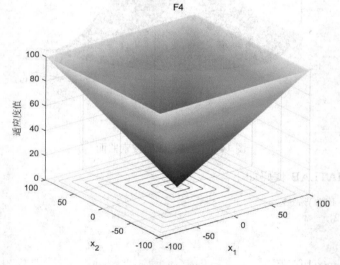

图 14-4　函数 F4 的搜索曲面

函数 F4 的 MATLAB 代码如下。

```
function o = F4(x)% F4
o=max(abs(x));
end
```

绘制函数 F4 图像的 MATLAB 代码如下。

```
F_name='F4';
[lb,ub,dim,fobj]=Get_Functions_details30(F_name);
x=lb:(ub-lb)/200:ub;
y=x;
L=length(x);
```

```
f=zeros(201,201);
for i=1:L
    for j=1:L
            f(i,j)=fobj([x(i),y(j)]);
    end
end

%Draw search space
surfc(x,y,f,'LineStyle','none');
title(F_name);
xlabel('x_1');
ylabel('x_2');
zlabel('适应度值');
```

5. 函数 F5

函数 F5 的基本信息如表 14-6 所示。

表 14-6 函数 F5 的基本信息

名　　称	公　　式	维　　度	变 量 范 围	全局最优值
F5	$F_5(x)=\sum_{i=1}^{n-1}\left[100\left(x_{i+1}-x_i^2\right)^2+\left(x_i-1\right)^2\right]$	30	[−30, 30]	0

使用二维图表绘制的函数 F5 的搜索曲面如图 14-5 所示。

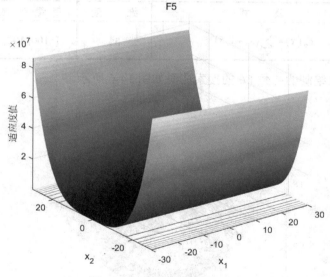

图 14-5 函数 F5 的搜索曲面

函数 F5 的 MATLAB 代码如下。

```
function o = F5(x)% F5
dim=size(x,2);
o=sum(100*(x(2:dim)-(x(1:dim-1).^2)).^2+(x(1:dim-1)-1).^2);
end
```

绘制函数 F5 图像的 MATLAB 代码如下。

```
F_name='F5';
[lb,ub,dim,fobj]=Get_Functions_details30(F_name);
x=lb:(ub-lb)/200:ub;
y=x;
L=length(x);
f=zeros(201,201);
for i=1:L
    for j=1:L
            f(i,j)=fobj([x(i),y(j)]);
    end
end

%Draw search space
surfc(x,y,f,'LineStyle','none');
title(F_name);
xlabel('x_1');
ylabel('x_2');
zlabel('适应度值');
```

6. 函数 F6

函数 F6 的基本信息如表 14-7 所示。

表 14-7　函数 F6 的基本信息

名　称	公　式	维　度	变量范围	全局最优值
F6	$F_6(x) = \sum_{i=1}^{n}(x_i + 0.5)^2$	30	[-100, 100]	0

使用二维图表绘制的函数 F6 的搜索曲面如图 14-6 所示。

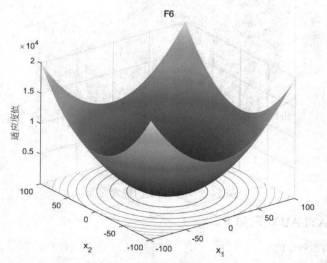

图 14-6　函数 F6 的搜索曲面

函数 F6 的 MATLAB 代码如下。

```
function o = F6(x)% F6
o=sum(abs((x+.5)).^2);
end
```

绘制函数 F6 图像的 MATLAB 代码如下。

```
F_name='F6';
[lb,ub,dim,fobj]=Get_Functions_details30(F_name);
x=lb:(ub-lb)/200:ub;
y=x;
L=length(x);
f=zeros(201,201);
for i=1:L
    for j=1:L
            f(i,j)=fobj([x(i),y(j)]);
    end
end

%Draw search space
surfc(x,y,f,'LineStyle','none');
title(F_name);
xlabel('x_1');
ylabel('x_2');
zlabel('适应度值');
```

7. 函数 F7

函数 F7 的基本信息如表 14-8 所示。

表 14-8　函数 F7 的基本信息

名　　称	公　　式	维　　度	变量范围	全局最优值
F7	$F_7(x) = \sum_{i=1}^{n-1} i x_i^4 + \text{random}[0,1)$	30	$[-1.28, 1.28]$	0

使用二维图表绘制的函数 F7 的搜索曲面如图 14-7 所示。

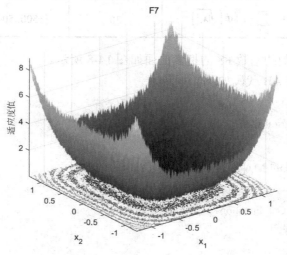

图 14-7　函数 F7 的搜索曲面

函数 F7 的 MATLAB 代码如下。

```
function o = F7(x)% F7
dim=size(x,2);
o=sum([1:dim].*(x.^4))+rand;
end
```

绘制函数 F7 图像的 MATLAB 代码如下。

```
F_name='F7';
[lb,ub,dim,fobj]=Get_Functions_details30(F_name);
x=lb:(ub-lb)/200:ub;
y=x;
L=length(x);
f=zeros(201,201);
for i=1:L
    for j=1:L
        f(i,j)=fobj([x(i),y(j)]);
    end
end

%Draw search space
surfc(x,y,f,'LineStyle','none');
title(F_name);
xlabel('x_1');
ylabel('x_2');
zlabel('适应度值');
```

8. 函数 F8

函数 F8 的基本信息如表 14-9 所示。

表 14-9 函数 F8 的基本信息

名　　称	公　　式	维　　度	变 量 范 围	全局最优值
F8	$F_8(x) = \sum\limits_{i=1}^{n} -x_i \sin\left(\sqrt{\|x_i\|}\right)$	30	[−500, 500]	−418.9829×维度

使用二维图表绘制的函数 F8 的搜索曲面如图 14-8 所示。

函数 F8 的 MATLAB 代码如下。

```
function o = F8(x)% F8
o=sum(-x.*sin(sqrt(abs(x))));
end
```

绘制函数 F8 图像的 MATLAB 代码如下。

```
F_name='F8';
[lb,ub,dim,fobj]=Get_Functions_details30(F_name);
x=lb:(ub-lb)/200:ub;
y=x;
L=length(x);
```

```
f=zeros(201,201);
for i=1:L
    for j=1:L
        f(i,j)=fobj([x(i),y(j)]);
    end
end

%Draw search space
surfc(x,y,f,'LineStyle','none');
title(F_name);
xlabel('x_1');
ylabel('x_2');
zlabel('适应度值');
```

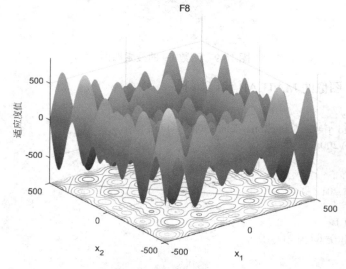

图 14-8　函数 F8 的搜索曲面

9. 函数 F9

函数 F9 的基本信息如表 14-10 所示。

表 14-10　函数 F9 的基本信息

名　称	公　式	维　度	变量范围	全局最优值
F9	$F_9(x) = \sum_{i=1}^{n} \left[x_i^2 - 10\cos(2\pi x_i) + 10 \right]$	30	$[-5.12, 5.12]$	0

使用二维图表绘制的函数 F9 的搜索曲面如图 14-9 所示。

函数 F9 的 MATLAB 代码如下。

```
function o = F9(x)% F9
dim=size(x,2);
o=sum(x.^2-10*cos(2*pi.*x))+10*dim;
end
```

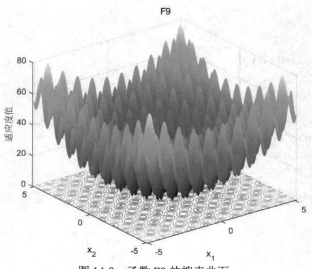

图 14-9　函数 F9 的搜索曲面

绘制函数 F9 图像的 MATLAB 代码如下。

```
F_name='F9';
[lb,ub,dim,fobj]=Get_Functions_details30(F_name);
x=lb:(ub-lb)/200:ub;
y=x;
L=length(x);
f=zeros(201,201);
for i=1:L
    for j=1:L
        f(i,j)=fobj([x(i),y(j)]);
    end
end

%Draw search space
surfc(x,y,f,'LineStyle','none');
title(F_name);
xlabel('x_1');
ylabel('x_2');
zlabel('适应度值');
```

10.　函数 F10

函数 F10 的基本信息如表 14-11 所示。

表 14-11　函数 F10 的基本信息

名　　称	公　　式	维　　度	变 量 范 围	全局最优值
F10	$F_{10}(x) = -20\exp\left(-0.2\sqrt{\dfrac{1}{n}\sum_{i=1}^{n}x_i^2}\right) - \exp\left(\dfrac{1}{n}\sum_{i=1}^{n}\cos(2\pi x_i)\right) + 20 + e$	30	$[-32, 32]$	0

使用二维图表绘制的函数 F10 的搜索曲面如图 14-10 所示。

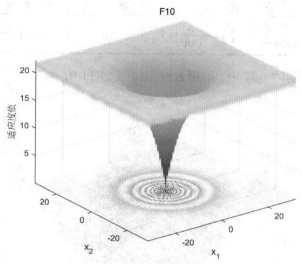

图 14-10 函数 F10 的搜索曲面

函数 F10 的 MATLAB 代码如下。

```
function o = F10(x)% F10
dim=size(x,2);
o=-20*exp(-.2*sqrt(sum(x.^2)/dim))-exp(sum(cos(2*pi.*x))/dim)+20+exp(1);
end
```

绘制函数 F10 图像的 MATLAB 代码如下。

```
F_name='F10';
[lb,ub,dim,fobj]=Get_Functions_details30(F_name);
x=lb:(ub-lb)/200:ub;
y=x;
L=length(x);
f=zeros(201,201);
for i=1:L
    for j=1:L
            f(i,j)=fobj([x(i),y(j)]);
    end
end

%Draw search space
surfc(x,y,f,'LineStyle','none');
title(F_name);
xlabel('x_1');
ylabel('x_2');
zlabel('适应度值');
```

11. 函数 F11

函数 F11 的基本信息如表 14-12 所示。

表 14-12　函数 F11 的基本信息

名 称	公 式	维 度	变量范围	全局最优值
F11	$F_{11}(x) = \dfrac{1}{4000}\sum_{i=1}^{n} x_i^2 - \prod_{i=1}^{n} \cos\left(\dfrac{x_i}{\sqrt{i}}\right) + 1$	30	$[-600, 600]$	0

使用二维图表绘制的函数 F11 的搜索曲面如图 14-11 所示。

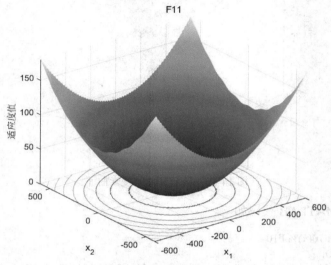

图 14-11　函数 F11 的搜索曲面

函数 F11 的 MATLAB 代码如下。

```
function o = F11(x)% F11
dim=size(x,2);
o=sum(x.^2)/4000-prod(cos(x./sqrt([1:dim])))+1;
end
```

绘制函数 F11 图像的 MATLAB 代码如下。

```
F_name='F11';
[lb,ub,dim,fobj]=Get_Functions_details30(F_name);
x=lb:(ub-lb)/200:ub;
y=x;
L=length(x);
f=zeros(201,201);
for i=1:L
        for j=1:L
                f(i,j)=fobj([x(i),y(j)]);
        end
end

%Draw search space
surfc(x,y,f,'LineStyle','none');
title(F_name);
xlabel('x_1');
```

```
ylabel('x_2');
zlabel('适应度值');
```

12. 函数 F12

函数 F12 的基本信息如表 14-13 所示。

表 14-13　函数 F12 的基本信息

名称	公　式	维度	变量范围	全局最优值
F12	$F_{12}(x) = \dfrac{\pi}{n}\left\{ 10\sin(\pi y_1) + \sum_{i=1}^{n-1}(y_i-1)^2\left[1+10\sin^2(\pi y_{i+1})\right] + (y_n-1)^2 \right\}$ $+ \sum_{i=1}^{n} u(x_i, 10, 100, 4)$	30	[−50,50]	0

使用二维图表绘制的函数 F12 的搜索曲面如图 14-12 所示。

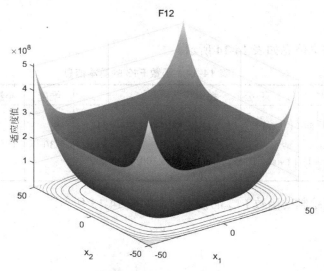

图 14-12　函数 F12 的搜索曲面

函数 F12 的 MATLAB 代码如下。

```
function o = F12(x)% F12
dim=size(x,2);
o=(pi/dim)*(10*((sin(pi*(1+(x(1)+1)/4)))^2)+sum((((x(1:dim-1)+1)./4).^2).*(1+10.*((sin(pi.*(1+(x(2:
dim)+1)./4)))).^2))+((x(dim)+1)/4)^2)+sum(Ufun(x,10,100,4));
end

function o=Ufun(x,a,k,m)
o=k.*((x-a).^m).*(x>a)+k.*((-x-a).^m).*(x<(-a));
end
```

绘制函数 F12 图像的 MATLAB 代码如下。

```
F_name='F12';
[lb,ub,dim,fobj]=Get_Functions_details30(F_name);
```

```
x=lb:(ub-lb)/200:ub;
y=x;
L=length(x);
f=zeros(201,201);
for i=1:L
    for j=1:L
        f(i,j)=fobj([x(i),y(j)]);
    end
end

%Draw search space
surfc(x,y,f,'LineStyle','none');
title(F_name);
xlabel('x_1');
ylabel('x_2');
zlabel('适应度值');
```

13. 函数 F13

函数 F13 的基本信息如表 14-14 所示。

表 14-14　函数 F13 的基本信息

名称	公　　式	维度	变量范围	全局最优值
F13	$F_{13}(x)=0.1\left\{\sin^2(3\pi x_1)+\sum_{i=1}^{n-1}(y_i-1)^2\left[1+10\sin^2(3\pi x_i+1)\right]+\right.$ $\left.(x_n-1)^2\left[1+\sin^2(2\pi x_n)\right]\right\}+\sum_{i=1}^{n}u(x_i,5,100,4)$	30	[−50, 50]	0

使用二维图表绘制的函数 F13 的搜索曲面如图 14-13 所示。

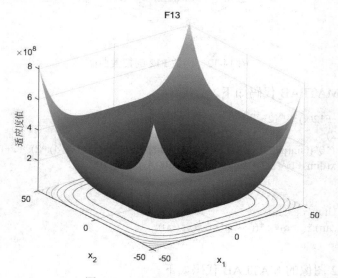

图 14-13　函数 F13 的搜索曲面

函数 F13 的 MATLAB 代码如下。

```
function o = F13(x)% F13
dim=size(x,2);
o=.1*((sin(3*pi*x(1)))^2+sum((x(1:dim-1)-1).^2.*(1+(sin(3.*pi.*x(2:dim))).^2))+((x(dim)-1)^2)*(1+
(sin(2*pi*x(dim)))^2))+sum(Ufun(x,5,100,4));
end


function o=Ufun(x,a,k,m)
o=k.*((x-a).^m).*(x>a)+k.*((-x-a).^m).*(x<(-a));
end
```

绘制函数 F13 图像的 MATLAB 代码如下。

```
F_name='F13';
[lb,ub,dim,fobj]=Get_Functions_details30(F_name);
x=lb:(ub-lb)/200:ub;
y=x;
L=length(x);
f=zeros(201,201);
for i=1:L
    for j=1:L
            f(i,j)=fobj([x(i),y(j)]);
    end
end

%Draw search space
surfc(x,y,f,'LineStyle','none');
title(F_name);
xlabel('x_1');
ylabel('x_2');
zlabel('适应度值');
```

14. 函数 F14

函数 F14 的基本信息如表 14-15 所示。

表 14-15 函数 F14 的基本信息

名　称	公　式	维　度	变量范围	全局最优值
F14	$F_{14}(x) = \left(\dfrac{1}{500} + \sum\limits_{j=1}^{25} \dfrac{1}{j + \sum\limits_{i=1}^{2}\left(x_i - a_{ij}\right)^6} \right)^{-1}$	2	$[-65, 65]$	1

使用二维图表绘制的函数 F14 的搜索曲面如图 14-14 所示。

函数 F14 的 MATLAB 代码如下。

```
function o = F14(x)% F14
aS=[-32 -16 0 16 32 -32 -16 0 16 32 -32 -16 0 16 32 -32 -16 0 16 32 -32 -16 0 16 32;-32 -32 -32 -32 -32
-16 -16 -16 -16 -16 0 0 0 0 0 16 16 16 16 16 32 32 32 32 32];
```

```
for j=1:25
    bS(j)=sum((x'-aS(:,j)).^6);
end
o=(1/500+sum(1./([1:25]+bS))).^(-1);
end
```

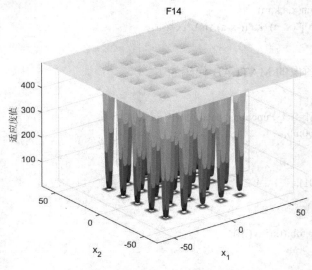

图 14-14　函数 F14 的搜索曲面

绘制函数 F14 图像的 MATLAB 代码如下。

```
F_name='F14';
[lb,ub,dim,fobj]=Get_Functions_details30(F_name);
x=lb:(ub-lb)/200:ub;
y=x;
L=length(x);
f=zeros(201,201);
for i=1:L
    for j=1:L
        f(i,j)=fobj([x(i),y(j)]);
    end
end
```

15. 函数 F15

函数 F15 的基本信息如表 14-16 所示。

表 14-16　函数 F15 的基本信息

名　称	公　式	维　度	变 量 范 围	全局最优值
F15	$F_{15}(x)=\sum_{i=1}^{11}\left[a_i-\dfrac{x_1\left(b_i^2+b_i x_2\right)}{b_i^2+b_i x_3+x_4}\right]^2$	4	[−5, 5]	0.00030

使用二维图表绘制的函数 F15 的搜索曲面如图 14-15 所示。

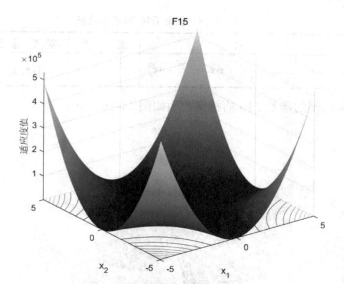

图 14-15 函数 F15 的搜索曲面

函数 F15 的 MATLAB 代码如下。

```
function o = F15(x)% F15
aK=[.1957 .1947 .1735 .16 .0844 .0627 .0456 .0342 .0323 .0235 .0246];
bK=[.25 .5 1 2 4 6 8 10 12 14 16];bK=1./bK;
o=sum((aK-((x(1).*(bK.^2+x(2).*bK))./(bK.^2+x(3).*bK+x(4)))).^2);
end
```

绘制函数 F15 图像的 MATLAB 代码如下。

```
F_name='F15';
[lb,ub,dim,fobj]=Get_Functions_details30(F_name);
x=lb:(ub-lb)/200:ub;
y=x;
L=length(x);
f=zeros(201,201);
for i=1:L
    for j=1:L
            f(i,j)=fobj([x(i),y(j),0,0]);
    end
end

%Draw search space
surfc(x,y,f,'LineStyle','none');
title(F_name);
xlabel('x_1');
ylabel('x_2');
zlabel('适应度值');
```

16. 函数 F16

函数 F16 的基本信息如表 14-17 所示。

表 14-17　函数 F16 的基本信息

名　称	公　式	维　度	变量范围	全局最优值
F16	$F_{16}(x) = 4x_1^2 - 2.1x_1^4 + \dfrac{1}{3}x_1^6 + x_1x_2 - 4x_2^2 + 4x_2^2$	2	[−5, 5]	−1.0316

使用二维图表绘制的函数 F16 的搜索曲面如图 14-16 所示。

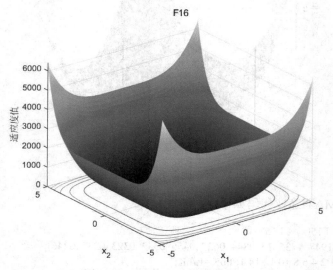

图 14-16　函数 F16 的搜索曲面

函数 F16 的 MATLAB 代码如下。

```
function o = F16(x)% F16
o=4*(x(1)^2)-2.1*(x(1)^4)+(x(1)^6)/3+x(1)*x(2)-4*(x(2)^2)+4*(x(2)^4);
end
```

绘制函数 F16 图像的 MATLAB 代码如下。

```
F_name='F16';
[lb,ub,dim,fobj]=Get_Functions_details30(F_name);
x=lb:(ub-lb)/200:ub;
y=x;
L=length(x);
f=zeros(201,201);
for i=1:L
    for j=1:L
            f(i,j)=fobj([x(i),y(j)]);
    end
end

%Draw search space
surfc(x,y,f,'LineStyle','none');
title(F_name);
xlabel('x_1');
ylabel('x_2');
zlabel('适应度值');
```

17. 函数 F17

函数 F17 的基本信息如表 14-18 所示。

表 14-18　函数 F17 的基本信息

名　称	公　式	维　度	变量范围	全局最优值
F17	$F_{17}(x) = \left(x_2 - \dfrac{5.1}{4\pi^2} x_1^2 + \dfrac{5}{\pi} x_1 - 6 \right)^2 + 10\left(1 - \dfrac{1}{8\pi}\right)\cos x_1 + 10$	2	$[-5, 5]$	0.398

使用二维图表绘制的函数 F17 的搜索曲面如图 14-17 所示。

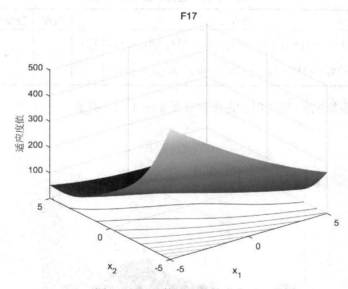

图 14-17　函数 F17 的搜索曲面

函数 F17 的 MATLAB 代码如下。

```
function o = F17(x)% F17
o=(x(2)-(x(1)^2)*5.1/(4*(pi^2))+5/pi*x(1)-6)^2+10*(1-1/(8*pi))*cos(x(1))+10;
end
```

绘制 F17 图像的 MATLAB 代码如下。

```
F_name='F17';
[lb,ub,dim,fobj]=Get_Functions_details30(F_name);
x=lb:(ub-lb)/200:ub;
y=x;
L=length(x);
f=zeros(201,201);
for i=1:L
    for j=1:L
        f(i,j)=fobj([x(i),y(j)]);
    end
```

```
end

%Draw search space
surfc(x,y,f,'LineStyle','none');
title(F_name);
xlabel('x_1');
ylabel('x_2');
zlabel('适应度值');
```

18. 函数 F18

函数 F18 的基本信息如表 14-19 所示。

表 14-19   函数 F18 的基本信息

名称	公式	维度	变量范围	全局最优值
F18	$F_{18}(x) = \left[1+(x_1+x_2+1)^2\left(19-14x_1+3x_1^2-14x_2+6x_1x_2+3x_2^2\right)\right] \times$ $\left[30+(2x_1-3x_2)^2 \times \left(18-32x_1+12x_1^2+48x_2-36x_1x_2+27x_2^2\right)\right]$	2	[-2, 2]	3

使用二维图表绘制的函数 F18 的搜索曲面如图 14-18 所示。

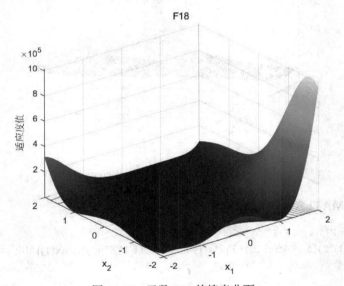

图 14-18   函数 F18 的搜索曲面

函数 F18 的 MATLAB 代码如下。

```
function o = F18(x)% F18
o=(1+(x(1)+x(2)+1)^2*(19-14*x(1)+3*(x(1)^2)-14*x(2)+6*x(1)*x(2)+3*x(2)^2))*(30+(2*x(1)-3*x(2))
^2*(18-32*x(1)+12*(x(1)^2)+48*x(2)-36*x(1)*x(2)+27*(x(2)^2)));
end
```

绘制函数 F18 图像的 MATLAB 代码如下。

```
F_name='F18';
[lb,ub,dim,fobj]=Get_Functions_details30(F_name);
```

```
x=lb:(ub-lb)/200:ub;
y=x;
L=length(x);
f=zeros(201,201);
for i=1:L
    for j=1:L
        f(i,j)=fobj([x(i),y(j)]);
    end
end

%Draw search space
surfc(x,y,f,'LineStyle','none');
title(F_name);
xlabel('x_1');
ylabel('x_2');
zlabel('适应度值');
```

19. 函数 F19

函数 F19 的基本信息如表 14-20 所示。

表 14-20　函数 F19 的基本信息

名　　称	公　　式	维　　度	变 量 范 围	全局最优值
F19	$F_{19}(x) = -\sum_{i=1}^{4} c_i \exp\left(-\sum_{j=1}^{3} a_{ij}\left(x_j - p_{ij}\right)^2\right)$	3	[−1, 2]	−3.86

使用二维图表绘制的函数 F19 的搜索曲面如图 14-19 所示。

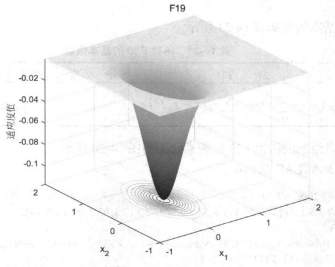

图 14-19　函数 F19 的搜索曲面

函数 F19 的 MATLAB 代码如下。

```
function o = F19(x)% F19
aH=[3 10 30;.1 10 35;3 10 30;.1 10 35];cH=[1 1.2 3 3.2];
```

```
pH=[.3689 .117 .2673;.4699 .4387 .747;.1091 .8732 .5547;.03815 .5743 .8828];
o=0;
for i=1:4
    o=o-cH(i)*exp(-(sum(aH(i,:).*((x-pH(i,:)).^2))));
end
end
```

绘制函数 F19 图像的 MATLAB 代码如下。

```
F_name='F19';
[lb,ub,dim,fobj]=Get_Functions_details30(F_name);
x=lb:(ub-lb)/200:ub;
y=x;
L=length(x);
f=zeros(201,201);
for i=1:L
    for j=1:L
        f(i,j)=fobj([x(i),y(j),0]);
    end
end

%Draw search space
surfc(x,y,f,'LineStyle','none');
title(F_name);
xlabel('x_1');
ylabel('x_2');
zlabel('适应度值');
```

20. 函数 F20

函数 F20 的基本信息如表 14-21 所示。

表 14-21　函数 F20 的基本信息

名　称	公　式	维　度	变量范围	全局最优值
F20	$F_{20}(x) = -\sum_{i=1}^{4} c_i \exp\left(-\sum_{j=1}^{6} a_{ij}(x_j - p_{ij})^2\right)$	6	[0, 1]	−3.32

使用二维图表绘制的函数 F20 的搜索曲面如图 14-20 所示。

函数 F20 的 MATLAB 代码如下。

```
function o = F20(x)% F20
aH=[10 3 17 3.5 1.7 8;.05 10 17 .1 8 14;3 3.5 1.7 10 17 8;17 8 .05 10 .1 14];
cH=[1 1.2 3 3.2];
pH=[.1312 .1696 .5569 .0124 .8283 .5886;.2329 .4135 .8307 .3736 .1004 .9991;.2348 .1415 .3522 .2883
.3047 .6650;.4047 .8828 .8732 .5743 .1091 .0381];
o=0;
for i=1:4
    o=o-cH(i)*exp(-(sum(aH(i,:).*((x-pH(i,:)).^2))));
end
end
```

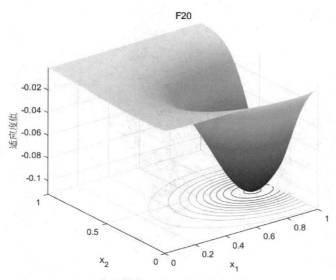

图 14-20　函数 F20 的搜索曲面

绘制函数 F20 图像的 MATLAB 代码如下。

```
F_name='F20';
[lb,ub,dim,fobj]=Get_Functions_details30(F_name);
x=lb:(ub-lb)/200:ub;
y=x;
L=length(x);
f=zeros(201,201);
for i=1:L
    for j=1:L
        f(i,j)=fobj([x(i),y(j),0,0,0,0]);
    end
end

%Draw search space
surfc(x,y,f,'LineStyle','none');
title(F_name);
xlabel('x_1');
ylabel('x_2');
zlabel('适应度值');
```

21．函数 F21

函数 F21 的基本信息如表 14-22 所示。

表 14-22　函数 F21 的基本信息

名　称	公　式	维　度	变量范围	全局最优值
F21	$F_{21}(x) = -\sum_{i=1}^{5} \left[(\boldsymbol{X} - a_i)(\boldsymbol{X} - a_i)^{\mathrm{T}} + c_i \right]^{-1}$	4	[0, 10]	−10.1532

使用二维图表绘制的函数 F21 的搜索曲面如图 14-21 所示。

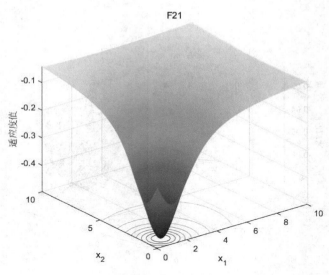

图 14-21　函数 F21 的搜索曲面

函数 F21 的 MATLAB 代码如下。

```
function o = F21(x)% F21
aSH=[4 4 4 4;1 1 1 1;8 8 8 8;6 6 6 6;3 7 3 7;2 9 2 9;5 5 3 3;8 1 8 1;6 2 6 2;7 3.6 7 3.6];
cSH=[.1 .2 .2 .4 .4 .6 .3 .7 .5 .5];

o=0;
for i=1:5
    o=o-((x-aSH(i,:))*(x-aSH(i,:))'+cSH(i))^(-1);
end
end
```

绘制函数 F21 图像的 MATLAB 代码如下。

```
F_name='F21';
[lb,ub,dim,fobj]=Get_Functions_details30(F_name);
x=lb:(ub-lb)/200:ub;
y=x;
L=length(x);
f=zeros(201,201);
for i=1:L
    for j=1:L
        f(i,j)=fobj([x(i),y(j),0,0]);
    end
end

%Draw search space
surfc(x,y,f,'LineStyle','none');
title(F_name);
xlabel('x_1');
ylabel('x_2');
zlabel('适应度值');
```

22. 函数 F22

函数 F22 的基本信息如表 14-23 所示。

表 14-23 函数 F22 的基本信息

名　　称	公　　式	维　　度	变 量 范 围	全局最优值
F22	$F_{22}(x) = -\sum_{i=1}^{7} \left[(X - a_i)(X - a_i)^{\mathrm{T}} + c_i \right]^{-1}$	4	[0, 10]	−10.4028

使用二维图表绘制的函数 F22 的搜索曲面如图 14-22 所示。

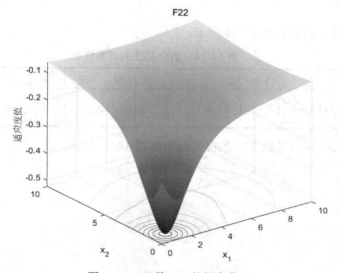

图 14-22　函数 F22 的搜索曲面

函数 F22 的 MATLAB 代码如下。

```
function o = F22(x)% F22
aSH=[4 4 4 4;1 1 1 1;8 8 8 8;6 6 6 6;3 7 3 7;2 9 2 9;5 5 3 3;8 1 8 1;6 2 6 2;7 3.6 7 3.6];
cSH=[.1 .2 .2 .4 .4 .6 .3 .7 .5 .5];

o=0;
for i=1:7
    o=o-((x-aSH(i,:))*(x-aSH(i,:))'+cSH(i))^(-1);
end
end
```

绘制函数 F22 图像的 MATLAB 代码如下。

```
F_name='F22';
[lb,ub,dim,fobj]=Get_Functions_details30(F_name);
x=lb:(ub-lb)/200:ub;
y=x;
L=length(x);
f=zeros(201,201);
for i=1:L
    for j=1:L
```

```
        f(i,j)=fobj([x(i),y(j),0,0]);
    end
end

%Draw search space
surfc(x,y,f,'LineStyle','none');
title(F_name);
xlabel('x_1');
ylabel('x_2');
zlabel('适应度值');
```

23. 函数 F23

函数 F23 的基本信息如表 14-24 所示。

表 14-24　函数 F23 的基本信息

名　　称	公　　式	维　度	变量范围	全局最优值
F23	$F_{23}(x) = -\sum_{i=1}^{10}\left[\left(\boldsymbol{X}-a_i\right)\left(\boldsymbol{X}-a_i\right)^{\mathrm{T}}+c_i\right]^{-1}$	4	[0, 10]	−10.5363

使用二维图表绘制的函数 F23 的搜索曲面如图 14-23 所示。

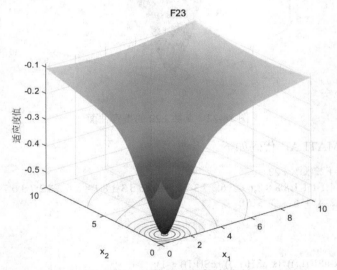

图 14-23　函数 F23 的搜索曲面

函数 F23 的 MATLAB 代码如下。

```
function o = F23(x)% F23
aSH=[4 4 4 4;1 1 1 1;8 8 8 8;6 6 6 6;3 7 3 7;2 9 2 9;5 5 3 3;8 1 8 1;6 2 6 2;7 3.6 7 3.6];
cSH=[.1 .2 .2 .4 .4 .6 .3 .7 .5 .5];

o=0;
for i=1:10
    o=o-((x-aSH(i,:))*(x-aSH(i,:))'+cSH(i))^(-1);
end
end
```

绘制函数 F23 图像的 MATLAB 代码如下。

```
F_name='F23';
[lb,ub,dim,fobj]=Get_Functions_details30(F_name);
x=lb:(ub-lb)/200:ub;
y=x;
L=length(x);
f=zeros(201,201);
for i=1:L
    for j=1:L
        f(i,j)=fobj([x(i),y(j),0,0]);
    end
end

%Draw search space
surfc(x,y,f,'LineStyle','none');
title(F_name);
xlabel('x_1');
ylabel('x_2');
zlabel('适应度值');
```

14.1.2　23 个标准测试函数的收敛曲线

以鲫鱼优化算法为例,其在 23 个标准测试函数中求解得到的收敛曲线如图 14-24 所示。

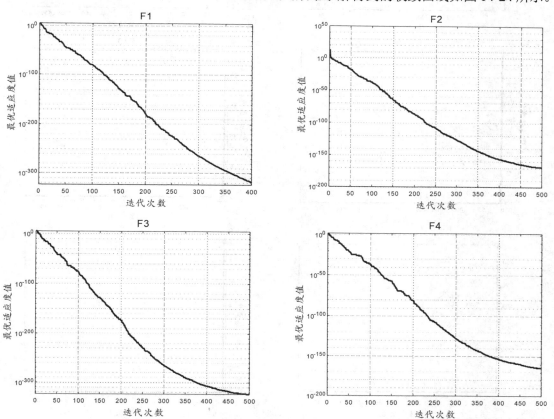

图 14-24　鲫鱼优化算法在 23 个标准测试函数中求解得到的收敛曲线

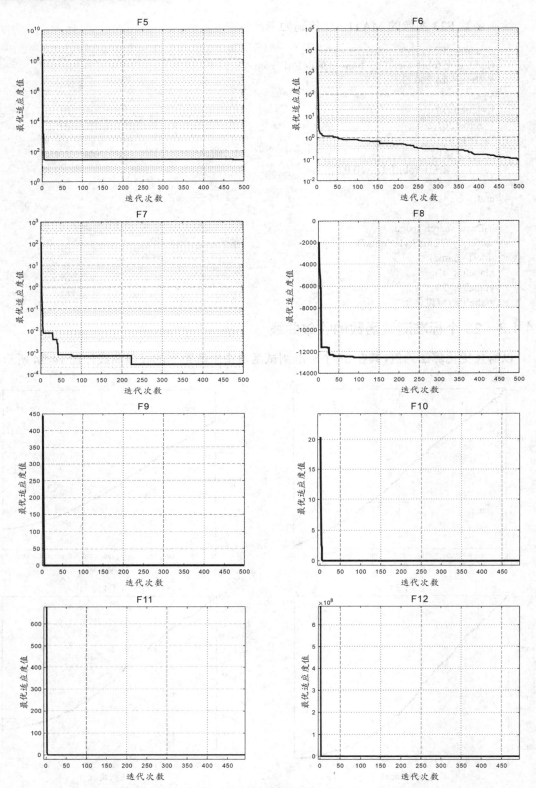

图 14-24　鲫鱼优化算法在 23 个标准测试函数中求解得到的收敛曲线（续）

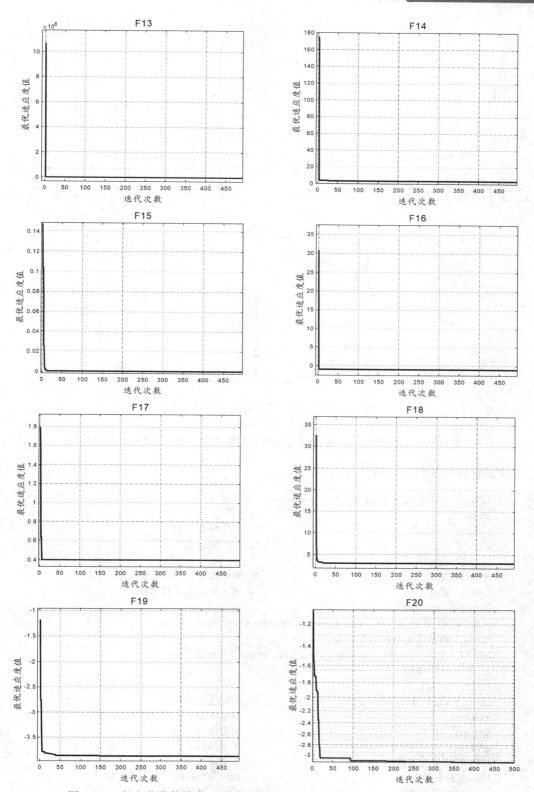

图 14-24 鲫鱼优化算法在 23 个标准测试函数中求解得到的收敛曲线（续）

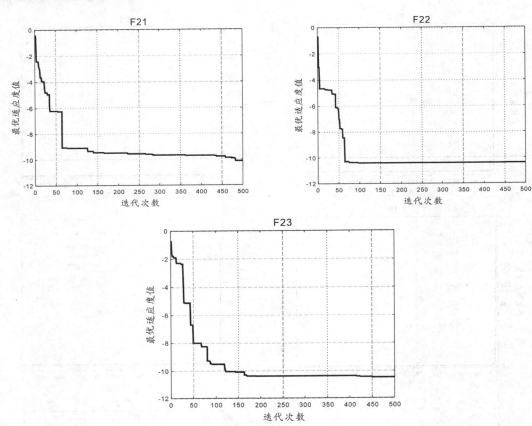

图 14-24 鲫鱼优化算法在 23 个标准测试函数中求解得到的收敛曲线（续）

绘制收敛曲线的主函数代码如下。

```
%%--------------主函数-main.m------------------%%
clc;                                        % 清屏
clear all;                                  % 清除所有变量
close all;                                  % 关闭所有窗口
% 参数设置
nPop = 30;                                  % 鲫鱼数量
maxIt = 500;                                % 算法的最大迭代次数
Function_name='F1';
[LoB, UpB, Dim, F_Obj]=Get_Functions_details30(Function_name);
% 利用鲫鱼优化算法求解问题
[Best,CNVG] = ROA(nPop, Dim, UpB, LoB, maxIt, F_Obj);
% 绘制迭代曲线
figure
plot(CNVG,'r-','linewidth',2);              % 绘制收敛曲线
axis tight;                                 % 坐标轴显示范围为紧凑型
box on;                                     % 加边框
grid on;                                    % 添加网格
title('鲫鱼优化算法收敛曲线')                % 添加标题
xlabel('迭代次数')                          % 添加 x 轴标注
ylabel('适应度值')                          % 添加 y 轴标注
```

14.2　CEC 2014 测试集

CEC 2014 测试集的基本信息如表 14-25 所示，其中，F1～F3 是单峰函数，F4～F16 是简单的多峰函数，F17～F22 是混合函数，F23～F30 是复合函数。

表 14-25　CEC 2014 测试集的基本信息

类型	序号	函数名称	维度	变量范围	全局最优值
单峰函数	F1	Rotated High Conditioned Elliptic Function	2	[−100,100]	100
	F2	Rotated Bent Cigar Function	2	[−100,100]	200
	F3	Rotated Discus Function	2	[−100,100]	300
简单的多峰函数	F4	Shifted and Rotated Rosenbrock's Function	2	[−100,100]	400
	F5	Shifted and Rotated Ackley's Function	2	[−100,100]	500
	F6	Shifted and Rotated Weierstrass Function	2	[−100,100]	600
	F7	Shifted and Rotated Griewank's Function	2	[−100,100]	700
	F8	Shifted Rastrigin's Function	2	[−100,100]	800
	F9	Shifted and Rotated Rastrigin's Function	2	[−100,100]	900
	F10	Shifted Schwefel's Function	2	[−100,100]	1000
	F11	Shifted and Rotated Schwefel's Function	2	[−100,100]	1100
	F12	Shifted and Rotated Katsuura Function	2	[−100,100]	1200
	F13	Shifted and Rotated HappyCat Function	2	[−100,100]	1300
	F14	Shifted and Rotated HGBat Function	2	[−100,100]	1400
	F15	Shifted and Rotated Expanded Griewank's plus Rosenbrock's Function	2	[−100,100]	1500
	F16	Shifted and Rotated Expanded Scaffer's F6 Function	2	[−100,100]	1600
混合函数	F17	Hybrid Function of Modified Schwefel, Rastrigin and High Conditioned Elliptic	10	[−100,100]	1700
	F18	Hybrid Function of Bent Cigar and HGBat, Rastrigin	10	[−100,100]	1800
	F19	Hybrid Function of Griewank, Weierstrass, Rosenbrock and Scaffer's F6	10	[−100,100]	1900
	F20	Hybrid Function of HGBat and Discus and Expanded Griewank's plus Rosenbrock, Rastrigin	10	[−100,100]	2000
	F21	Hybrid Function of Scaffer's F6 and HGBat and Rosenbrock and Modified, High Conditioned Elliptic	10	[−100,100]	2100
	F22	Hybrid Function of Katsuura and HappyCat and Expanded Griewank's plus Rosenbrock and Modified Schwefel, Ackley	10	[−100,100]	2200

续表

类型	序号	函数名称	维度	变量范围	全局最优值
复合函数	F23	Composition Function of Rotated Rosenbrock and High Conditioned Elliptic and Rotated Bent Cigar and Rotated Discus, High Conditioned Elliptic	10	$[-100,100]$	2300
	F24	Composition Function of Schwefel and Rotated Rastrigin, Rotated HGBat	10	$[-100,100]$	2400
	F25	Composition Function of Rotated Schwefel and Rotated Rastrigin, Rotated High Conditioned Elliptic	10	$[-100,100]$	2500
	F26	Composition Function of Rotated Scwefek and Rotated HappyCat and Rotated High Conditioned Elliptic and Rotated Weierstrass, Rotated Griewank	10	$[-100,100]$	2600
	F27	Composition Function of Rotated HGBat and Rotated Rastrigin and Rotated Schwefel and Rotated Weierstrass, Rotated High Conditioned Elliptic	10	$[-100,100]$	2700
	F28	Composition Function of Rotated Expanded Griewank's plus Rosenbrock and Rotated HappyCat and Rotated Schwefel and Rotated Expanded Scaffer's F6, Rotated High Conditioned Elliptic	10	$[-100,100]$	2800
	F29	Composition Function of 17, F18 and F19	10	$[-100,100]$	2900
	F30	Composition Function of 20, F21 and F22	10	$[-100,100]$	3000

CEC 2014 测试集的主函数及功能函数的 MATLAB 代码如下。

```matlab
function [lb,ub,dim,fobj] = CEC2014(F)
lb=-100;
ub=100;
dim=10;
switch F
    case 'F1'
        fobj = @(x)cec_func(x,1);
    case 'F2'
        fobj = @(x)cec_func(x,2);
    case 'F3'
        fobj = @(x)cec_func(x,3);
    case 'F4'
        fobj = @(x)cec_func(x,4);
    case 'F5'
        fobj = @(x)cec_func(x,5);
    case 'F6'
        fobj = @(x)cec_func(x,6);
    case 'F7'
        fobj = @(x)cec_func(x,7);
    case 'F8'
        fobj = @(x)cec_func(x,8);
    case 'F9'
```

```
            fobj = @(x)cec_func(x,9);
        case 'F10'
            fobj = @(x)cec_func(x,10);
        case 'F11'
            fobj = @(x)cec_func(x,11);
        case 'F12'
            fobj = @(x)cec_func(x,12);
        case 'F13'
            fobj = @(x)cec_func(x,13);
        case 'F14'
            fobj = @(x)cec_func(x,14);
        case 'F15'
            fobj = @(x)cec_func(x,15);
        case 'F16'
            fobj = @(x)cec_func(x,16);
        case 'F17'
            fobj = @(x)cec_func(x,17);
        case 'F18'
            fobj = @(x)cec_func(x,18);
        case 'F19'
            fobj = @(x)cec_func(x,19);
        case 'F20'
            fobj = @(x)cec_func(x,20);
        case 'F21'
            fobj = @(x)cec_func(x,21);
        case 'F22'
            fobj = @(x)cec_func(x,22);
        case 'F23'
            fobj = @(x)cec_func(x,23);
        case 'F24'
            fobj = @(x)cec_func(x,24);
        case 'F25'
            fobj = @(x)cec_func(x,25);
        case 'F26'
            fobj = @(x)cec_func(x,26);
        case 'F27'
            fobj = @(x)cec_func(x,27);
        case 'F28'
            fobj = @(x)cec_func(x,28);
        case 'F29'
            fobj = @(x)cec_func(x,29);
        case 'F30'
            fobj = @(x)cec_func(x,30);
end

global INF
INF = 10^99;
global EPS
EPS = 10^(-14);
global E
```

```matlab
    E = 2.71828182845904523536028747135266625;
    global PI
    PI = 3.14159265358979323846264338327950029;

end

function o = cec_func(x,fid)
o=0;
dim=size(x,2);
S=readS(fid);

if dim==2 || dim==10 || dim==20||dim==30 || dim==50||dim==100
    M=readM(fid,dim);
else
    fprintf('维度错误\n');
    return
end

if (fid>16&&fid<23) || fid>27
    if dim==10 || dim==20||dim==30 || dim==50||dim==100
        SS=readSS(fid,dim);
    else
        fprintf('维度错误\n');
        return
    end
end

switch fid
    case 1
        o=f1(x,S',M',1,1);
    case 2
        o=f2(x,S',M',1,1);
    case 3
        o=f3(x,S',M',1,1);
    case 4
        o=f4(x,S',M',1,1);
    case 5
        o=f5(x,S',M',1,1);
    case 6
        o=f6(x,S',M',1,1);
    case 7
        o=f7(x,S',M',1,1);
    case 8
        o=f8(x,S',M',1,0);
    case 9
        o=f8(x,S',M',1,1);
    case 10
        o=f9(x,S',M',1,0);
    case 11
        o=f9(x,S',M',1,1);
```

```
    case 12
        o=f10(x,S',M',1,1);
    case 13
        o=f11(x,S',M',1,1);
    case 14
        o=f12(x,S',M',1,1);
    case 15
        o=f13(x,S',M',1,1);
    case 16
        o=f14(x,S',M',1,1);
    case 17
        o=hf01(x,S',M',SS',1,1);
    case 18
        o=hf02(x,S',M',SS',1,1);
    case 19
        o=hf03(x,S',M',SS',1,1);
    case 20
        o=hf04(x,S',M',SS',1,1);
    case 21
        o=hf05(x,S',M',SS',1,1);
    case 22
        o=hf06(x,S',M',SS',1,1);
    case 23
        o=cf01(x,S',M',1);
    case 24
        o=cf02(x,S',M',1);
    case 25
        o=cf03(x,S',M',1);
    case 26
        o=cf04(x,S',M',1);
    case 27
        o=cf05(x,S',M',1);
    case 28
        o=cf06(x,S',M',1);
    case 29
        o=cf07(x,S',M',SS',1);
    case 30
        o=cf08(x,S',M',SS',1);
end
o=o+fid*100;
end

function M=readM(fid,dim)

filename=strcat('input_data\M_',num2str(fid),'_D',num2str(dim),'.txt');
fpt = fopen(filename,"r");

if fpt==-1
    sprintf("\n Error: Cannot open input file for reading \n");
```

```matlab
else
    M=fscanf(fpt,"%f");
    fclose(fpt);
end
end

function S=readS(fid)

filename=strcat('input_data\shift_data_',num2str(fid),'.txt');
fpt = fopen(filename,"r");

if fpt==-1
    sprintf("\n Error: Cannot open input file for reading \n");
else
    S=fscanf(fpt,"%f");
    fclose(fpt);
end
end

function SS=readSS(fid,dim)

filename=strcat('input_data\shuffle_data_',num2str(fid),'_D',num2str(dim),'.txt');
fpt = fopen(filename,"r");

if fpt==-1
    sprintf("\n Error: Cannot open input file for reading \n");
else
    SS=fscanf(fpt,"%f");
    fclose(fpt);
end
end

function x=sr_func(x,S,M,sh_rate,s_flag,r_flag)

if s_flag==1
    if r_flag==1
        x=rotatefunc(shiftfunc(x,S,sh_rate),M);
    else
        x=shiftfunc(x,S,sh_rate);
    end
else
    if r_flag==1
        x=rotatefunc(x,M);
    else
        x=x*sh_rate;
    end
end
end
```

```
function x=shiftfunc(x,S,sh_rate)
x=sh_rate*(x-S);
end

function y=rotatefunc(x,M)
dim=size(x,2);
y=zeros(1,dim);
for i=1:dim
    for j=1:dim
        y(i)=y(i)+x(j)*M((i-1)*dim+j);
    end
end
end
```

14.2.1　CEC 2014 测试集的一些定义

CEC 2014 测试集的函数是通过对 14 个基本函数进行不同的旋转、偏移、缩放、混合以及复合操作构建的。其中，单峰函数 F1～F3 仅进行了旋转和缩放操作；多峰函数 F4～F16 分别进行了不同的偏移、旋转以及缩放操作；混合函数进行了混合操作，即选择不同的或进行不同操作的子组件作为函数的几个维度；复合函数进行了复合操作，即选择不同的或进行不同操作的函数组成函数的单个维度并在所有维度中保证所选函数相同。

1. 基本函数

1）High Conditioned Elliptic Function

$$f_1(x) = \sum_{i=1}^{D} (10^6)^{\frac{i-1}{D-1}} x_i^2 \tag{14-1}$$

2）Bent Cigar Function

$$f_2(x) = x_1^2 + 10^6 \sum_{i=1}^{D} x_i^2 \tag{14-2}$$

3）Discus Function

$$f_3(x) = 10^6 x_1^2 + \sum_{i=2}^{D} x_i^2 \tag{14-3}$$

4）Rosenbrock's Function

$$f_4(x) = \sum_{i=1}^{D-1} \left[100(x_i^2 - x_{i+1})^2 + (x_i - 1)^2 \right] \tag{14-4}$$

5）Ackley's Function

$$f_5(x) = -20\exp\left(-0.2\sqrt{\frac{1}{D}\sum_{i=1}^{D} x_i^2}\right) - \exp\left(\frac{1}{D}\sum_{i=1}^{D} \cos(2\pi x_i)\right) + 20 + e \tag{14-5}$$

6）Weierstrass Function

$$f_6(x) = \sum_{i=1}^{D} \left\{ \sum_{k=0}^{k_{max}} \left[a^k \cos\left(2\pi b^k (x_i + 0.5)\right) \right] \right\} - D \sum_{k=0}^{k_{max}} \left[a^k \cos\left(2\pi b^k \cdot 0.5\right) \right] \tag{14-6}$$

a=0.5，b=3，k_{max}=20

7）Griewank's Function

$$f_7(x) = \sum_{i=1}^{D} \frac{x_i^2}{4000} - \prod_{i=1}^{D} \cos\left(\frac{x_i}{\sqrt{i}}\right) + 1 \qquad （14\text{-}7）$$

8）Rastrigin's Function

$$f_8(x) = \sum_{i=1}^{D} \left[x_i^2 - 10\cos(2\pi x_i) + 10 \right] \qquad （14\text{-}8）$$

9）Modified Schwefel's Function

$$f_9(x) = 418.9829 \times D - \sum_{i=1}^{D} g(z_i), \ z_i = x_i + 4.20968742275036E+2$$

$$g(z_i) = \begin{cases} z_i \sin\left(|z_i|^{1/2}\right) & , |z_i| \leqslant 500 \\ \left[500 - \mathrm{mod}(z_i, 500)\right] \sin\left[\sqrt{|500 - \mathrm{mod}(z_i, 500)|}\right] - \dfrac{(z_i - 500)^2}{10000D} & , z_i > 500 \\ \left[\mathrm{mod}(|z_i|, 500) - 500\right] \sin\left[\sqrt{|\mathrm{mod}(|z_i|, 500) - 500|}\right] - \dfrac{(z_i + 500)^2}{10000D} & , z_i < -500 \end{cases} \qquad （14\text{-}9）$$

10）Katsuura Function

$$f_{10}(x) = \frac{10}{D^2} \prod_{i=1}^{D} \left[1 + i\sum_{i=1}^{32} \frac{|2^j x_i - \mathrm{round}(2^j x_i)|}{2^j} \right]^{\frac{10}{D^{12}}} - \frac{10}{D^2} \qquad （14\text{-}10）$$

11）HappyCat Function

$$f_{11}(x) = \left| \sum_{i=1}^{D} x_i^2 - D \right|^{1/4} + \frac{0.5\sum_{i=1}^{D} x_i^2 + \sum_{i=1}^{D} x_i}{D} + 0.5 \qquad （14\text{-}11）$$

12）HGBat Function

$$f_{12}(x) = \left| \left(\sum_{i=1}^{D} x_i^2\right)^2 - \left(\sum_{i=1}^{D} x_i\right)^2 \right|^{1/2} + \frac{0.5\sum_{i=1}^{D} x_i^2 + \sum_{i=1}^{D} x_i}{D} + 0.5 \qquad （14\text{-}12）$$

13）Expanded Griewank's plus Rosenbrock's Function

$$f_1(x_3) = f_7(f_4(x_1, x_2)) + f_7(f_4(x_2, x_3)) + \cdots + f_7(f_4(x_{D-1}, x_D)) + f_7(f_4(x_D, x_1)) \qquad （14\text{-}13）$$

14）Expanded Scaffer's F6 Function

$$g(x, y) = 0.5 + \frac{\sin^2\left(\sqrt{x^2 + y^2}\right) - 0.5}{[1 + 0.001(x^2 + y^2)]^2} \qquad （14\text{-}14）$$

$$f_{14}(x) = g(x_1, x_2) + g(x_2, x_3) + \cdots + g(x_{D-1}, x_D) + g(x_D, x_1)$$

基本函数的 MATLAB 代码如下。

```
function o = f1(x,S,M,s_flag,r_flag)%High Conditioned Elliptic Function
dim=size(x,2);
x=sr_func(x,S(1:dim),M,1.0,s_flag,r_flag);
o=0;
for i=1:dim
    o=o+(10^(6*(i-1)/(dim-1)))*(x(i)^2);
```

```matlab
end
end

function o = f2(x,S,M,s_flag,r_flag)%Bent Cigar Function
dim=size(x,2);
x=sr_func(x,S(1:dim),M,1.0,s_flag,r_flag);
o=x(1)^2;
for i=2:dim
    o=o+(10^6)*(x(i)^2);
end
end

function o = f3(x,S,M,s_flag,r_flag)%Discus Function
dim=size(x,2);
x=sr_func(x,S(1:dim),M,1.0,s_flag,r_flag);
o=(10^6)*(x(1)^2);
for i=2:dim
    o=o+x(i)^2;
end
end

function o = f4(x,S,M,s_flag,r_flag)%Rosenbrock's Function
dim=size(x,2);
x=sr_func(x,S(1:dim),M,2.048/100,s_flag,r_flag);
x=x+1;
o=0;
for i=1:dim-1
    o=o+100*(((x(i)^2)-x(i+1))^2)+(x(i)-1)^2;
end
end

function o = f4_simple(x1,x2)%Simple Rosenbrock's Function
o=100*(x1*x1-x2)*(x1*x1-x2)+(x1-1)*(x1-1);
end

function o = f5(x,S,M,s_flag,r_flag)%Ackley's Function
global E
global PI
dim=size(x,2);
x=sr_func(x,S(1:dim),M,1.0,s_flag,r_flag);
value1=0;
value2=0;
for i=1:dim
    value1=value1+x(i)^2;
    value2=value2+cos(2*PI*x(i));
end
o=-20*(E^(-0.2*((1/dim*value1)^0.5)))-exp(1/dim*value2)+20+E;
end

function o = f6(x,S,M,s_flag,r_flag)%Weierstrass Function
global PI
```

```
dim=size(x,2);
x=sr_func(x,S(1:dim),M,0.5/100,s_flag,r_flag);
o=0;
a=0.5;
b=3;
kmax=20;

for i=1:dim
    value1=0;
    for j=0:kmax
        value1=value1+(a^j)*cos(2*PI*(b^j)*(x(i)+0.5));
    end
    o=o+value1;
end
value2=0;
for j=0:kmax
    value2=value2+a^j*cos(2*PI*b^j*0.5);
end
o=o-dim*value2;
end

function o = f7(x,S,M,s_flag,r_flag)%Griewank's Function
dim=size(x,2);
x=sr_func(x,S(1:dim),M,600/100,s_flag,r_flag);
value1=0;
value2=1;
for i=1:dim
    value1=value1+x(i)*x(i)/4000;
    value2=value2*cos(x(i)/(i^0.5));
end
o=value1-value2+1;
end

function o = f7_simple(x)%Simple Griewank's Function
o=x*x/4000-cos(x)+1;
end

function o = f8(x,S,M,s_flag,r_flag)%Rastrigin's Function
global PI
dim=size(x,2);
x=sr_func(x,S(1:dim),M,5.12/100,s_flag,r_flag);
o=0;
for i=1:dim
    o=o+(x(i)^2-10*cos(2*PI*x(i))+10);
end
end

function o = f9(x,S,M,s_flag,r_flag)%Modified Schwefel's Function
dim=size(x,2);
x=sr_func(x,S(1:dim),M,1000/100,s_flag,r_flag);
a=4.189828872724338e+002;
```

```
        b=4.209687462275036e+002;
        value=0;
        for i=1:dim
            z=x(i)+b;
            if z<-500
                value=value+(mod(abs(z),500)-500)*sin(abs(mod(abs(z),500)-500)^0.5)-
((z+500)^2)/(10000*dim);
            elseif z>500
                value=value+(500-mod(z,500))*sin(abs(500-mod(z,500))^0.5)-((z-500)^2)/(10000*dim);
            else
                value=value+z*sin(abs(z)^0.5);
            end

        end
        o=a*dim-value;
    end


    function o = f10(x,S,M,s_flag,r_flag)%Katsuura Function
    dim=size(x,2);
    x=sr_func(x,S(1:dim),M,5/100,s_flag,r_flag);
    value1=10/(dim^2);
    value2=1;
    for i=1:dim
        value3=0;
        for j=1:32
            value3=value3+abs(2^j*x(i)-round(2^j*x(i)))/2^j;
        end
        value2=value2*((1+i*value3)^(10/(dim^1.2)));
    end
    o=value1*value2-value1;
    end


    function o = f11(x,S,M,s_flag,r_flag)%HappyCat Function
    dim=size(x,2);
    x=sr_func(x,S(1:dim),M,5/100,s_flag,r_flag);
    x=x-1;
    value1=0;
    value2=0;
    for i=1:dim
        value1=value1+x(i).^2;
        value2=value2+x(i);
    end

    o=(abs(value1-dim)^(1/4))+(0.5*value1+value2)/dim+0.5;
    end


    function o = f12(x,S,M,s_flag,r_flag)%HGBat Function
    dim=size(x,2);
    x=sr_func(x,S(1:dim),M,5/100,s_flag,r_flag);
    x=x-1;
    o=abs(sum(x.^2)^2-sum(x)^2)^0.5+(0.5*sum(x.^2)+sum(x))/dim+0.5;
```

```
end

function o = f13(x,S,M,s_flag,r_flag)%Expanded Griewank's plus Rosenbrock's Function
dim=size(x,2);
x=sr_func(x,S(1:dim),M,5/100,s_flag,r_flag);
x=x+1;
o=0;
for i=1:dim-1
    o=o+f7_simple(f4_simple(x(i),x(i+1)));
end
o=o+f7_simple(f4_simple(x(dim),x(1)));
end

function o = f14(x,S,M,s_flag,r_flag)%Expanded Scaffer's F6 Function
dim=size(x,2);
x=sr_func(x,S(1:dim),M,1.0,s_flag,r_flag);
o=0;
for i=1:dim-1
    o=o+F6_Scaffer(x(i),x(i+1));
end
o=o+F6_Scaffer(x(dim),x(1));
end

function o = F6_Scaffer(x,y)
o=0.5+((sin((x^2+y^2)^0.5))^2-0.5)/((1+0.001*(x^2+y^2))^2);
end
```

2. 混合函数

考虑到实际优化问题中变量可能具有不同的属性，在混合函数中，将变量随机划分为一些子组件，对不同的子组件使用不同的或经过不同操作的基本函数。

$$F(x) = g_1(M_1 z_1) + g_2(M_2 z_2) + \cdots + g_N(M_N z_N) + F^*$$

其中，$F(x)$ 为混合函数；$g_i(x)$（$1 \leqslant i \leqslant N$）为第 i 个基本函数，N 为基本函数的个数；M_i 为第 i 个基本函数使用的旋转矩阵；F^* 用于控制理论最优解；z_i 为对 x 进行分割后对应第 i 个基本函数的解，其计算公式为

$$z = [z_1, z_2, \cdots, z_N]$$

$$z_1 = [y_{S_1}, y_{S_2}, \cdots, y_{S_{m_1}}], z_2 = [y_{S_{m_1+1}}, y_{S_{m_1+2}}, \cdots, y_{S_{m_1+m_2}}], \cdots, z_N = [z_{S_{\sum\limits_{i=1}^{N-1} n_i+1}}, z_{S_{\sum\limits_{i=1}^{N-1} n_i+2}}, \cdots, z_{S_D}]$$

其中，y 表示偏移后的 x；S 表示将维度进行随机分割；n_i 为每个基本函数的维度，$\sum\limits_{i=1}^{N} n_i = D$。

$$y = x - o_i$$

$$S = \text{randperm}(1:D)$$

$$n_1 = [p_1 D], n_2 = [p_2 D], \cdots, n_{N-1} = [p_{N-1} D], n_N = D - \sum\limits_{i=1}^{N-1} n_i$$

其中，o_i 为偏移量；p_i 用于控制第 i 个基本函数所占的比例。

3. 复合函数

复合函数通过对基本函数和混合函数进行复合操作得到。

$$F(x) = \sum_{i=1}^{N} \left\{ \omega_i \left[\lambda_i g_i(x) + \text{bias}_i \right] \right\} + F_i^*$$

其中，$F(x)$ 为复合函数，$g_i(x)$（$1 \leqslant i \leqslant N$）为第 i 个函数，N 为函数的个数；λ_i 用于控制每个函数的高度；bias_i 用于确定全局最优解；ω_i 表示每个函数的权重，计算方法为

$$\omega_i = \frac{w_i}{\sum_{i=1}^{N} w_i}$$

$$w_i = \frac{1}{\sqrt{\sum_{j=1}^{D} \left(x_i - o_{ij} \right)^2}} \exp\left(-\frac{\sum_{j=1}^{D} \left(x_j - o_{ij} \right)^2}{2D\sigma_i^2} \right)$$

其中，o_{ij} 为偏移量；σ_i 用于控制每个函数的覆盖范围；

当 $x = o_i$，$\omega_j = \begin{cases} 1 & j = i \\ 0 & j \neq i \end{cases}$，$j = 1, 2, \cdots, N$，$f(x) = \text{bias}_i + f^*$ 时，函数 $F_i' = F_i - F_i^*$ 作为 g_i，此时测试集中所有复合函数 g_i 的全局最优函数值均为 0。在 CEC 2014 测试集中，复合函数 F29 和 F30 也以混合函数作为其组件。

注意：所有在复合函数中使用的函数都进行过偏移和旋转操作。

复合函数的 MATLAB 代码如下。

```
function o=cf_cal(x,s,delta,fit,bias)
global INF
dim=size(x,2);
cf_num=size(fit,2);
w_max=0;
w=zeros(1,cf_num);
for i=1:cf_num
    fit(i)=fit(i)+bias(i);
    sn=s((i-1)*100+1:(i-1)*100+dim);
    y=(x-sn).^2;
    w(i)=sum(y(1,:));
    if w(i)~=0
        w(i)=((1/w(i))^0.5)*exp(-w(i)/(2*dim*(delta(i)^2)));
    else
        w(i)=INF;
    end
    if w(i)>w_max
        w_max=w(i);
    end
end

if w_max==0
    w=ones(1,cf_num);
end
w_sum=sum(w);
```

```
o=sum(w./w_sum.*fit);
end
```

14.2.2 CEC 2014 测试集的图像及代码

1. 函数 F1

函数 F1 的基本信息如表 14-26 所示。

表 14-26 函数 F1 的基本信息

名 称	公 式	维 度	变量范围	全局最优值
F1	$F_1(x) = f_1(M(x-o_1)) + F_1^*$	2	[-100, 100]	100

使用二维图表绘制的函数 F1 的搜索曲面如图 14-25 所示。

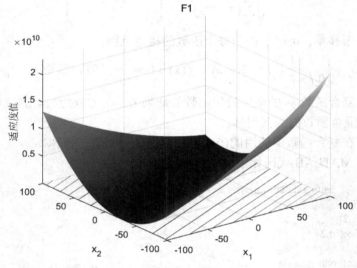

图 14-25 函数 F1 的搜索曲面

函数 F1 的 MATLAB 代码如下。

```
dim=size(x,2);        % 维度
fid=1;                % 函数序号
S=readS(fid);         % 读取偏移矩阵
M=readM(fid,dim);     % 读取旋转矩阵
o=f1(x,S',M',1,1);
```

绘制函数 F1 图像的 MATLAB 代码如下。

```
x=-100:1:100;
y=x;
L=length(x);
F_name='F1';

f=zeros(201,201);
[LB,UB,Dim,fobj]=CEC2014(F_name);
```

```
for i=1:L
    for j=1:L
        f(i,j)=fobj([x(i),y(j)]);
    end
end

%Draw search space
surfc(x,y,f,'LineStyle','none');
title(F_name);
xlabel('x_1');
ylabel('x_2');
zlabel('适应度值');
```

2. 函数 F2

函数 F2 的基本信息如表 14-27 所示。

表 14-27　函数 F2 的基本信息

名　称	公　式	维　度	变量范围	全局最优值
F2	$F_2(x) = f_2(M(x - o_2)) + F_2^*$	2	$[-100, 100]$	200

使用二维图表绘制的函数 F2 的搜索曲面如图 14-26 所示。

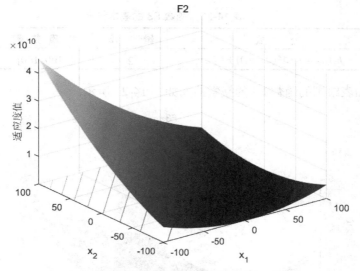

图 14-26　函数 F2 的搜索曲面

函数 F2 的 MATLAB 代码如下。

```
dim=size(x,2);          % 维度
fid=2;                  % 函数序号
S=readS(fid);           % 读取偏移矩阵
M=readM(fid,dim);       % 读取旋转矩阵
o=f2(x,S',M',1,1);
```

绘制函数 F2 图像的 MATLAB 代码如下。

```
x=-100:1:100;
y=x;
L=length(x);
F_name='F2';

f=zeros(201,201);
[LB,UB,Dim,fobj]=CEC2014(F_name);
for i=1:L
    for j=1:L
        f(i,j)=fobj([x(i),y(j)]);
    end
end

%Draw search space
surfc(x,y,f,'LineStyle','none');
title(F_name);
xlabel('x_1');
ylabel('x_2');
zlabel('适应度值');
```

3. 函数 F3

函数 F3 的基本信息如表 14-28 所示。

表 14-28　函数 F3 的基本信息

名　称	公　式	维　度	变量范围	全局最优值
F3	$F_3(x) = f_3(M(x - o_3)) + F_3^*$	2	$[-100, 100]$	300

使用二维图表绘制的函数 F3 的搜索曲面如图 14-27 所示。

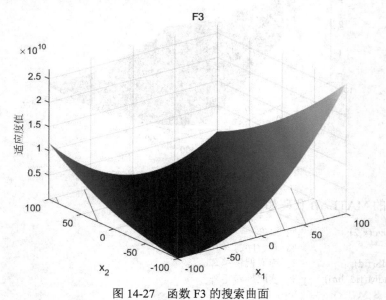

图 14-27　函数 F3 的搜索曲面

函数 F3 的 MATLAB 代码如下。

```
dim=size(x,2);          % 维度
fid=3;                  % 函数序号
S=readS(fid);           % 读取偏移矩阵
M=readM(fid,dim);       % 读取旋转矩阵
o=f3(x,S',M',1,1);
```

绘制函数 F3 图像的 MATLAB 代码如下。

```
x=-100:1:100;
y=x;
L=length(x);
F_name='F3';

f=zeros(201,201);
[LB,UB,Dim,fobj]=CEC2014(F_name);
for i=1:L
    for j=1:L
            f(i,j)=fobj([x(i),y(j)]);
    end
end

%Draw search space
surfc(x,y,f,'LineStyle','none');
title(F_name);
xlabel('x_1');
ylabel('x_2');
zlabel('适应度值');
```

4. 函数 F4

函数 F4 的基本信息如表 14-29 所示。

表 14-29　函数 F4 的基本信息

名　　称	公　　式	维　　度	变 量 范 围	全局最优值
F4	$F_4(x) = f_4\left(M\left(\dfrac{2.048(x - o_4)}{100} \right) + 1 \right) + F_4^*$	2	$[-100, 100]$	400

使用二维图表绘制的函数 F4 的搜索曲面如图 14-28 所示。

函数 F4 的 MATLAB 代码如下。

```
dim=size(x,2);          % 维度
fid=4;                  % 函数序号
S=readS(fid);           % 读取偏移矩阵
M=readM(fid,dim);       % 读取旋转矩阵
o=f4(x,S',M',1,1);
```

绘制函数 F4 图像的 MATLAB 代码如下。

```
x=-100:1:100;
y=x;
L=length(x);
```

```
F_name='F4';

f=zeros(201,201);
[LB,UB,Dim,fobj]=CEC2014(F_name);
for i=1:L
    for j=1:L
        f(i,j)=fobj([x(i),y(j)]);
    end
end

%Draw search space
surfc(x,y,f,'LineStyle','none');
title(F_name);
xlabel('x_1');
ylabel('x_2');
zlabel('适应度值');
```

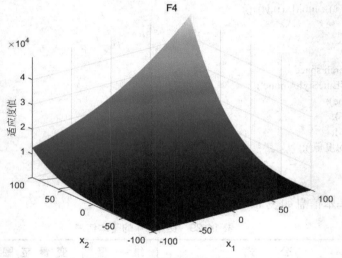

图 14-28　函数 F4 的搜索曲面

5. 函数 F5

函数 F5 的基本信息如表 14-30 所示。

表 14-30　函数 F5 的基本信息

名　称	公　式	维　度	变量范围	全局最优值
F5	$F_5(x) = f_5(\boldsymbol{M}(x - o_5)) + F_8^*$	2	[−100, 100]	500

使用二维图表绘制的函数 F5 的搜索曲面如图 14-29 所示。

函数 F5 的 MATLAB 代码如下。

```
dim=size(x,2);        % 维度
fid=5;                % 函数序号
S=readS(fid);         % 读取偏移矩阵
M=readM(fid,dim);     % 读取旋转矩阵
o=f5(x,S',M',1,1);
```

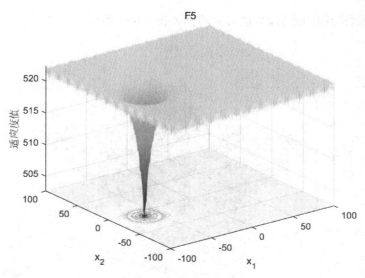

图 14-29　函数 F5 的搜索曲面

绘制函数 F5 图像的 MATLAB 代码如下。

```
x=-100:1:100;
y=x;
L=length(x);
F_name='F5';

f=zeros(201,201);
[LB,UB,Dim,fobj]=CEC2014(F_name);
for i=1:L
    for j=1:L
        f(i,j)=fobj([x(i),y(j)]);
    end
end

%Draw search space
surfc(x,y,f,'LineStyle','none');
title(F_name);
xlabel('x_1');
ylabel('x_2');
zlabel('适应度值');
```

6. 函数 F6

函数 F6 的基本信息如表 14-31 所示。

表 14-31　函数 F6 的基本信息

名　　称	公　　式	维　　度	变量范围	全局最优值
F6	$F_6(x) = f_6\left(\boldsymbol{M}\left(\frac{0.5(x-o_6)}{100}\right)\right) + F_6^*$	2	$[-100,100]$	600

使用二维图表绘制的函数 F6 的搜索曲面如图 14-30 所示。

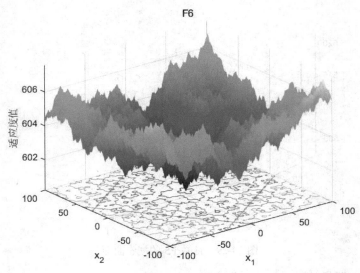

图 14-30　函数 F6 的搜索曲面

函数 F6 的 MATLAB 代码如下。

```
dim=size(x,2);           % 维度
fid=6;                   % 函数序号
S=readS(fid);            % 读取偏移矩阵
M=readM(fid,dim);        % 读取旋转矩阵
o=f6(x,S',M',1,1);
```

绘制函数 F6 图像的 MATLAB 代码如下。

```
x=-100:1:100;
y=x;
L=length(x);
F_name='F6';

f=zeros(201,201);
[LB,UB,Dim,fobj]=CEC2014(F_name);
for i=1:L
    for j=1:L
        f(i,j)=fobj([x(i),y(j)]);
    end
end

%Draw search space
surfc(x,y,f,'LineStyle','none');
title(F_name);
xlabel('x_1');
ylabel('x_2');
zlabel('适应度值');
```

7. 函数 F7

函数 F7 的基本信息如表 14-32 所示。

表 14-32 函数 F7 的基本信息

名　称	公　式	维　度	变量范围	全局最优值
F7	$F_7(x) = f_7\left(M\left(\dfrac{600(x - o_7)}{100}\right)\right) + F_7^*$	2	$[-100, 100]$	700

使用二维图表绘制的函数 F7 的搜索曲面如图 14-31 所示。

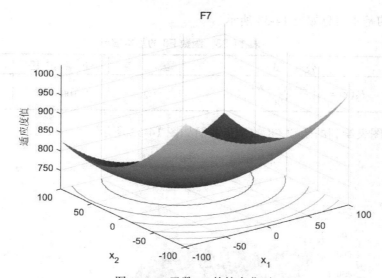

图 14-31 函数 F7 的搜索曲面

函数 F7 的 MATLAB 代码如下。

```
dim=size(x,2);          % 维度
fid=7;                  % 函数序号
S=readS(fid);           % 读取偏移矩阵
M=readM(fid,dim);       % 读取旋转矩阵
o=f7(x,S',M',1,1);
```

绘制函数 F7 图像的 MATLAB 代码如下。

```
x=-100:1:100;
y=x;
L=length(x);
F_name='F7';

f=zeros(201,201);
[LB,UB,Dim,fobj]=CEC2014(F_name);
for i=1:L
    for j=1:L
        f(i,j)=fobj([x(i),y(j)]);
```

```
        end
end

%Draw search space
surfc(x,y,f,'LineStyle','none');
title(F_name);
xlabel('x_1');
ylabel('x_2');
zlabel('适应度值');
```

8. 函数 F8

函数 F8 的基本信息如表 14-33 所示。

表 14-33　函数 F8 的基本信息

名　　称	公　　式	维　　度	变 量 范 围	全局最优值
F8	$F_8(x) = f_8\left(\dfrac{5.12(x-o_8)}{100}\right) + F_7^*$	2	$[-100, 100]$	800

使用二维图表绘制的函数 F8 的搜索曲面如图 14-32 所示。

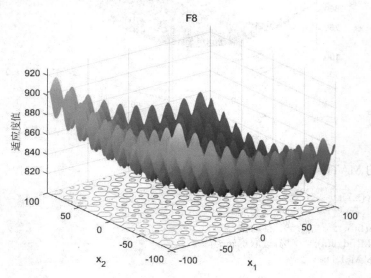

图 14-32　函数 F8 的搜索曲面

函数 F8 的 MATLAB 代码如下。

```
dim=size(x,2);          %  维度
fid=8;                  %  函数序号
S=readS(fid);           %  读取偏移矩阵
M=readM(fid,dim);       %  读取旋转矩阵
o=f8(x,S',M,1,0);
```

绘制函数 F8 图像的 MATLAB 代码如下。

```
x=-100:1:100;
y=x;
L=length(x);
F_name='F8';

f=zeros(201,201);
[LB,UB,Dim,fobj]=CEC2014(F_name);
for i=1:L
    for j=1:L
            f(i,j)=fobj([x(i),y(j)]);
    end
end

%Draw search space
surfc(x,y,f,'LineStyle','none');
title(F_name);
xlabel('x_1');
ylabel('x_2');
zlabel('适应度值');
```

9. 函数 F9

函数 F9 的基本信息如表 14-34 所示。

表 14-34　函数 F9 的基本信息

名　　　称	公　　式	维　　度	变量范围	全局最优值
F9	$F_9(x) = f_8\left(\boldsymbol{M} \left(\frac{5.12(x - o_9)}{100} \right) \right) + F_9^*$	2	$[-100, 100]$	900

使用二维图表绘制的函数 F9 的搜索曲面如图 14-33 所示。

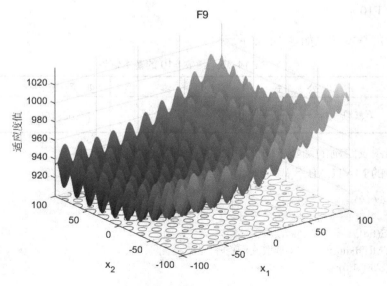

图 14-33　函数 F9 的搜索曲面

函数 F9 的 MATLAB 代码如下。

```
dim=size(x,2);          % 维度
fid=9;                  % 函数序号
S=readS(fid);           % 读取偏移矩阵
M=readM(fid,dim);       % 读取旋转矩阵
o=f8(x,S',M',1,1);
```

绘制函数 F9 图像的 MATLAB 代码如下。

```
x=-100:1:100;
y=x;
L=length(x);
F_name='F9';

f=zeros(201,201);
[LB,UB,Dim,fobj]=CEC2014(F_name);
for i=1:L
    for j=1:L
        f(i,j)=fobj([x(i),y(j)]);
    end
end

%Draw search space
surfc(x,y,f,'LineStyle','none');
title(F_name);
xlabel('x_1');
ylabel('x_2');
zlabel('适应度值');
```

10. 函数 F10

函数 F10 的基本信息如表 14-35 所示。

表 14-35　函数 F10 的基本信息

名　　称	公　　式	维　　度	变 量 范 围	全局最优值
F10	$F_{10}(x) = f_9\left(\dfrac{1000(x-o_{10})}{100}\right) + F_{10}^*$	2	$[-100, 100]$	1000

使用二维图表绘制的函数 F10 的搜索曲面如图 14-34 所示。

函数 F10 的 MATLAB 代码如下。

```
dim=size(x,2);          % 维度
fid=10;                 % 函数序号
S=readS(fid);           % 读取偏移矩阵
M=readM(fid,dim);       % 读取旋转矩阵
o=f9(x,S',M',1,0);
```

绘制函数 F10 图像的 MATLAB 代码如下。

```
x=-100:1:100;
y=x;
L=length(x);
F_name='F10';

f=zeros(201,201);
[LB,UB,Dim,fobj]=CEC2014(F_name);
for i=1:L
    for j=1:L
        f(i,j)=fobj([x(i),y(j)]);
    end
end

%Draw search space
surfc(x,y,f,'LineStyle','none');
title(F_name);
xlabel('x_1');
ylabel('x_2');
zlabel('适应度值');
```

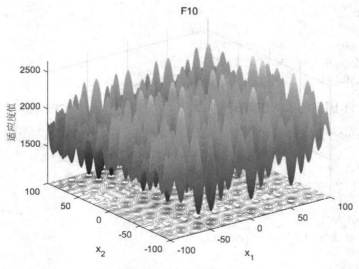

图 14-34　函数 F10 的搜索曲面

11. 函数 F11

函数 F11 的基本信息如表 14-36 所示。

表 14-36　函数 F11 的基本信息

名　　称	公　　式	维　　度	变 量 范 围	全局最优值
F11	$F_{11}(x) = f_9\left(\boldsymbol{M}\left(\dfrac{1000(x - o_{11})}{100} \right) \right) + F_{11}^*$	2	$[-100, 100]$	1100

使用二维图表绘制的函数 F11 的搜索曲面如图 14-35 所示。

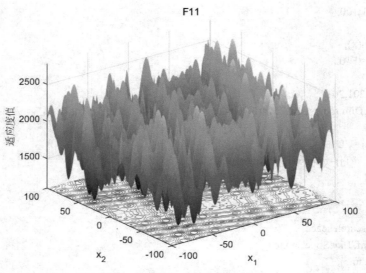

图 14-35　函数 F11 的搜索曲面

函数 F11 的 MATLAB 代码如下。

```
dim=size(x,2);        % 维度
fid=11;               % 函数序号
S=readS(fid);         % 读取偏移矩阵
M=readM(fid,dim);     % 读取旋转矩阵
o=f9(x,S',M',1,1);
```

绘制函数 F11 图像的 MATLAB 代码如下。

```
x=-100:1:100;
y=x;
L=length(x);
F_name='F11';

f=zeros(201,201);
[LB,UB,Dim,fobj]=CEC2014(F_name);
for i=1:L
    for j=1:L
            f(i,j)=fobj([x(i),y(j)]);
    end
end

%Draw search space
surfc(x,y,f,'LineStyle','none');
title(F_name);
xlabel('x_1');
ylabel('x_2');
zlabel('适应度值');
```

12. 函数 F12

函数 F12 的基本信息如表 14-37 所示。

表 14-37　函数 F12 的基本信息

名　　称	公　　式	维　　度	变 量 范 围	全局最优值
F12	$F_{12}(x)=f_{10}\left(M\left(\dfrac{5(x-o_{12})}{100}\right)\right)+F_{12}^{*}$	2	$[-100,\,100]$	1200

使用二维图表绘制的函数 F12 的搜索曲面如图 14-36 所示。

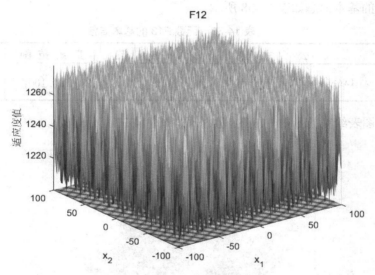

图 14-36　函数 F12 的搜索曲面

函数 F12 的 MATLAB 代码如下。

```
dim=size(x,2);          % 维度
fid=12;                 % 函数序号
S=readS(fid);           % 读取偏移矩阵
M=readM(fid,dim);       % 读取旋转矩阵
o=f10(x,S',M',1,1);
```

绘制函数 F12 图像的 MATLAB 代码如下。

```
x=-100:1:100;
y=x;
L=length(x);
F_name='F12';

f=zeros(201,201);
[LB,UB,Dim,fobj]=CEC2014(F_name);
for i=1:L
    for j=1:L
        f(i,j)=fobj([x(i),y(j)]);
    end
```

```
end

%Draw search space
surfc(x,y,f,'LineStyle','none');
title(F_name);
xlabel('x_1');
ylabel('x_2');
zlabel('适应度值');
```

13. 函数 F13

函数 F13 的基本信息如表 14-38 所示。

表 14-38 函数 F13 的基本信息

名　　称	公　　式	维　　度	变 量 范 围	全局最优值
F13	$F_{13}(x) = f_{11}\left(M\left(\dfrac{5(x - o_{13})}{100} \right) \right) + F_{13}^{*}$	2	$[-100, 100]$	1300

使用二维图表绘制的函数 F13 的搜索曲面如图 14-37 所示。

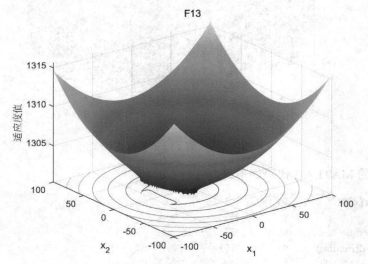

图 14-37　函数 F13 的搜索曲面

函数 F13 的 MATLAB 代码如下。

```
dim=size(x,2);          % 维度
fid=13;                 % 函数序号
S=readS(fid);           % 读取偏移矩阵
M=readM(fid,dim);       % 读取旋转矩阵
o=f11(x,S',M',1,1);
```

绘制函数 F13 图像的 MATLAB 代码如下。

```
x=-100:1:100;
y=x;
```

```
L=length(x);
F_name='F13';

f=zeros(201,201);
[LB,UB,Dim,fobj]=CEC2014(F_name);
for i=1:L
    for j=1:L
        f(i,j)=fobj([x(i),y(j)]);
    end
end

%Draw search space
surfc(x,y,f,'LineStyle','none');
title(F_name);
xlabel('x_1');
ylabel('x_2');
zlabel('适应度值');
```

14. 函数 F14

函数 F14 的基本信息如表 14-39 所示。

表 14-39 函数 F14 的基本信息

名　　称	公　　式	维　度	变量范围	全局最优值
F14	$F_{14}(x) = f_{12}\left(\boldsymbol{M}\left(\dfrac{5(x-o_{14})}{100} \right) \right) + F_{14}^{*}$	2	[−100, 100]	1400

使用二维图表绘制的函数 F14 的搜索曲面如图 14-38 所示。

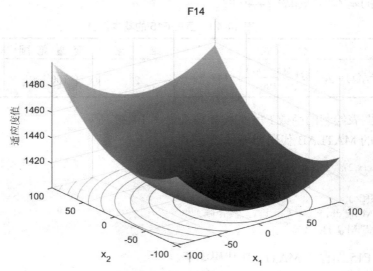

图 14-38　函数 F14 的搜索曲面

函数 F14 的 MATLAB 代码如下。

```
dim=size(x,2);              % 维度
```

```
fid=14;                    % 函数序号
S=readS(fid);              % 读取偏移矩阵
M=readM(fid,dim);          % 读取旋转矩阵
o=f12(x,S',M',1,1);
```

绘制函数 F14 图像的 MATLAB 代码如下。

```
x=-100:1:100;
y=x;
L=length(x);
F_name='F14';

f=zeros(201,201);
[LB,UB,Dim,fobj]=CEC2014(F_name);
for i=1:L
    for j=1:L
            f(i,j)=fobj([x(i),y(j)]);
    end
end

%Draw search space
surfc(x,y,f,'LineStyle','none');
title(F_name);
xlabel('x_1');
ylabel('x_2');
zlabel('适应度值');
```

15. 函数 F15

函数 F15 的基本信息如表 14-40 所示。

表 14-40   函数 F15 的基本信息

名　　称	公　　式	维　　度	变 量 范 围	全局最优值
F15	$F_{15}(x) = f_{13}\left(M\left(\dfrac{5(x - o_{15})}{100} \right) + 1 \right) + F_{15}^{*}$	2	$[-100, 100]$	1500

使用二维图表绘制的函数 F15 的搜索曲面如图 14-39 所示。

函数 F15 的 MATLAB 代码如下。

```
dim=size(x,2);             % 维度
fid=15;                    % 函数序号
S=readS(fid);              % 读取偏移矩阵
M=readM(fid,dim);          % 读取旋转矩阵
o=f13(x,S',M',1,1);
```

绘制函数 F15 图像的 MATLAB 代码如下。

```
x=-100:1:100;
y=x;
L=length(x);
F_name='F15';
```

```
f=zeros(201,201);
[LB,UB,Dim,fobj]=CEC2014(F_name);
for i=1:L
    for j=1:L
        f(i,j)=fobj([x(i),y(j)]);
    end
end

%Draw search space
surfc(x,y,f,'LineStyle','none');
title(F_name);
xlabel('x_1');
ylabel('x_2');
zlabel('适应度值');
```

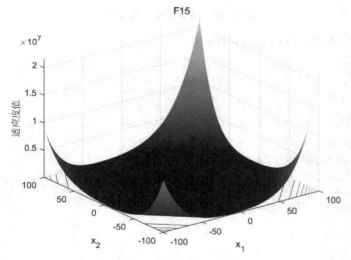

图 14-39　函数 F15 的搜索曲面

16.　函数 F16

函数 F16 的基本信息如表 14-41 所示。

表 14-41　函数 F16 的基本信息

名　　称	公　　式	维　度	变 量 范 围	全局最优值
F16	$F_{16}(x) = f_{14}(M(x - o_{16}) + 1) + F_{16}^*$	2	$[-100, 100]$	1600

使用二维图表绘制的函数 F16 的搜索曲面如图 14-40 所示。

函数 F16 的 MATLAB 代码如下。

```
dim=size(x,2);          % 维度
fid=16;                 % 函数序号
S=readS(fid);           % 读取偏移矩阵
M=readM(fid,dim);       % 读取旋转矩阵
o=f14(x,S',M',1,1);
```

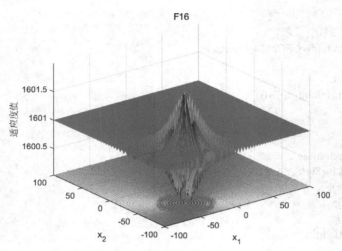

图 14-40　函数 F16 的搜索曲面

绘制函数 F16 图像的 MATLAB 代码如下。

```
x=-100:1:100;
y=x;
L=length(x);
F_name='F16';

f=zeros(201,201);
[LB,UB,Dim,fobj]=CEC2014(F_name);
for i=1:L
    for j=1:L
        f(i,j)=fobj([x(i),y(j)]);
    end
end

%Draw search space
surfc(x,y,f,'LineStyle','none');
title(F_name);
xlabel('x_1');
ylabel('x_2');
zlabel('适应度值');
```

17.　函数 F17

函数 F17 的基本信息如表 14-42 所示。

表 14-42　函数 F17 的基本信息

名　　称	参　　数	维　度	变 量 范 围	全局最优值
F17	$N = 3$ $p = [0.3, 0.3, 0.4]$ g_1 : Modified Schwefel's Function f_9 g_2 : Rastrigin's Function f_8 g_3 : High Conditioned Elliptic Function f_1	10	$[-100, 100]$	1700

函数 F17 的 MATLAB 代码如下。

```
dim=size(x,2);          % 维度
fid=17;                 % 函数序号
S=readS(fid);           % 读取偏移矩阵
M=readM(fid,dim);       % 读取旋转矩阵
SS=readSS(fid,dim);     % 读取随机矩阵
o=hf01(x,S',M',SS',1,1);

function o = hf01(x,S,M,SS,s_flag,r_flag)
dim=size(x,2);
x=sr_func(x,S(1:dim),M,1.0,s_flag,r_flag);
N=3;
p=[0.3,0.3,0.4];
g1=@f9;
g2=@f8;
g3=@f1;
z=zeros(1,dim);
for i=1:dim
    z(i)=x(SS(i));
end
n=p*dim;
i=1;
o=0+g1(z(1:n(i)),S,M,0,0);
i=2;
o=o+g2(z(sum(n(1:i-1))+1:sum(n(1:i))),S,M,0,0);
i=3;
o=o+g3(z(sum(n(1:i-1))+1:sum(n(1:i))),S,M,0,0);
end
```

18. 函数 F18

函数 F18 的基本信息如表 14-43 所示。

表 14-43　函数 F18 的基本信息

名　　称	参　　数	维　　度	变 量 范 围	全局最优值
F18	$N = 3$ $p = [0.3, 0.3, 0.4]$ g_1 : Bent Cigar Function f_2 g_2 : HGBat Function f_{12} g_3 : Rastrigin's Function f_8	10	$[-100, 100]$	1800

函数 F18 的 MATLAB 代码如下。

```
dim=size(x,2);          % 维度
fid=18;                 % 函数序号
S=readS(fid);           % 读取偏移矩阵
M=readM(fid,dim);       % 读取旋转矩阵
SS=readSS(fid,dim);     % 读取随机矩阵
```

```
o=hf02(x,S',M',SS',1,1);

function o = hf02(x,S,M,SS,s_flag,r_flag)
dim=size(x,2);
x=sr_func(x,S(1:dim),M,1.0,s_flag,r_flag);
N=3;
p=[0.3,0.3,0.4];
g1=@f2;
g2=@f12;
g3=@f8;
z=zeros(1,dim);
for i=1:dim
    z(i)=x(SS(i));
end
n=p*dim;
i=1;
o=0+g1(z(1:n(i)),S,M,0,0);
i=2;
o=o+g2(z(sum(n(1:i-1))+1:sum(n(1:i))),S,M,0,0);
i=3;
o=o+g3(z(sum(n(1:i-1))+1:sum(n(1:i))),S,M,0,0);
end
```

19. 函数 F19

函数 F19 的基本信息如表 14-44 所示。

表 14-44　函数 F19 的基本信息

名　　称	参　　数	维　　度	变量范围	全局最优值
F19	$N = 4$ $p = [0.2, 0.2, 0.3, 0.3]$ g_1 : Griewank's Function f_7 g_2 : Weierstrass Function f_6 g_3 : Rosenbrock's Function f_4 g_4 : Scaffer's F6 Function f_{14}	10	$[-100,100]$	1900

函数 F19 的 MATLAB 代码如下。

```
dim=size(x,2);              % 维度
fid=19;                     % 函数序号
S=readS(fid);               % 读取偏移矩阵
M=readM(fid,dim);           % 读取旋转矩阵
SS=readSS(fid,dim);         % 读取随机矩阵
o=hf03(x,S',M',SS',1,1);

function o = hf03(x,S,M,SS,s_flag,r_flag)
dim=size(x,2);
x=sr_func(x,S(1:dim),M,1.0,s_flag,r_flag);
N=4;
p=[0.2,0.2,0.3,0.3];
```

```
g1=@f7;
g2=@f6;
g3=@f4;
g4=@f14;
z=zeros(1,dim);
for i=1:dim
    z(i)=x(SS(i));
end
n=p*dim;
i=1;
o=0+g1(z(1:n(i)),S,M,0,0);
i=2;
o=o+g2(z(sum(n(1:i-1))+1:sum(n(1:i))),S,M,0,0);
i=3;
o=o+g3(z(sum(n(1:i-1))+1:sum(n(1:i))),S,M,0,0);
i=4;
o=o+g4(z(sum(n(1:i-1))+1:sum(n(1:i))),S,M,0,0);
end
```

20. 函数 F20

函数 F20 的基本信息如表 14-45 所示。

表 14-45　函数 F20 的基本信息

名　　称	参　　　　数	维　　度	变 量 范 围	全局最优值
F20	$N = 4$ $p = [0.2, 0.2, 0.3, 0.3]$ g_1 : HGBat Function f_{12} g_2 : Discus Function f_3 g_3 : Expanded Griewank's plus Rosenbrock's Function f_{13} g_4 : Rastrigin's Function f_8	10	$[-100, 100]$	2000

函数 F20 的 MATLAB 代码如下。

```
dim=size(x,2);          % 维度
fid=20;                 % 函数序号
S=readS(fid);           % 读取偏移矩阵
M=readM(fid,dim);       % 读取旋转矩阵
SS=readSS(fid,dim);     % 读取随机矩阵
o=hf04(x,S',M',SS',1,1);

function o = hf04(x,S,M,SS,s_flag,r_flag)
dim=size(x,2);
x=sr_func(x,S(1:dim),M,1.0,s_flag,r_flag);
N=4;
p=[0.2,0.2,0.3,0.3];
g1=@f12;
g2=@f3;
g3=@f13;
```

```
g4=@f8;
z=zeros(1,dim);
for i=1:dim
    z(i)=x(SS(i));
end
n=p*dim;
i=1;
o=0+g1(z(1:n(i)),S,M,0,0);
i=2;
o=o+g2(z(sum(n(1:i-1))+1:sum(n(1:i))),S,M,0,0);
i=3;
o=o+g3(z(sum(n(1:i-1))+1:sum(n(1:i))),S,M,0,0);
i=4;
o=o+g4(z(sum(n(1:i-1))+1:sum(n(1:i))),S,M,0,0);
end
```

21. 函数 F21

函数 F21 的基本信息如表 14-46 所示。

表 14-46　函数 F21 的基本信息

名　　称	参　　数	维　　度	变 量 范 围	全局最优值
F21	$N = 5$ $p = [0.1, 0.2, 0.2, 0.2, 0.3]$ g_1 : Scaffer's F6 Function f_{14} g_2 : HGBat Function f_{12} g_3 : Rosenbrock's Function f_4 g_4 : Modified Schwefel's Function f_9 g_5 : High Conditioned Elliptic Function f_1	10	[−100, 100]	2100

函数 F21 的 MATLAB 代码如下。

```
dim=size(x,2);          % 维度
fid=21;                 % 函数序号
S=readS(fid);           % 读取偏移矩阵
M=readM(fid,dim);       % 读取旋转矩阵
SS=readSS(fid,dim);     % 读取随机矩阵
o=hf05(x,S',M',SS',1,1);

function o = hf05(x,S,M,SS,s_flag,r_flag)
dim=size(x,2);
x=sr_func(x,S(1:dim),M,1.0,s_flag,r_flag);
N=5;
p=[0.1,0.2,0.2,0.2,0.3];
g1=@f14;
g2=@f12;
g3=@f4;
g4=@f9;
g5=@f1;
```

```
z=zeros(1,dim);
for i=1:dim
    z(i)=x(SS(i));
end
n=p*dim;
i=1;
o=0+g1(z(1:n(i)),S,M,0,0);
i=2;
o=o+g2(z(sum(n(1:i-1))+1:sum(n(1:i))),S,M,0,0);
i=3;
o=o+g3(z(sum(n(1:i-1))+1:sum(n(1:i))),S,M,0,0);
i=4;
o=o+g4(z(sum(n(1:i-1))+1:sum(n(1:i))),S,M,0,0);
i=5;
o=o+g5(z(sum(n(1:i-1))+1:sum(n(1:i))),S,M,0,0);
end
```

22. 函数 F22

函数 F22 的基本信息如表 14-47 所示。

表 14-47　函数 F22 的基本信息

名　　称	参　　数	维　　度	变 量 范 围	全局最优值
F22	$N=5$ $p=[0.1,0.2,0.2,0.2,0.3]$ g_1 : Katsuura Function f_{10} g_2 : HappyCat Function f_{11} g_3 : Expanded Griewank's plus Rosenbrock's Function f_{13} g_4 : Modified Schwefel's Function f_9 g_5 : Ackley's Function f_5	10	$[-100, 100]$	2200

函数 F22 的 MATLAB 代码如下。

```
dim=size(x,2);          % 维度
fid=22;                 % 函数序号
S=readS(fid);           % 读取偏移矩阵
M=readM(fid,dim);       % 读取旋转矩阵
SS=readSS(fid,dim);     % 读取随机矩阵
o=hf06(x,S',M',SS',1,1);

function o = hf06(x,S,M,SS,s_flag,r_flag)
dim=size(x,2);
x=sr_func(x,S(1:dim),M,1.0,s_flag,r_flag);
N=5;
p=[0.1,0.2,0.2,0.2,0.3];
g1=@f10;
g2=@f11;
g3=@f13;
g4=@f9;
```

```
g5=@f5;
z=zeros(1,dim);
for i=1:dim
    z(i)=x(SS(i));
end
n=p*dim;
i=1;
o=0+g1(z(1:n(i)),S,M,0,0);
i=2;
o=o+g2(z(sum(n(1:i-1))+1:sum(n(1:i))),S,M,0,0);
i=3;
o=o+g3(z(sum(n(1:i-1))+1:sum(n(1:i))),S,M,0,0);
i=4;
o=o+g4(z(sum(n(1:i-1))+1:sum(n(1:i))),S,M,0,0);
i=5;
o=o+g5(z(sum(n(1:i-1))+1:sum(n(1:i))),S,M,0,0);
end
```

23. 函数 F23

函数 F23 的基本信息如表 14-48 所示。

表 14-48　函数 F23 的基本信息

名　　称	参　　数	维　　度	变 量 范 围	全局最优值
F23	$N = 5$,　$\sigma = [10, 20, 30, 40, 50]$ $\lambda = [1, 1e-6, 1e-26, 1e-6, 1e-6]$ bias $= [0, 100, 200, 300, 400]$ g_1 : Rotated Rosenbrock's Function F_4' g_2 : High Conditioned Elliptic Function F_1' g_3 : Rotated Bent Cigar Function F_2' g_4 : Rotated Discus Function F_3' g_5 : High Conditioned Elliptic Function F_1'	10	$[-100, 100]$	2300

使用二维图表绘制的函数 F23 的搜索曲面如图 14-41 所示。

函数 F23 的 MATLAB 代码如下。

```
dim=size(x,2);          % 维度
fid=23;                 % 函数序号
S=readS(fid);           % 读取偏移矩阵
M=readM(fid,dim);       % 读取旋转矩阵
o=cf01(x,S',M',1);

function o = cf01(x,S,M,r_flag)
dim=size(x,2);
N=5;
delta=[10,20,30,40,50];
lamda=[1,1e-6,1e-26,1e-6,1e-6];
bias=[0,100,200,300,400];
g1=@f4;
g2=@f1;
```

```
g3=@f2;
g4=@f3;
g5=@f1;
fit=zeros(1,N);
i=1;
fit(i)=g1(x,S((i-1)*100+1:(i-1)*100+dim),M((i-1)*dim*dim+1:i*dim*dim),1,r_flag);
fit(i)=lamda(i)*fit(i);
i=2;
fit(i)=g2(x,S((i-1)*100+1:(i-1)*100+dim),M((i-1)*dim*dim+1:i*dim*dim),1,r_flag);
fit(i)=lamda(i)*fit(i);
i=3;
fit(i)=g3(x,S((i-1)*100+1:(i-1)*100+dim),M((i-1)*dim*dim+1:i*dim*dim),1,r_flag);
fit(i)=lamda(i)*fit(i);
i=4;
fit(i)=g4(x,S((i-1)*100+1:(i-1)*100+dim),M((i-1)*dim*dim+1:i*dim*dim),1,r_flag);
fit(i)=lamda(i)*fit(i);
i=5;
fit(i)=g5(x,S((i-1)*100+1:(i-1)*100+dim),M((i-1)*dim*dim+1:i*dim*dim),1,0);
fit(i)=lamda(i)*fit(i);
o=cf_cal(x,S,delta,fit,bias);
end
```

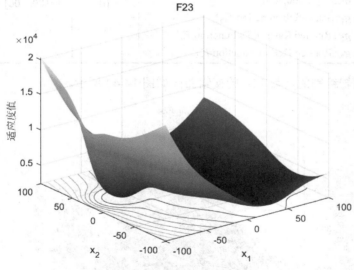

图 14-41　函数 F23 的搜索曲面

绘制函数 F23 图像的 MATLAB 代码如下。

```
x=-100:1:100;
y=x;
L=length(x);
F_name='F23';

f=zeros(201,201);
[LB,UB,Dim,fobj]=CEC2014(F_name);
for i=1:L
```

```
        for j=1:L
                f(i,j)=fobj([x(i),y(j)]);
        end
    end

    %Draw search space
    surfc(x,y,f,'LineStyle','none');
    title(F_name);
    xlabel('x_1');
    ylabel('x_2');
    zlabel('适应度值');
```

24. 函数 F24

函数 F24 的基本信息如表 14-49 所示。

表 14-49　函数 F24 的基本信息

名　　称	参　　　数	维　　度	变 量 范 围	全局最优值
F24	$N = 3$ $\sigma = [20,\ 20,\ 20]$ $\lambda = [1,\ 1,\ 1]$ $\mathrm{bias} = [0,\ 100,\ 200]$ g_1 : Schwefel's Function $F_{10}{}'$ g_2 : Rotated Rastrigin's Function $F_9{}'$ g_3 : Rotated HGBat Function $F_{14}{}'$	10	$[-100, 100]$	2400

使用二维图表绘制的函数 F24 的搜索曲面如图 14-42 所示。

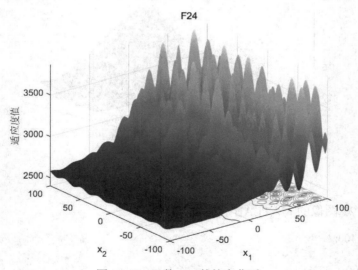

图 14-42　函数 F24 的搜索曲面

函数 F24 的 MATLAB 代码如下。

```
dim=size(x,2);          % 维度
fid=24;                 % 函数序号
```

```
S=readS(fid);              %  读取偏移矩阵
M=readM(fid,dim);          %  读取旋转矩阵
o=cf02(x,S',M',1);

function o = cf02(x,S,M,r_flag)
dim=size(x,2);
N=3;
delta=[20,20,20];
lamda=[1,1,1];
bias=[0,100,200];
g1=@f9;
g2=@f8;
g3=@f12;
fit=zeros(1,N);
i=1;
fit(i)=g1(x,S((i-1)*100+1:(i-1)*100+dim),M((i-1)*dim*dim+1:i*dim*dim),1,0);
fit(i)=lamda(i)*fit(i);
i=2;
fit(i)=g2(x,S((i-1)*100+1:(i-1)*100+dim),M((i-1)*dim*dim+1:i*dim*dim),1,r_flag);
fit(i)=lamda(i)*fit(i);
i=3;
fit(i)=g3(x,S((i-1)*100+1:(i-1)*100+dim),M((i-1)*dim*dim+1:i*dim*dim),1,r_flag);
fit(i)=lamda(i)*fit(i);
o=cf_cal(x,S,delta,fit,bias);
end
```

绘制函数 F24 图像的 MATLAB 代码如下。

```
x=-100:1:100;
y=x;
L=length(x);
F_name='F24';

f=zeros(201,201);
[LB,UB,Dim,fobj]=CEC2014(F_name);
for i=1:L
    for j=1:L
            f(i,j)=fobj([x(i),y(j)]);
    end
end

%Draw search space
surfc(x,y,f,'LineStyle','none');
title(F_name);
xlabel('x_1');
ylabel('x_2');
zlabel('适应度值');
```

25. 函数 F25

函数 F25 的基本信息如表 14-50 所示。

表 14-50　函数 F25 的基本信息

名　　称	参　　数	维　度	变 量 范 围	全局最优值
F25	$N = 3$ $\sigma = [10, 30, 50]$ $\lambda = [0.25,\ 1,\ 1e-7]$ bias $= [0, 100, 200]$ g_1 : Rotated Schwefel's Function F_{11}' g_2 : Rotated Rastrigin's Function F_9' g_3 : Rotated High Conditioned Elliptic Function F_1'	10	$[-100, 100]$	2500

使用二维图表绘制的函数 F25 的搜索曲面如图 14-43 所示。

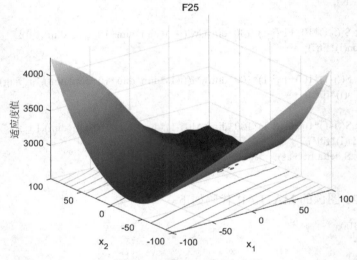

图 14-43　函数 F25 的搜索曲面

函数 F25 的 MATLAB 代码如下。

```
dim=size(x,2);          % 维度
fid=25;                 % 函数序号
S=readS(fid);           % 读取偏移矩阵
M=readM(fid,dim);       % 读取旋转矩阵
o=cf03(x,S',M',1);

function o = cf03(x,S,M,r_flag)
dim=size(x,2);
N=3;
delta=[10,30,50];
lamda=[0.25,1,1e-7];
bias=[0,100,200];
g1=@f9;
g2=@f8;
g3=@f1;
fit=zeros(1,N);
i=1;
```

```
fit(i)=g1(x,S((i-1)*100+1:(i-1)*100+dim),M((i-1)*dim*dim+1:i*dim*dim),1,r_flag);
fit(i)=lamda(i)*fit(i);
i=2;
fit(i)=g2(x,S((i-1)*100+1:(i-1)*100+dim),M((i-1)*dim*dim+1:i*dim*dim),1,r_flag);
fit(i)=lamda(i)*fit(i);
i=3;
fit(i)=g3(x,S((i-1)*100+1:(i-1)*100+dim),M((i-1)*dim*dim+1:i*dim*dim),1,r_flag);
fit(i)=lamda(i)*fit(i);
o=cf_cal(x,S,delta,fit,bias);
end
```

绘制函数 F25 图像的 MATLAB 代码如下。

```
x=-100:1:100;
y=x;
L=length(x);
F_name='F25';

f=zeros(201,201);
[LB,UB,Dim,fobj]=CEC2014(F_name);
for i=1:L
    for j=1:L
            f(i,j)=fobj([x(i),y(j)]);
    end
end

%Draw search space
surfc(x,y,f,'LineStyle','none');
title(F_name);
xlabel('x_1');
ylabel('x_2');
zlabel('适应度值');
```

26. 函数 F26

函数 F26 的基本信息如表 14-51 所示。

表 14-51　函数 F26 的基本信息

名　称	参　　数	维　度	变量范围	全局最优值
F26	$N = 5$ $\sigma = [10, 10, 10, 10, 10]$ $\lambda = [0.25, 1, 1e-7, 2.5, 10]$ bias $= [0, 100, 200, 300, 400]$ g_1 : Rotated Schwefel's Function F_{11}' g_2 : Rotated HappyCat Function F_{13}' g_3 : Rotated High Conditioned Elliptic Function F_1' g_4 : Rotated Weierstrass Function F_6' g_5 : Rotated Griewank's Function F_7'	10	$[-100, 100]$	2600

使用二维图表绘制的函数 F26 的搜索曲面如图 14-44 所示。

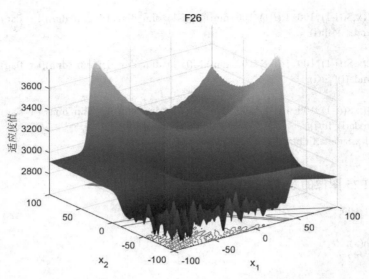

图 14-44　函数 F26 的搜索曲面

函数 F26 的 MATLAB 代码如下。

```
dim=size(x,2);                % 维度
fid=26;                       % 函数序号
S=readS(fid);                 % 读取偏移矩阵
M=readM(fid,dim);            % 读取旋转矩阵
o=cf04(x,S',M',1);

function o = cf04(x,S,M,r_flag)
dim=size(x,2);
N=5;
delta=[10,10,10,10,10];
lamda=[0.25,1,1e-7,2.5,10];
bias=[0,100,200,300,400];
g1=@f9;
g2=@f11;
g3=@f1;
g4=@f6;
g5=@f7;
fit=zeros(1,N);
i=1;
fit(i)=g1(x,S((i-1)*100+1:(i-1)*100+dim),M((i-1)*dim*dim+1:i*dim*dim),1,r_flag);
fit(i)=lamda(i)*fit(i);
i=2;
fit(i)=g2(x,S((i-1)*100+1:(i-1)*100+dim),M((i-1)*dim*dim+1:i*dim*dim),1,r_flag);
fit(i)=lamda(i)*fit(i);
i=3;
fit(i)=g3(x,S((i-1)*100+1:(i-1)*100+dim),M((i-1)*dim*dim+1:i*dim*dim),1,r_flag);
fit(i)=lamda(i)*fit(i);
i=4;
```

```
fit(i)=g4(x,S((i-1)*100+1:(i-1)*100+dim),M((i-1)*dim*dim+1:i*dim*dim),1,r_flag);
fit(i)=lamda(i)*fit(i);
i=5;
fit(i)=g5(x,S((i-1)*100+1:(i-1)*100+dim),M((i-1)*dim*dim+1:i*dim*dim),1,r_flag);
fit(i)=lamda(i)*fit(i);
o=cf_cal(x,S,delta,fit,bias);
end
```

绘制函数 F26 图像的 MATLAB 代码如下。

```
x=-100:1:100;
y=x;
L=length(x);
F_name='F26';

f=zeros(201,201);
[LB,UB,Dim,fobj]=CEC2014(F_name);
for i=1:L
    for j=1:L
            f(i,j)=fobj([x(i),y(j)]);
    end
end

%Draw search space
surfc(x,y,f,'LineStyle','none');
title(F_name);
xlabel('x_1');
ylabel('x_2');
zlabel('适应度值');
```

27. 函数 F27

函数 F27 的基本信息如表 14-52 所示。

表 14-52   函数 F27 的基本信息

名　称	参　数	维　度	变 量 范 围	全局最优值
F27	$N = 5$ $\sigma = [10, 10, 10, 20, 20]$ $\lambda = [10, 10, 2.5, 25, 1e-6]$ $bias = [0, 100, 200, 300, 400]$ g_1 : Rotated HGBat Function F_{14}' g_2 : Rotated Rastrigin's Function F_9' g_3 : Rotated Schwefel's Function F_{11}' g_4 : Rotated Weierstrass Function F_6' g_5 : Rotated High Conditioned Elliptic Function F_1'	10	[−100, 100]	2700

使用二维图表绘制的函数 F27 的搜索曲面如图 14-45 所示。

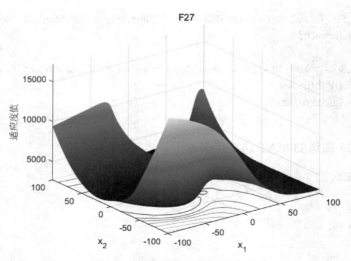

图 14-45　函数 F27 的搜索曲面

函数 F27 的 MATLAB 代码如下。

```
dim=size(x,2);              %  维度
fid=27;                     %  函数序号
S=readS(fid);               %  读取偏移矩阵
M=readM(fid,dim);           %  读取旋转矩阵
o=cf05(x,S',M',1);

function o = cf05(x,S,M,r_flag)
dim=size(x,2);
N=5;
delta=[10,10,10,20,20];
lamda=[10,10,2.5,25,1e-6];
bias=[0,100,200,300,400];
g1=@f12;
g2=@f8;
g3=@f9;
g4=@f6;
g5=@f1;
fit=zeros(1,N);
i=1;
fit(i)=g1(x,S((i-1)*100+1:(i-1)*100+dim),M((i-1)*dim*dim+1:i*dim*dim),1,r_flag);
fit(i)=lamda(i)*fit(i);
i=2;
fit(i)=g2(x,S((i-1)*100+1:(i-1)*100+dim),M((i-1)*dim*dim+1:i*dim*dim),1,r_flag);
fit(i)=lamda(i)*fit(i);
i=3;
fit(i)=g3(x,S((i-1)*100+1:(i-1)*100+dim),M((i-1)*dim*dim+1:i*dim*dim),1,r_flag);
fit(i)=lamda(i)*fit(i);
i=4;
fit(i)=g4(x,S((i-1)*100+1:(i-1)*100+dim),M((i-1)*dim*dim+1:i*dim*dim),1,r_flag);
```

```
fit(i)=lamda(i)*fit(i);
i=5;
fit(i)=g5(x,S((i-1)*100+1:(i-1)*100+dim),M((i-1)*dim*dim+1:i*dim*dim),1,r_flag);
fit(i)=lamda(i)*fit(i);
o=cf_cal(x,S,delta,fit,bias);
end
```

绘制函数 F27 图像的 MATLAB 代码如下。

```
x=-100:1:100;
y=x;
L=length(x);
F_name='F27';

f=zeros(201,201);
[LB,UB,Dim,fobj]=CEC2014(F_name);
for i=1:L
    for j=1:L
        f(i,j)=fobj([x(i),y(j)]);
    end
end

%Draw search space
surfc(x,y,f,'LineStyle','none');
title(F_name);
xlabel('x_1');
ylabel('x_2');
zlabel('适应度值');
```

28. 函数 F28

函数 F28 的基本信息如表 14-53 所示。

表 14-53　函数 F28 的基本信息

名　　称	参　　数	维　　度	变 量 范 围	全局最优值
F28	$N = 5$ $\sigma = [10, 20, 30, 40, 50]$ $\lambda = [2.5, 10, 2.5, 5e-4, 1e-6]$ $bias = [0, 100, 200, 300, 400]$ g_1: Rotated Expanded Griewank's plus Rosenbrock's Function F_{15}' g_2: Rotated HappyCat Function F_{13}' g_3: Rotated Schwefel's Function F_{11}' g_4: Rotated Expanded Scaffer's F6 Function F_{16}' g_5: Rotated High Conditioned Elliptic Function F_1'	10	$[-100, 100]$	2800

使用二维图表绘制的函数 F28 的搜索曲面如图 14-46 所示。

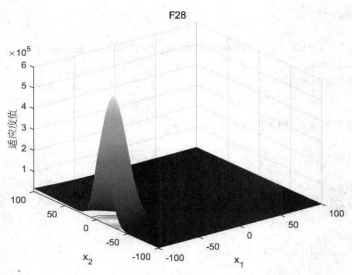

图 14-46　函数 F28 的搜索曲面

函数 F28 的 MATLAB 代码如下。

```matlab
dim=size(x,2);              %  维度
fid=28;                     %  函数序号
S=readS(fid);               %  读取偏移矩阵
M=readM(fid,dim);           %  读取旋转矩阵
o=cf06(x,S',M',1);

function o = cf06(x,S,M,r_flag)
dim=size(x,2);
N=5;
delta=[10,20,30,40,50];
lamda=[2.5,10,2.5,5e-4,1e-6];
bias=[0,100,200,300,400];
g1=@f13;
g2=@f11;
g3=@f9;
g4=@f14;
g5=@f1;
fit=zeros(1,N);
i=1;
fit(i)=g1(x,S((i-1)*100+1:(i-1)*100+dim),M((i-1)*dim*dim+1:i*dim*dim),1,r_flag);
fit(i)=lamda(i)*fit(i);
i=2;
fit(i)=g2(x,S((i-1)*100+1:(i-1)*100+dim),M((i-1)*dim*dim+1:i*dim*dim),1,r_flag);
fit(i)=lamda(i)*fit(i);
i=3;
fit(i)=g3(x,S((i-1)*100+1:(i-1)*100+dim),M((i-1)*dim*dim+1:i*dim*dim),1,r_flag);
fit(i)=lamda(i)*fit(i);
i=4;
fit(i)=g4(x,S((i-1)*100+1:(i-1)*100+dim),M((i-1)*dim*dim+1:i*dim*dim),1,r_flag);
fit(i)=lamda(i)*fit(i);
```

```
i=5;
fit(i)=g5(x,S((i-1)*100+1:(i-1)*100+dim),M((i-1)*dim*dim+1:i*dim*dim),1,r_flag);
fit(i)=lamda(i)*fit(i);
o=cf_cal(x,S,delta,fit,bias);
end
```

绘制函数 F28 图像的 MATLAB 代码如下。

```
x=-100:1:100;
y=x;
L=length(x);
F_name='F28';

f=zeros(201,201);
[LB,UB,Dim,fobj]=CEC2014(F_name);
for i=1:L
    for j=1:L
        f(i,j)=fobj([x(i),y(j)]);
    end
end

%Draw search space
surfc(x,y,f,'LineStyle','none');
title(F_name);
xlabel('x_1');
ylabel('x_2');
zlabel('适应度值');
```

29. 函数 F29

函数 F29 的基本信息如表 14-54 所示。

表 14-54 函数 F29 的基本信息

名 称	参 数	维 度	变量范围	全局最优值
F29	$N=3$ $\sigma=[10, 30, 50]$ $\lambda=[1, 1, 1]$ bias$=[0, 100, 200]$ g_1: Hybrid Function 1 $F_{17}{}'$ g_2: Hybrid Function 2 $F_{18}{}'$ g_3: Hybrid Function 3 $F_{19}{}'$	10	$[-100, 100]$	2900

函数 F29 的 MATLAB 代码如下。

```
dim=size(x,2);        % 维度
fid=29;               % 函数序号
S=readS(fid);         % 读取偏移矩阵
M=readM(fid,dim);     % 读取旋转矩阵
SS=readSS(fid,dim);   % 读取随机矩阵
o=cf07(x,S',M',SS',1);
```

```
function o = cf07(x,S,M,SS,r_flag)
dim=size(x,2);
N=3;
delta=[10,30,50];
lamda=[1,1,1];
bias=[0,100,200];
g1=@hf01;
g2=@hf02;
g3=@hf03;
fit=zeros(1,N);
i=1;
fit(i)=g1(x,S((i-1)*100+1:(i-1)*100+dim),M((i-1)*dim*dim+1:i*dim*dim),SS((i-1)*dim+1:i*dim),1,r_flag);
fit(i)=lamda(i)*fit(i);
i=2;
fit(i)=g2(x,S((i-1)*100+1:(i-1)*100+dim),M((i-1)*dim*dim+1:i*dim*dim),SS((i-1)*dim+1:i*dim),1,r_flag);
fit(i)=lamda(i)*fit(i);
i=3;
fit(i)=g3(x,S((i-1)*100+1:(i-1)*100+dim),M((i-1)*dim*dim+1:i*dim*dim),SS((i-1)*dim+1:i*dim),1,r_flag);
fit(i)=lamda(i)*fit(i);
o=cf_cal(x,S,delta,fit,bias);
end
```

30. 函数 F30

函数 F30 的基本信息如表 14-55 所示。

表 14-55　函数 F30 的基本信息

名　　称	参　　数	维　度	变 量 范 围	全局最优值
F30	$N = 3$ $\sigma = [10, 30, 50]$ $\lambda = [1, 1, 1]$ bias $= [0, 100, 200]$ g_1 : Hybrid Function 4 F_{20}' g_2 : Hybrid Function 5 F_{21}' g_3 : Hybrid Function 6 F_{22}'	10	[−100, 100]	3000

函数 F30 的 MATLAB 代码如下。

```
dim=size(x,2);        % 维度
fid=30;               % 函数序号
S=readS(fid);         % 读取偏移矩阵
M=readM(fid,dim);     % 读取旋转矩阵
SS=readSS(fid,dim);   % 读取随机矩阵
o=cf08(x,S',M',SS',1);

function o = cf08(x,S,M,SS,r_flag)
dim=size(x,2);
N=3;
```

```
delta=[10,30,50];
lamda=[1,1,1];
bias=[0,100,200];
g1=@hf04;
g2=@hf05;
g3=@hf06;
fit=zeros(1,N);
i=1;
fit(i)=g1(x,S((i-1)*100+1:(i-1)*100+dim),M((i-1)*dim*dim+1:i*dim*dim),SS((i-1)*dim+1:i*dim),1,r_flag);
fit(i)=lamda(i)*fit(i);
i=2;
fit(i)=g2(x,S((i-1)*100+1:(i-1)*100+dim),M((i-1)*dim*dim+1:i*dim*dim),SS((i-1)*dim+1:i*dim),1,r_flag);
fit(i)=lamda(i)*fit(i);
i=3;
fit(i)=g3(x,S((i-1)*100+1:(i-1)*100+dim),M((i-1)*dim*dim+1:i*dim*dim),SS((i-1)*dim+1:i*dim),1,r_flag);
fit(i)=lamda(i)*fit(i);
o=cf_cal(x,S,delta,fit,bias);
end
```

14.2.3　CEC 2014 测试集的收敛曲线

以鲫鱼优化算法为例，其在 CEC 2014 测试集中求解得到的收敛曲线如图 14-47 所示。

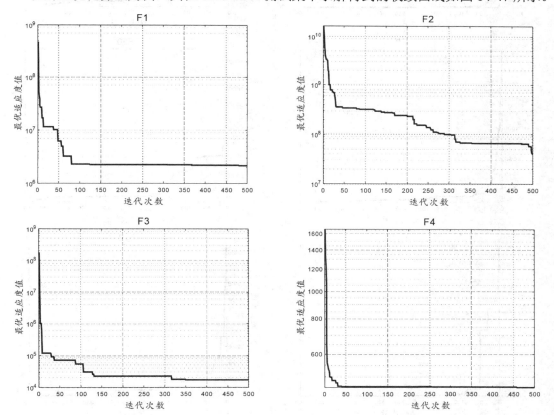

图 14-47　鲫鱼优化算法在 CEC 2014 测试集中求解得到的收敛曲线

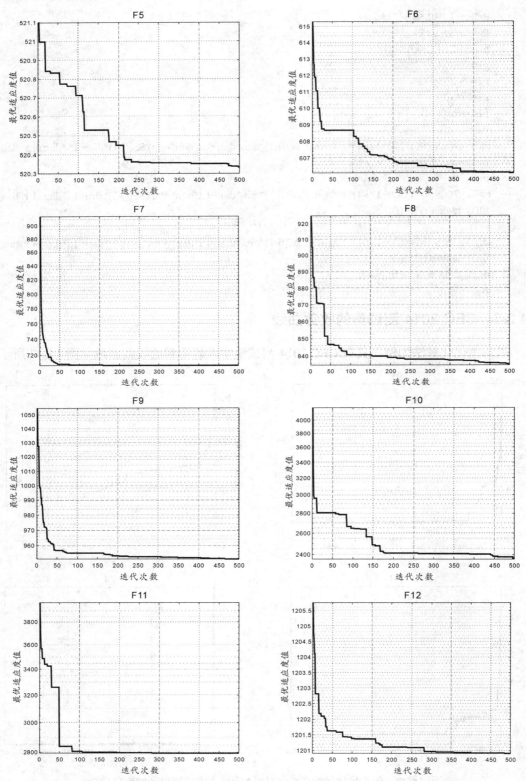

图 14-47　鲫鱼优化算法在 CEC 2014 测试集中求解得到的收敛曲线（续）

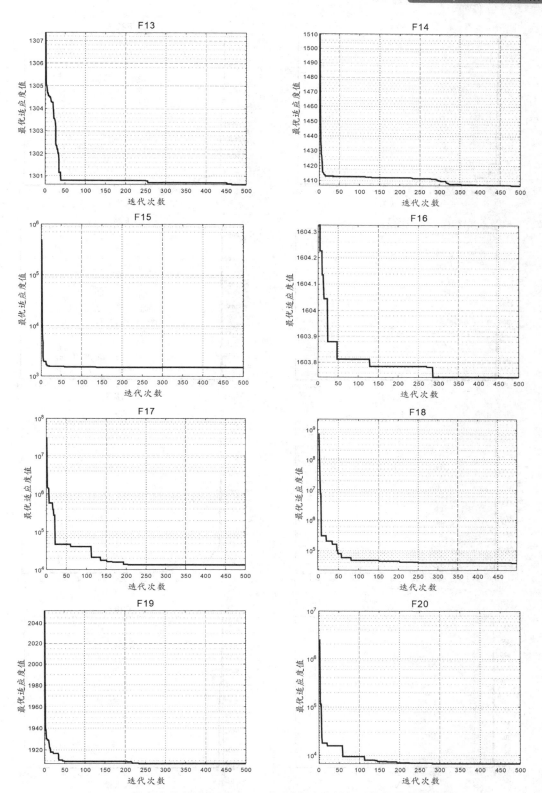

图 14-47　鲫鱼优化算法在 CEC 2014 测试集中求解得到的收敛曲线（续）

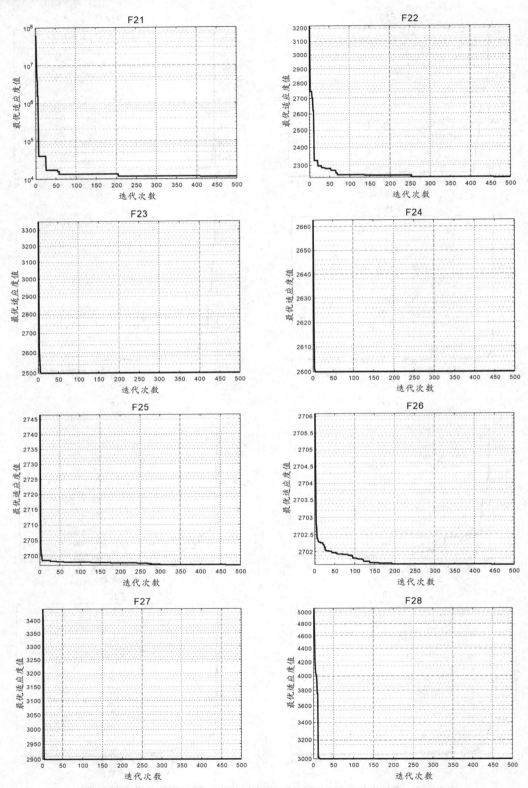

图 14-47　鲫鱼优化算法在 CEC 2014 测试集中求解得到的收敛曲线（续）

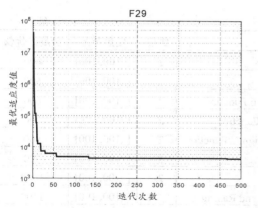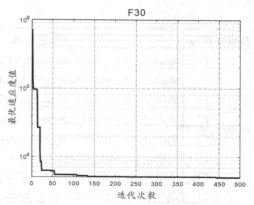

图 14-47　鲫鱼优化算法在 CEC 2014 测试集中求解得到的收敛曲线（续）

绘制收敛曲线的主函数代码如下。

```
%%--------------主函数-main.m------------------%%
clc;                                    % 清屏
clear all;                              % 清除所有变量
close all;                              % 关闭所有窗口
% 参数设置
nPop = 30;                              % 鲫鱼数量
maxIt = 500;                            % 算法的最大迭代次数
Function_name='F1';
[LoB,UpB,Dim,F_Obj]=CEC2014(Function_name);
% 利用鲫鱼优化算法求解问题
[Best,CNVG] = ROA(nPop, Dim, UpB, LoB, maxIt, F_Obj);
% 绘制迭代曲线
figure
plot(CNVG,'r-','linewidth',2);          % 绘制收敛曲线
axis tight;                             % 坐标轴显示范围为紧凑型
box on;                                 % 加边框
grid on;                                % 添加网格
title('鲫鱼优化算法收敛曲线')            % 添加标题
xlabel('迭代次数')                       % 添加 x 轴标注
ylabel('适应度值')                       % 添加 y 轴标注
```

14.3　CEC 2017 测试集

CEC 2017 测试集共有 29 个测试函数，其中，F1 和 F3 为单峰函数，F4～F10 为多峰函数，F11～F20 为混合函数，F21～F30 为复合函数，如表 14-56 所示。

表 14-56　CEC 2017 测试集的基本信息

类型	序号	函数名称	维度	变量范围	全局最优值
单峰	F1	Shifted and Rotated Bent Cigar Function	2	[−100, 100]	100
函数	F3	Shifted and Rotated Zakharov Function	2	[−100, 100]	300

续表

类型	序号	函数名称	维度	变量范围	全局最优值
多峰函数	F4	Shifted and Rotated Rosenbrock's Function	2	[−100, 100]	400
	F5	Shifted and Rotated Rastrigin's Function	2	[−100, 100]	500
	F6	Shifted and Rotated Expanded Schaffer's F6 Function	2	[−100, 100]	600
	F7	Shifted and Rotated Lunacek Bi-Rastrigin Function	2	[−100, 100]	700
	F8	Shifted and Rotated Non-Continuous Rastrigin's Function	2	[−100, 100]	800
	F9	Shifted and Rotated Levy Function	2	[−100, 100]	900
	F10	Shifted and Rotated Schwefel's Function	2	[−100, 100]	1000
混合函数	F11	Hybrid Function of Zakharov, Rosenbrock and Rastrigin	10	[−100, 100]	1100
	F12	Hybrid Function of High Conditioned Elliptic, Modifed Schwefel and Bent Cigar	10	[−100, 100]	1200
	F13	Hybrid Function of Bent Cigar, Rosenbrock and Lunache Bi-Rastrigin	10	[−100, 100]	1300
	F14	Hybrid Function of High Conditioned Elliptic, Ackley, Schaffer's F7 and Rastrigin	10	[−100, 100]	1400
	F15	Hybrid Function of Bent Cigar, HGBat, Rastrigin and Rosenbrock	10	[−100, 100]	1500
	F16	Hybrid Function of Expanded Schaffer's F6, HGBat, Rosenbrock and Modifed Schwefel	10	[−100, 100]	1600
	F17	Hybrid Function of Katsuura, Ackley, Expanded Griewank plus Rosenbrock, Modifed Schwefel and Rastrigin	10	[−100, 100]	1700
	F18	Hybrid Function of High Conditioned Elliptic, Ackley, Rastrigin, HGBat and Discus	10	[−100, 100]	1800
	F19	Hybrid Function of Bent Cigar, Rastrigin, Expanded Grienwank plus Rosenbrock, Weierstrass and Expanded Schaffer	10	[−100, 100]	1900
	F20	Hybrid Function of Happycat, Katsuura, Ackley, Rastrigin, Modifed Schwefel and Schaffer's F7	10	[−100, 100]	2000
复合函数	F21	Composition Function of Rosenbrock, High Conditioned Elliptic and Rastrigin	10	[−100, 100]	2100
	F22	Composition Function of Rastrigin, Griewank and Modifed Schwefel	10	[−100, 100]	2200
	F23	Composition Function of Rosenbrock, Ackley, Modifed Schwefel and Rastrigin	10	[−100, 100]	2300
	F24	Composition Function of Ackley, High Conditioned Elliptic, Girewank and Rastrigin	10	[−100, 100]	2400
	F25	Composition Function of Rastrigin, Happycat, Ackley, Discus and Rosenbrock	10	[−100, 100]	2500
	F26	Composition Function of Expanded Schaffer's, F6 Modifed Schwefel, Griewank, Rosenbrock and Rastrigin	10	[−100, 100]	2600

续表

类型	序号	函数名称	维度	变量范围	全局最优值
复合函数	F27	Composition Function of HGBat, Rastrigin, Modifed Schwefel, Bent-Cigar, High Conditioned Elliptic and Expanded Schaffer's F6	10	[−100, 100]	2700
	F28	Composition Function of Ackley, Griewank, Discus, Rosenbrock, Happycat, Expanded Schaffer's F6	10	[−100, 100]	2800
	F29	Composition Function of F15, F16 and F17	10	[−100, 100]	2900
	F30	Composition Function of F15, F18 and F19	10	[−100, 100]	3000

CEC 2017 测试集的主函数及功能函数的 MATLAB 代码如下。

```
function [lb,ub,dim,fobj] = CEC2017(F)
lb=-100;
ub=100;
dim=10;
switch F
    case 'F1'
        fobj = @(x)cec_func(x,1);
    case 'F3'
        fobj = @(x)cec_func(x,3);
    case 'F4'
        fobj = @(x)cec_func(x,4);
    case 'F5'
        fobj = @(x)cec_func(x,5);
    case 'F6'
        fobj = @(x)cec_func(x,6);
    case 'F7'
        fobj = @(x)cec_func(x,7);
    case 'F8'
        fobj = @(x)cec_func(x,8);
    case 'F9'
        fobj = @(x)cec_func(x,9);
    case 'F10'
        fobj = @(x)cec_func(x,10);
    case 'F11'
        fobj = @(x)cec_func(x,11);
    case 'F12'
        fobj = @(x)cec_func(x,12);
    case 'F13'
        fobj = @(x)cec_func(x,13);
    case 'F14'
        fobj = @(x)cec_func(x,14);
    case 'F15'
        fobj = @(x)cec_func(x,15);
    case 'F16'
        fobj = @(x)cec_func(x,16);
```

```matlab
        case 'F17'
            fobj = @(x)cec_func(x,17);
        case 'F18'
            fobj = @(x)cec_func(x,18);
        case 'F19'
            fobj = @(x)cec_func(x,19);
        case 'F20'
            fobj = @(x)cec_func(x,20);
        case 'F21'
            fobj = @(x)cec_func(x,21);
        case 'F22'
            fobj = @(x)cec_func(x,22);
        case 'F23'
            fobj = @(x)cec_func(x,23);
        case 'F24'
            fobj = @(x)cec_func(x,24);
        case 'F25'
            fobj = @(x)cec_func(x,25);
        case 'F26'
            fobj = @(x)cec_func(x,26);
        case 'F27'
            fobj = @(x)cec_func(x,27);
        case 'F28'
            fobj = @(x)cec_func(x,28);
        case 'F29'
            fobj = @(x)cec_func(x,29);
        case 'F30'
            fobj = @(x)cec_func(x,30);
end

global INF
INF = 10^99;
global EPS
EPS = 10^(-14);
global E
E = 2.7182818284590452353602874713526625;
global PI
PI = 3.1415926535897932384626433832795029;

end

function o = cec_func(x,fid)
o=0;
dim=size(x,2);
S=readS(fid);

if fid==2
    fprintf('\nError: This function (F2) has been deleted\n');
    return
```

```
end

if dim==2 || dim==10 || dim==20||dim==30 || dim==50||dim==100
    M=readM(fid,dim);
else
    fprintf('维度错误\n');
    return
end

if (fid>10&&fid<21) || fid>28
    if dim==10 || dim==20||dim==30 || dim==50||dim==100
        SS=readSS(fid,dim);
    else
        fprintf('维度错误\n');
        return
    end
end

switch fid
    case 1
        o=f1(x,S',M',1,1);
    case 3
        o=f3(x,S',M',1,1);
    case 4
        o=f4(x,S',M',1,1);
    case 5
        o=f5(x,S',M',1,1);
    case 6
        o=f20(x,S',M',1,1);
    case 7
        o=f7(x,S',M',1,1);
    case 8
        o=f8(x,S',M',1,1);
    case 9
        o=f9(x,S',M',1,1);
    case 10
        o=f10(x,S',M',1,1);
    case 11
        o=hf01(x,S',M',SS',1,1);
    case 12
        o=hf02(x,S',M',SS',1,1);
    case 13
        o=hf03(x,S',M',SS',1,1);
    case 14
        o=hf04(x,S',M',SS',1,1);
    case 15
        o=hf05(x,S',M',SS',1,1);
    case 16
        o=hf06(x,S',M',SS',1,1);
```

```matlab
    case 17
        o=hf07(x,S',M',SS',1,1);
    case 18
        o=hf08(x,S',M',SS',1,1);
    case 19
        o=hf09(x,S',M',SS',1,1);
    case 20
        o=hf10(x,S',M',SS',1,1);
    case 21
        o=cf01(x,S',M',1);
    case 22
        o=cf02(x,S',M',1);
    case 23
        o=cf03(x,S',M',1);
    case 24
        o=cf04(x,S',M',1);
    case 25
        o=cf05(x,S',M',1);
    case 26
        o=cf06(x,S',M',1);
    case 27
        o=cf07(x,S',M',1);
    case 28
        o=cf08(x,S',M',1);
    case 29
        o=cf09(x,S',M',SS',1);
    case 30
        o=cf10(x,S',M',SS',1);
end
o=o+fid*100;
end

function M=readM(fid,dim)

filename=strcat('input_data\M_',num2str(fid),'_D',num2str(dim),'.txt');
fpt = fopen(filename,"r");

if fpt==-1
    sprintf("\n Error: Cannot open input file for reading \n");
else
    M=fscanf(fpt,"%f");
    fclose(fpt);
end
end

function S=readS(fid)

filename=strcat('input_data\shift_data_',num2str(fid),'.txt');
fpt = fopen(filename,"r");
```

```
if fpt==-1
    sprintf("\n Error: Cannot open input file for reading \n");
else
    S=fscanf(fpt,"%f");
    fclose(fpt);
end
end


function SS=readSS(fid,dim)

filename=strcat('input_data\shuffle_data_',num2str(fid),'_D',num2str(dim),'.txt');
fpt = fopen(filename,"r");

if fpt==-1
    sprintf("\n Error: Cannot open input file for reading \n");
else
    SS=fscanf(fpt,"%f");
    fclose(fpt);
end
end


function x=sr_func(x,S,M,sh_rate,s_flag,r_flag)

if s_flag==1
    if r_flag==1
        x=rotatefunc(shiftfunc(x,S,sh_rate),M);
    else
        x=shiftfunc(x,S,sh_rate);
    end
else
    if r_flag==1
        x=rotatefunc(x,M);
    else
        x=x*sh_rate;
    end
end
end


function x=shiftfunc(x,S,sh_rate)
x=sh_rate*(x-S);
end


function y=rotatefunc(x,M)
dim=size(x,2);
y=zeros(1,dim);
for i=1:dim
    for j=1:dim
```

```
            y(i)=y(i)+x(j)*M((i-1)*dim+j);
        end
    end
end
```

14.3.1 CEC 2017 测试集的一些定义

CEC 2017 测试集的函数是通过对 20 个基本函数进行不同的旋转、偏移、缩放、混合以及复合操作构建的。其中，单峰函数 F1 和 F3 仅进行了旋转和缩放操作；多峰函数 F4～F10 分别进行了不同的偏移、旋转以及缩放操作；混合函数进行了混合操作，即选择不同的或进行不同操作的子组件作为函数的几个维度；复合函数进行了复合操作，即选择不同的或进行不同操作的函数组成函数的单个维度并在所有维度中保证所选函数相同。

基本函数如下。

1. Bent Cigar Function

$$f_1(x) = \sum_{i=1}^{D} (10^6)^{\frac{i-1}{D-1}} x_i^2 \tag{14-15}$$

2. Sum of Different Power Function

$$f_2(x) = x_1^2 + 10^6 \sum_{i=2}^{D} x_i^2 \tag{14-16}$$

3. Zakharov Function

$$f_3(x) = 10^6 x_1^2 + \sum_{i=2}^{D} x_i^2 \tag{14-17}$$

4. Rosenbrock's Function

$$f_4(x) = \sum_{i=1}^{D-1} \left[100 \left(x_i^2 - x_{i+1} \right)^2 + \left(x_i - 1 \right)^2 \right] \tag{14-18}$$

5. Rastrigin's Function

$$f_5(x) = -20\exp\left(-0.2\sqrt{\frac{1}{D} \sum_{i=1}^{D} x_i^2} \right) - \exp\left(\frac{1}{D} \sum_{i=1}^{D} \cos(2\pi x_i) \right) + 20 + e \tag{14-19}$$

6. Expanded Schaffer's F6 Function

$$g(x,y) = 0.5 + \frac{\sin^2\left(\sqrt{x^2 + y^2} \right) - 0.5}{[1 + 0.001(x^2 + y^2)]^2} \tag{14-20}$$

$$f_6(x) = g(x_1, x_2) + g(x_2, x_3) + \cdots + g(x_{D-1}, x_D) + g(x_D, x_1)$$

7. Lunacek bi-Rastrigin Function

$$f_7(x) = \min\left(\sum_{i=1}^{D}(\hat{x}_i - \mu_0)^2, dD + s\sum_{i=1}^{D}(\hat{x}_i - \mu_1)^2\right) + 10\left(D - \sum_{i=1}^{D}(\cos(2\pi\hat{z}_i))\right)$$

$$\mu_0 = 2.5, \quad \mu_1 = -\sqrt{\frac{\mu_0^2 - d}{s}}, \quad s = 1 - \frac{1}{2\sqrt{D+20} - 8.2}, \quad d = 1$$

$$y = \frac{10(x-o)}{100}, \quad \hat{x}_i = 2\mathrm{sign}(x_i^*)y_i + \mu_0, \quad i = 1, 2, \cdots, D \tag{14-21}$$

$$z = \Lambda^{100}(\hat{x} - \mu_0)$$

8. Non-continuous Rotated Rastrigin's Function

$$f_8(x) = \sum_{i=1}^{D}\left[z_i^2 - 10\cos(2\pi z_i) + 10\right] + f_{13}^*$$

$$y_i = \begin{cases} \hat{x}_i & ,|\hat{x}_i| \leqslant 0.5 \\ \dfrac{\mathrm{round}(2\hat{x}_i)}{2} & ,|\hat{x}_i| > 0.5 \end{cases}, \quad i = 1, 2, \cdots, D, \quad \hat{x} = M_1\frac{5.12(x-o)}{100}$$

$$z = M_1\Lambda^{10}M_2T_{\mathrm{asy}}^{0.2}(T_{\mathrm{osz}}(y))$$

$$\Lambda^{\alpha}: \lambda_{ii} = \alpha^{\frac{i-1}{2(D-1)}}, \quad i = 1, 2, \cdots, D \tag{14-22}$$

$$T_{\mathrm{asy}}^{\beta}: x_i > 0, \quad x_i = x_i^{1+\beta\frac{i-1}{D-1}\sqrt{x_i}}, \quad i = 1, 2, \cdots, D$$

$$T_{\mathrm{osz}}: x_i = \mathrm{sign}(x_i)\exp(\hat{x}_i + 0.049(\sin(c_1\hat{x}_i) + \sin(c_2\hat{x}_i))), i = 1, 2, \cdots, D$$

$$\hat{x}_i = \begin{cases} \log(|x_i|), & x_i \neq 0 \\ 0, & x_i = 0 \end{cases}, \quad \mathrm{sign}(x_i) = \begin{cases} -1, & x_i < 0 \\ 0, & x_i = 0, \\ 1, & x_i > 0 \end{cases} \quad c_1 = \begin{cases} 10, & x_i \neq 0 \\ 5.5, & x_i = 0 \end{cases}, c_2 = \begin{cases} 7.9, & x_i > 0 \\ 3.1, & x_i \leqslant 0 \end{cases}$$

9. Levy Function

$$f_9(x) = \sin^2(\pi w_1) + \sum_{i=1}^{D-1}(w_1 - 1)^2[1 + 10\sin^2(\pi w_1 + 1)] + (w_D - 1)^2[1 + \sin^2(2\pi w_D)]$$

$$w_i = 1 + \frac{x_i - 1}{4}, \quad \forall i = 1, 2, \cdots, D \tag{14-23}$$

10. Modified Schwefel's Function

$$f_{10} = 418.9829 \times D - \sum_{i=1}^{D}g(z_i), \quad z_i = x_i + 4.2096874662275036E+2$$

$$g(z_i) = \begin{cases} z_i\sin\left(|z_i|^{\frac{1}{2}}\right) & , |z_i| \leqslant 500 \\ (500 - \mathrm{mod}(z_i, 500))\sin\left(\sqrt{|500 - \mathrm{mod}(z_i, 500)|}\right) - \dfrac{(z_i - 500)^2}{10000D} & , z_i > 500 \\ (\mathrm{mod}(z_i, 500) - 500)\sin\left(\sqrt{|500 - \mathrm{mod}(z_i, 500)|}\right) - \dfrac{(z_i + 500)^2}{10000D} & , z_i < -500 \end{cases} \tag{14-24}$$

11. **High Conditioned Elliptic Function**

$$f_{11}(x) = \sum_{i=1}^{D} (10^6)^{\frac{i-1}{D-1}} x_i^2 \qquad (14\text{-}25)$$

12. **Discus Function**

$$f_{12}(x) = 10^6 x_1^2 + \sum_{i=2}^{D} x_i^2 \qquad (14\text{-}26)$$

13. **Ackley's Function**

$$f_{13}(x) = -20\exp\left(-0.2\sqrt{\frac{1}{D}\sum_{i=1}^{D} x_i^2}\right) - \exp\left(\frac{1}{D}\sum_{i=1}^{D}\cos(2\pi x_i)\right) + 20 + e \qquad (14\text{-}27)$$

14. **Weierstrass Function**

$$f_{14}(x) = \sum_{i=1}^{D}\left(\sum_{k=0}^{k_{max}}\left[a^k\cos\left(2\pi b^k(x_i+0.5)\right)\right]\right) - D\sum_{k=0}^{k_{max}}\left[a^k\cos\left(2\pi b^k\cdot 0.5\right)\right] \qquad (14\text{-}28)$$

$$a = 0.5, \quad b = 3, \quad k_{max} = 20$$

15. **Griewank's Function**

$$f_{15}(x) = \sum_{i=1}^{D}\frac{x_i^2}{4000} - \prod_{i=1}^{D}\cos\left(\frac{x_i}{\sqrt{i}}\right) + 1 \qquad (14\text{-}29)$$

16. **Katsuura Function**

$$f_{16}(x) = \frac{10}{D^2}\prod_{i=1}^{D}\left(1 + i\sum_{j=1}^{32}\frac{\left|2^j x_i - \text{round}(2^j x_i)\right|}{2^j}\right)^{\frac{10}{D^{1.2}}} - \frac{10}{D^2} \qquad (14\text{-}30)$$

17. **HappyCat Function**

$$f_{17}(x) = \left|\sum_{i=1}^{D} x_i^2 - D\right|^{\frac{1}{4}} + \frac{0.5\sum_{i=1}^{D} x_i^2 + \sum_{i=1}^{D} x^2}{D} + 0.5 \qquad (14\text{-}31)$$

18. **HGBat Function**

$$f_{18}(x) = \left|\left(\sum_{i=1}^{D} x_i^2\right)^2 - \left(\sum_{i=1}^{D} x_i\right)^2\right|^{\frac{1}{2}} + \frac{0.5\sum_{i=1}^{D} x_i^2 + \sum_{i=1}^{D} x_i}{D} + 0.5 \qquad (14\text{-}32)$$

19. **Expanded Griewank's plus Rosenbrock's Function**

$$f_{19}(x) = f_7(f_4(x_1,x_2)) + f_7(f_4(x_2,x_3)) + \cdots + f_7(f_4(x_{D-1},x_D)) + f_7(f_4(x_D,x_1)) \qquad (14\text{-}33)$$

20. Schaffer's F7 Function

$$f_{20}(x) = \left[\frac{1}{D-1} \sum_{i=1}^{D-1} \left\{ \sqrt{s_i} \cdot \left[\sin(50.0 s_i^{0.2}) + 1 \right] \right\} \right]^2, \quad s_i = \sqrt{x_i^2 + x_{i+1}^2} \tag{14-34}$$

基本函数的 MATLAB 代码如下。

```matlab
function o = f1(x,S,M,s_flag,r_flag)%Bent Cigar Function
dim=size(x,2);
x=sr_func(x,S(1:dim),M,1.0,s_flag,r_flag);
o=x(1)^2;
for i=2:dim
    o=o+(10^6)*(x(i)^2);
end
end


function o = f2(x,S,M,s_flag,r_flag)%Sum of Different Power Function
dim=size(x,2);
x=sr_func(x,S(1:dim),M,1.0,s_flag,r_flag);
o=x(1)^2;
for i=2:dim
    o=o+abs(x(i)^(i+1));
end
end


function o = f3(x,S,M,s_flag,r_flag)%Zakharov Function
dim=size(x,2);
value=0;
value1=0;
x=sr_func(x,S(1:dim),M,1.0,s_flag,r_flag);
for i=1:dim
    value=value+x(i).^2;
    value1=value1+0.5*i*x(i);
end

o=value+value1^2+value1^4;
end


function o = f4(x,S,M,s_flag,r_flag)%Rosenbrock's Function
dim=size(x,2);
o=0;
x=sr_func(x,S(1:dim),M,2.048/100,s_flag,r_flag);
x=x+1;
for i=1:dim-1
    o=o+100*(((x(i)^2)-x(i+1))^2)+(x(i)-1)^2;
end
end


function o = f4_simple(x1,x2)%Simple Rosenbrock's Function
o=100*(x1*x1-x2)*(x1*x1-x2)+(x1-1)*(x1-1);
end
```

```matlab
function o = f5(x,S,M,s_flag,r_flag)%Rastrigin's Function
global PI
dim=size(x,2);
o=0;
x=sr_func(x,S(1:dim),M,5.12/100,s_flag,r_flag);
for i=1:dim
    o=o+(x(i)^2-10*cos(2*PI*x(i))+10);
end
end

function o = f6(x,S,M,s_flag,r_flag)%Expanded Scaffer's F6 Function
dim=size(x,2);
o=0;
x=sr_func(x,S(1:dim),M,1.0,s_flag,r_flag);
for i=1:dim-1
    o=o+F6_Scaffer(x(i),x(i+1));
end
o=o+F6_Scaffer(x(dim),x(1));
end

function o = F6_Scaffer(x,y)
o=0.5+((sin((x^2+y^2)^0.5))^2-0.5)/((1+0.001*(x^2+y^2))^2);
end

function o = f7(x,S,M,s_flag,r_flag)%Lunacek bi-Rastrigin Function
global PI
dim=size(x,2);
o=0;
micro0=2.5;
d=1;
s=1-(1/(2*((dim+20)^0.5)-8.2));
micro1=-(((micro0^2-d)/s)^0.5);
if s_flag==1
    x=shiftfunc(x,S(1:dim),10/100);
else
    x=x*10/100;
end
tmpx=2*x;
for i = 1:dim
    if S(i) < 0
        tmpx(i) = -tmpx(i);
    end
end
z=tmpx;
tmpx= tmpx+micro0;
tmp1=0;
tmp2=0;
for i = 1:dim
    tmp = tmpx(i)-micro0;
    tmp1 = tmp1+tmp*tmp;
```

```
        tmp = tmpx(i)-micro1;
        tmp2 = tmp2+tmp*tmp;
    end
    tmp2 = tmp2*s+d*dim;
    tmp=0;
    if r_flag==1
        z=rotatefunc(z,M);
    end
    for i = 1:dim
        tmp=tmp+cos(2*PI*z(i));
    end
    if tmp1<tmp2
        o = tmp1+10.0*(dim-tmp);
    else
        o = tmp2+10.0*(dim-tmp);
    end
end


function o = f8(x,S,M,s_flag,r_flag)%Non-continuous Rotated Rastrigin's Function
global PI
dim=size(x,2);
o=0;
for i=1:dim
    if abs(x(i)-S(i))>0.5
        x(i)=S(i)+round(2*(x(i)-S(i)))/2;
    end
end
x=sr_func (x,S(1:dim),M,5.12/100.0,s_flag,r_flag); % shift and rotate
for i=1:dim
    o=o+(x(i)*x(i) - 10*cos(2*PI*x(i)) + 10);
end
end


function o = f9(x,S,M,s_flag,r_flag)%Levy Function
global PI
dim=size(x,2);
x=sr_func(x,S(1:dim),M,1.0,s_flag,r_flag);
w=ones(1,dim);
w=w+0.25*(x-1);
o=sin(PI*w(1))^2+((w(dim)-1)^2)*(1+(sin(2*PI*w(dim))^2));
for i=1:dim-1
    o=o+((w(i)-1)^2)*(1+10*(sin(PI*w(i)+1)^2));
end
end


function o = f10(x,S,M,s_flag,r_flag)%Modified Schwefel's Function
dim=size(x,2);
a=4.189828872724338e+002;
b=4.209687462275036e+002;
value=0;
x=sr_func(x,S(1:dim),M,1000/100,s_flag,r_flag);
```

```
        for i=1:dim
            z=x(i)+b;
            if z<-500
                value=value+(mod(abs(z),500)-500)*sin(abs(mod(abs(z),500)-500)^0.5)-
((z+500)^2)/(10000*dim);
            elseif z>500
                value=value+(500-mod(z,500))*sin(abs(500-mod(z,500))^0.5)-((z-500)^2)/(10000*dim);
            else
                value=value+z*sin(abs(z)^0.5);
            end

        end
        o=a*dim-value;
        end

        function o = f11(x,S,M,s_flag,r_flag)%High Conditioned Elliptic Function
        dim=size(x,2);
        o=0;
        x=sr_func(x,S(1:dim),M,1.0,s_flag,r_flag);
        for i=1:dim
            o=o+(10^(6*(i-1)/(dim-1)))*(x(i)^2);
        end
        end

        function o = f12(x,S,M,s_flag,r_flag)%Discus Function
        dim=size(x,2);
        x=sr_func(x,S(1:dim),M,1.0,s_flag,r_flag);
        o=(10^6)*(x(1)^2);
        for i=2:dim
            o=o+x(i)^2;
        end
        end

        function o = f13(x,S,M,s_flag,r_flag)%Ackley's Function
        global E
        global PI
        dim=size(x,2);
        value1=0;
        value2=0;
        x=sr_func(x,S(1:dim),M,1.0,s_flag,r_flag);
        for i=1:dim
            value1=value1+x(i)^2;
            value2=value2+cos(2*PI*x(i));
        end
        o=-20*(E^(-0.2*((1/dim*value1)^0.5)))-exp(1/dim*value2)+20+E;
        end

        function o = f14(x,S,M,s_flag,r_flag)%Weierstrass Function
        global PI
        dim=size(x,2);
        o=0;
```

```
a=0.5;
b=3;
kmax=20;
x=sr_func(x,S(1:dim),M,0.5/100,s_flag,r_flag);
for i=1:dim
    value1=0;
    for j=0:kmax
        value1=value1+(a^j)*cos(2*PI*(b^j)*(x(i)+0.5));
    end
    o=o+value1;
end
value2=0;
for j=0:kmax
    value2=value2+a^j*cos(2*PI*b^j*0.5);
end
o=o-dim*value2;
end


function o = f15(x,S,M,s_flag,r_flag)%Griewank's Function
dim=size(x,2);
value1=0;
value2=1;
x=sr_func(x,S(1:dim),M,600/100,s_flag,r_flag);
for i=1:dim
    value1=value1+x(i)*x(i)/4000;
    value2=value2*cos(x(i)/(i^0.5));
end
o=value1-value2+1;
end


function o = f7_simple(x)%Simple Griewank's Function
o=x*x/4000-cos(x)+1;
end


function o = f16(x,S,M,s_flag,r_flag)%Katsuura Function
dim=size(x,2);
value1=10/(dim^2);
value2=1;
x=sr_func(x,S(1:dim),M,5/100,s_flag,r_flag);
for i=1:dim
    value3=0;
    for j=1:32
        value3=value3+abs(2^j*x(i)-round(2^j*x(i)))/2^j;
    end
    value2=value2*((1+i*value3)^(10/(dim^1.2)));
end
o=value1*value2-value1;
end


function o = f17(x,S,M,s_flag,r_flag)%HappyCat Function
dim=size(x,2);
```

```
value1=0;
value2=0;
x=sr_func(x,S(1:dim),M,5/100,s_flag,r_flag);
x=x-1;
for i=1:dim
    value1=value1+x(i).^2;
    value2=value2+x(i);
end

o=(abs(value1-dim)^(1/4))+(0.5*value1+value2)/dim+0.5;
end

function o = f18(x,S,M,s_flag,r_flag)%HGBat Function
dim=size(x,2);
x=sr_func(x,S(1:dim),M,5/100,s_flag,r_flag);
x=x-1;
o=abs(sum(x.^2)^2-sum(x)^2)^0.5+(0.5*sum(x.^2)+sum(x))/dim+0.5;
end

function o = f19(x,S,M,s_flag,r_flag)%Expanded Griewank's plus Rosenbrock's Function
dim=size(x,2);
o=0;
x=sr_func(x,S(1:dim),M,5/100,s_flag,r_flag);
x=x+1;
for i=1:dim-1
    o=o+f7_simple(f4_simple(x(i),x(i+1)));
end
o=o+f7_simple(f4_simple(x(dim),x(1)));
end

function o = f20(x,S,M,s_flag,r_flag)%Scaffer's F7 Function
dim=size(x,2);
o=0;
x=sr_func(x,S(1:dim),M,1.0,s_flag,r_flag);
for i=1:dim-1
    s=(x(i)^2+x(i+1)^2)^0.5;
    tmp=sin(50*(s^0.2));
    o=o+(s^0.5)*(tmp*tmp+1);
end
o=(o/(dim-1))^2;
end
```

14.3.2 CEC 2017 测试集的图像及代码

1. 函数 F1

函数 F1 的基本信息如表 14-57 所示。

表 14-57 函数 F1 的基本信息

名　　称	公　　式	维　　度	变 量 范 围	全局最优值
F1	$F_1(x) = f_1(M(x - o_1)) + F_1^*$	2	$[-100,100]$	100

使用二维图表绘制的函数 F1 的搜索曲面如图 14-48 所示。

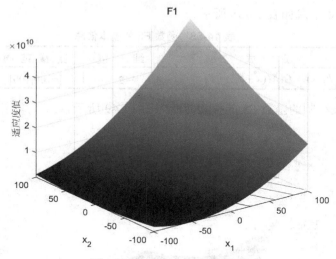

图 14-48　函数 F1 的搜索曲面

函数 F1 的 MATLAB 代码如下。

```
dim=size(x,2);          % 维度
fid=1;                  % 函数序号
S=readS(fid);           % 读取偏移矩阵
M=readM(fid,dim);       % 读取旋转矩阵
o=f1(x,S',M',1,1);
```

绘制函数 F1 图像的 MATLAB 代码如下。

```
x=-100:1:100;
y=x;
L=length(x);
F_name='F1';

f=zeros(201,201);
[LB,UB,Dim,fobj]=CEC2017(F_name);
for i=1:L
    for j=1:L
            f(i,j)=fobj([x(i),y(j)]);
    end
end

%Draw search space
surfc(x,y,f,'LineStyle','none');
title(F_name);
xlabel('x_1');
ylabel('x_2');
zlabel('适应度值');
```

2. 函数 F3

函数 F3 的基本信息如表 14-58 所示。

表 14-58　函数 F3 的基本信息

名　称	公　式	维　度	变量范围	全局最优值
F3	$F_3(x) = f_3(M(x - o_3)) + F_3^*$	2	$[-100,100]$	300

使用二维图表绘制的函数 F3 的搜索曲面如图 14-49 所示。

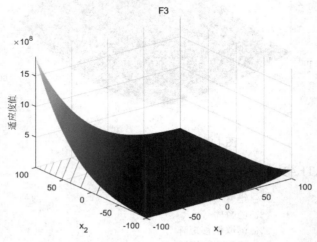

图 14-49　函数 F3 的搜索曲面

函数 F3 的 MATLAB 代码如下。

```
dim=size(x,2);          % 维度
fid=3;                  % 函数序号
S=readS(fid);           % 读取偏移矩阵
M=readM(fid,dim);       % 读取旋转矩阵
o=f3(x,S',M',1,1);
```

绘制函数 F3 图像的 MATLAB 代码如下。

```
x=-100:1:100;
y=x;
L=length(x);
F_name='F3';

f=zeros(201,201);
[LB,UB,Dim,fobj]=CEC2017(F_name);
for i=1:L
    for j=1:L
            f(i,j)=fobj([x(i),y(j)]);
    end
end

%Draw search space
surfc(x,y,f,'LineStyle','none');
title(F_name);
```

```
xlabel('x_1');
ylabel('x_2');
zlabel('适应度值');
```

3. 函数 F4

函数 F4 的基本信息如表 14-59 所示。

表 14-59　函数 F4 的基本信息

名　　称	公　　式	维　　度	变 量 范 围	全局最优值
F4	$F_4(x) = f_4\left(M\left(\dfrac{2.048(x - o_4)}{100} \right) + 1 \right) + F_4^*$	2	$[-100, 100]$	400

使用二维图表绘制的函数 F4 的搜索曲面如图 14-50 所示。

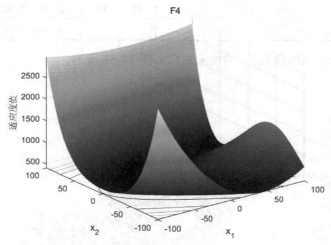

图 14-50　函数 F4 的搜索曲面

函数 F4 的 MATLAB 代码如下。

```
dim=size(x,2);        % 维度
fid=4;                % 函数序号
S=readS(fid);         % 读取偏移矩阵
M=readM(fid,dim);     % 读取旋转矩阵
o=f4(x,S',M',1,1);
```

绘制函数 F4 图像的 MATLAB 代码如下。

```
x=-100:1:100;
y=x;
L=length(x);
F_name='F4';

f=zeros(201,201);
[LB,UB,Dim,fobj]=CEC2017(F_name);
for i=1:L
    for j=1:L
        f(i,j)=fobj([x(i),y(j)]);
```

```
        end
    end

    %Draw search space
    surfc(x,y,f,'LineStyle','none');
    title(F_name);
    xlabel('x_1');
    ylabel('x_2');
    zlabel('适应度值');
```

4. 函数 F5

函数 F5 的基本信息如表 14-60 所示。

表 14-60　函数 F5 的基本信息

名　称	公　式	维　度	变 量 范 围	全局最优值
F5	$F_5(x) = f_5(M(x - o_5)) + F_5^*$	2	$[-100, 100]$	500

使用二维图表绘制的函数 F5 的搜索曲面如图 14-51 所示。

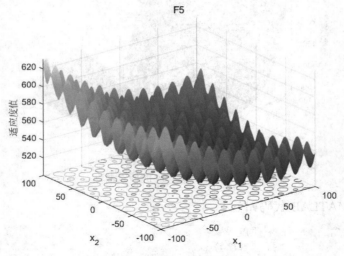

图 14-51　函数 F5 的搜索曲面

函数 F5 的 MATLAB 代码如下。

```
dim=size(x,2);          % 维度
fid=5;                  % 函数序号
S=readS(fid);           % 读取偏移矩阵
M=readM(fid,dim);       % 读取旋转矩阵
o=f5(x,S',M',1,1);
```

绘制函数 F5 图像的 MATLAB 代码如下。

```
x=-100:1:100;
y=x;
L=length(x);
F_name='F5';
```

```
f=zeros(201,201);
[LB,UB,Dim,fobj]=CEC2017(F_name);
for i=1:L
    for j=1:L
            f(i,j)=fobj([x(i),y(j)]);
    end
end

%Draw search space
surfc(x,y,f,'LineStyle','none');
title(F_name);
xlabel('x_1');
ylabel('x_2');
zlabel('适应度值');
```

5. 函数 F6

函数 F6 的基本信息如表 14-61 所示。

表 14-61　函数 F6 的基本信息

名　　　称	公　　　式	维　　　度	变 量 范 围	全局最优值
F6	$F_6(x) = f_{20}\left(\boldsymbol{M}\left(\dfrac{0.5(x-o_6)}{100}\right)\right) + F_6^*$	2	$[-100, 100]$	600

使用二维图表绘制的函数 F6 的搜索曲面如图 14-52 所示。

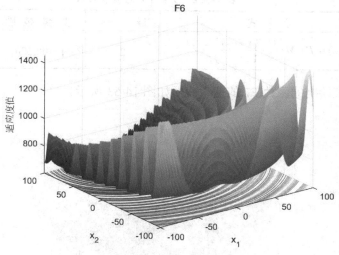

图 14-52　函数 F6 的搜索曲面

函数 F6 的 MATLAB 代码如下。

```
dim=size(x,2);          % 维度
fid=6;                  % 函数序号
S=readS(fid);           % 读取偏移矩阵
M=readM(fid,dim);       % 读取旋转矩阵
```

```
o=f20(x,S',M',1,1);
```

绘制函数 F6 图像的 MATLAB 代码如下。

```
x=-100:1:100;
y=x;
L=length(x);
F_name='F6';

f=zeros(201,201);
[LB,UB,Dim,fobj]=CEC2017(F_name);
for i=1:L
    for j=1:L
        f(i,j)=fobj([x(i),y(j)]);
    end
end

%Draw search space
surfc(x,y,f,'LineStyle','none');
title(F_name);
xlabel('x_1');
ylabel('x_2');
zlabel('适应度值');
```

6. 函数 F7

函数 F7 的基本信息如表 14-62 所示。

表 14-62　函数 F7 的基本信息

名　　称	公　　式	维　　度	变 量 范 围	全局最优值
F7	$F_7(x) = f_7\left(M\left(\dfrac{600(x - o_7)}{100} \right) \right) + F_7^*$	2	$[-100,100]$	700

使用二维图表绘制的函数 F7 的搜索曲面如图 14-53 所示。

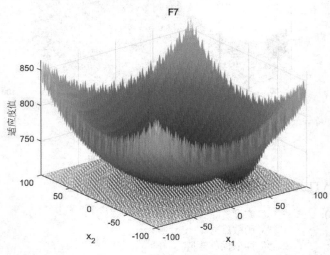

图 14-53　函数 F7 的搜索曲面

函数 F7 的 MATLAB 代码如下。

```
dim=size(x,2);          %  维度
fid=7;                  %  函数序号
S=readS(fid);           %  读取偏移矩阵
M=readM(fid,dim);       %  读取旋转矩阵
o=f7(x,S',M',1,1);
```

绘制函数 F7 图像的 MATLAB 代码如下。

```
x=-100:1:100;
y=x;
L=length(x);
F_name='F7';

f=zeros(201,201);
[LB,UB,Dim,fobj]=CEC2017(F_name);
for i=1:L
    for j=1:L
            f(i,j)=fobj([x(i),y(j)]);
    end
end

%Draw search space
surfc(x,y,f,'LineStyle','none');
title(F_name);
xlabel('x_1');
ylabel('x_2');
zlabel('适应度值');
```

7.　函数 F8

函数 F8 的基本信息如表 14-63 所示。

表 14-63　函数 F8 的基本信息

名　　称	公　　式	维　　度	变 量 范 围	全局最优值
F8	$F_8(x) = f_8\left(\dfrac{5.12(x - o_8)}{100}\right) + F_8^*$	2	$[-100,100]$	800

使用二维图表绘制的函数 F8 的搜索曲面如图 14-54 所示。

函数 F8 的 MATLAB 代码如下。

```
dim=size(x,2);          %  维度
fid=8;                  %  函数序号
S=readS(fid);           %  读取偏移矩阵
M=readM(fid,dim);       %  读取旋转矩阵
o=f8(x,S',M',1,1);
```

绘制函数 F8 图像的 MATLAB 代码如下。

```
x=-100:1:100;
y=x;
L=length(x);
```

```
F_name='F8';

f=zeros(201,201);
[LB,UB,Dim,fobj]=CEC2017(F_name);
for i=1:L
    for j=1:L
        f(i,j)=fobj([x(i),y(j)]);
    end
end

%Draw search space
surfc(x,y,f,'LineStyle','none');
title(F_name);
xlabel('x_1');
ylabel('x_2');
zlabel('适应度值');
```

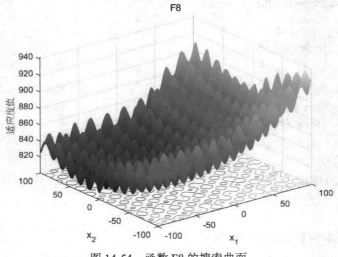

图 14-54　函数 F8 的搜索曲面

8. 函数 F9

函数 F9 的基本信息如表 14-64 所示。

表 14-64　函数 F9 的基本信息

名　　称	公　　式	维　　度	变 量 范 围	全局最优值
F9	$F_9(x) = f_9\left(\boldsymbol{M}\left(\dfrac{5.12(x - o_9)}{100} \right) \right) + F_9^*$	2	$[-100,100]$	900

使用二维图表绘制的函数 F9 的搜索曲面如图 14-55 所示。

函数 F9 的 MATLAB 代码如下。

```
dim=size(x,2);          % 维度
fid=9;                  % 函数序号
S=readS(fid);           % 读取偏移矩阵
M=readM(fid,dim);       % 读取旋转矩阵
o=f9(x,S',M',1,1);
```

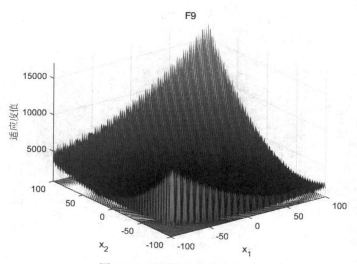

图 14-55　函数 F9 的搜索曲面

绘制函数 F9 图像的 MATLAB 代码如下。

```
x=-100:1:100;
y=x;
L=length(x);
F_name='F9';

f=zeros(201,201);
[LB,UB,Dim,fobj]=CEC2017(F_name);
for i=1:L
    for j=1:L
        f(i,j)=fobj([x(i),y(j)]);
    end
end

%Draw search space
surfc(x,y,f,'LineStyle','none');
title(F_name);
xlabel('x_1');
ylabel('x_2');
zlabel('适应度值');
```

9. 函数 F10

函数 F10 的基本信息如表 14-65 所示。

表 14-65　函数 F10 的基本信息

名　　称	公　　式	维　　度	变量范围	全局最优值
F10	$F_{10}(x) = f_{10}\left(\dfrac{1000(x - o_{10})}{100}\right) + F_{10}^{*}$	2	$[-100, 100]$	1000

使用二维图表绘制的函数 F10 的搜索曲面如图 14-56 所示。

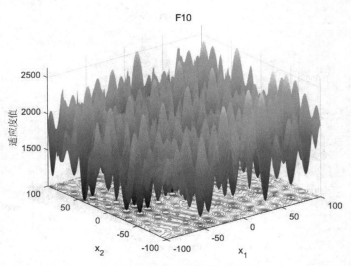

图 14-56   函数 F10 的搜索曲面

函数 F10 的 MATLAB 代码如下。

```
dim=size(x,2);          % 维度
fid=10;                 % 函数序号
S=readS(fid);           % 读取偏移矩阵
M=readM(fid,dim);       % 读取旋转矩阵
o=f10(x,S',M',1,1);
```

绘制函数 F10 图像的 MATLAB 代码如下。

```
x=-100:1:100;
y=x;
L=length(x);
F_name='F10';

f=zeros(201,201);
[LB,UB,Dim,fobj]=CEC2017(F_name);
for i=1:L
    for j=1:L
        f(i,j)=fobj([x(i),y(j)]);
    end
end

%Draw search space
surfc(x,y,f,'LineStyle','none');
title(F_name);
xlabel('x_1');
ylabel('x_2');
zlabel('适应度值');
```

10. 函数 F11

函数 F11 的基本信息如表 14-66 所示。

表 14-66 函数 F11 的基本信息

名 称	参 数	维 度	变量范围	全局最优值
F11	$N = 3$ $p = [0.2, 0.4, 0.4]$ g_1: Zakharov Function f_3 g_2: Rosenbrock's Function f_4 g_2: Rastrigin's Function f_5	10	$[-100, 100]$	1100

函数 F11 的 MATLAB 代码如下。

```
dim=size(x,2);            % 维度
fid=11;                   % 函数序号
S=readS(fid);             % 读取偏移矩阵
M=readM(fid,dim);         % 读取旋转矩阵
SS=readSS(fid,dim);       % 读取随机矩阵
o=hf01(x,S',M',SS',1,1);

function o = hf01(x,S,M,SS,s_flag,r_flag)
dim=size(x,2);
N=3;
p=[0.2,0.4,0.4];
g1=@f3;
g2=@f4;
g3=@f5;
x=sr_func(x,S(1:dim),M,1.0,s_flag,r_flag);
z=zeros(1,dim);
for i=1:dim
    z(i)=x(SS(i));
end
n=p*dim;
i=1;
o=0+g1(z(1:n(i)),S,M,0,0);
i=2;
o=o+g2(z(sum(n(1:i-1))+1:sum(n(1:i))),S,M,0,0);
i=3;
o=o+g3(z(sum(n(1:i-1))+1:sum(n(1:i))),S,M,0,0);
end
```

11. 函数 F12

函数 F12 的基本信息如表 14-67 所示。

表 14-67 函数 F12 的基本信息

名 称	参 数	维 度	变量范围	全局最优值
F12	$N = 3$ $p = [0.2, 0.4, 0.4]$ g_1: High Conditioned Elliptic Function f_{11} g_2: Modified Schwefel's Function f_{10} g_2: Bent Cigar Function f_1	10	$[-100, 100]$	1200

函数 F12 的 MATLAB 代码如下。

```
dim=size(x,2);          % 维度
fid=12;                 % 函数序号
S=readS(fid);           % 读取偏移矩阵
M=readM(fid,dim);       % 读取旋转矩阵
SS=readSS(fid,dim);     % 读取随机矩阵
o=hf02(x,S',M',SS',1,1);

function o = hf02(x,S,M,SS,s_flag,r_flag)
dim=size(x,2);
N=3;
p=[0.3,0.3,0.4];
g1=@f11;
g2=@f10;
g3=@f1;
x=sr_func(x,S(1:dim),M,1.0,s_flag,r_flag);
z=zeros(1,dim);
for i=1:dim
    z(i)=x(SS(i));
end
n=p*dim;
i=1;
o=0+g1(z(1:n(i)),S,M,0,0);
i=2;
o=o+g2(z(sum(n(1:i-1))+1:sum(n(1:i))),S,M,0,0);
i=3;
o=o+g3(z(sum(n(1:i-1))+1:sum(n(1:i))),S,M,0,0);
end
```

12. 函数 F13

函数 F13 的基本信息如表 14-68 所示。

表 14-68　函数 F13 的基本信息

名　　称	参　　数	维　　度	变 量 范 围	全局最优值
F13	$N=3$ $p=[0.3,0.3,0.4]$ g_1: Bent Cigar Function f_1 g_2: Rosenbrock's Function f_4 g_2: Lunacek Bi-Rastrigin Function f_7	10	$[-100,100]$	1300

函数 F13 的 MATLAB 代码如下。

```
dim=size(x,2);          % 维度
fid=13;                 % 函数序号
S=readS(fid);           % 读取偏移矩阵
M=readM(fid,dim);       % 读取旋转矩阵
SS=readSS(fid,dim);     % 读取随机矩阵
o=hf03(x,S',M',SS',1,1);
```

```
function o = hf03(x,S,M,SS,s_flag,r_flag)
dim=size(x,2);
N=3;
p=[0.3,0.3,0.4];
g1=@f1;
g2=@f4;
g3=@f7;
x=sr_func(x,S(1:dim),M,1.0,s_flag,r_flag);
z=zeros(1,dim);
for i=1:dim
    z(i)=x(SS(i));
end
n=p*dim;
i=1;
o=0+g1(z(1:n(i)),S,M,0,0);
i=2;
o=o+g2(z(sum(n(1:i-1))+1:sum(n(1:i))),S,M,0,0);
i=3;
o=o+g3(z(sum(n(1:i-1))+1:sum(n(1:i))),S,M,0,0);
end
```

13. 函数 F14

函数 F14 的基本信息如表 14-69 所示。

表 14-69　函数 F14 的基本信息

名　称	参　数	维　度	变量范围	全局最优值
F14	$N = 4$ $p = [0.2, 0.2, 0.2, 0.4]$ g_1：High Conditioned Elliptic Function f_{11} g_2：Ackley's Function f_{13} g_3：Schaffer's F7 Function f_{20} g_4：Rastrigin's Function f_5	10	[−100,100]	1400

函数 F14 的 MATLAB 代码如下。

```
dim=size(x,2);          % 维度
fid=14;                 % 函数序号
S=readS(fid);           % 读取偏移矩阵
M=readM(fid,dim);       % 读取旋转矩阵
SS=readSS(fid,dim);     % 读取随机矩阵
o=hf04(x,S',M',SS',1,1);

function o = hf04(x,S,M,SS,s_flag,r_flag)
dim=size(x,2);
N=4;
p=[0.2,0.2,0.2,0.4];
g1=@f11;
g2=@f13;
```

```
g3=@f20;
g4=@f5;
x=sr_func(x,S(1:dim),M,1.0,s_flag,r_flag);
z=zeros(1,dim);
for i=1:dim
    z(i)=x(SS(i));
end
n=p*dim;
i=1;
o=0+g1(z(1:n(i)),S,M,0,0);
i=2;
o=o+g2(z(sum(n(1:i-1))+1:sum(n(1:i))),S,M,0,0);
i=3;
o=o+g3(z(sum(n(1:i-1))+1:sum(n(1:i))),S,M,0,0);
i=4;
o=o+g4(z(sum(n(1:i-1))+1:sum(n(1:i))),S,M,0,0);
end
```

14. 函数 F15

函数 F15 的基本信息如表 14-70 所示。

表 14-70　函数 F15 的基本信息

名　　称	参　　数	维　度	变量范围	全局最优值
F15	$N = 4$ $p = [0.2, 0.2, 0.3, 0.3]$ g_1 : Bent Cigar Function f_1 g_2 : HGBat Function f_{18} g_3 : Rastrigin's Function f_5 g_4 : Rosenbrock's Function f_4	10	$[-100,100]$	1500

函数 F15 的 MATLAB 代码如下。

```
dim=size(x,2);          % 维度
fid=15;                 % 函数序号
S=readS(fid);           % 读取偏移矩阵
M=readM(fid,dim);       % 读取旋转矩阵
SS=readSS(fid,dim);     % 读取随机矩阵
o=hf05(x,S',M',SS',1,1);

function o = hf05(x,S,M,SS,s_flag,r_flag)
dim=size(x,2);
N=4;
p=[0.2,0.2,0.3,0.3];
g1=@f1;
g2=@f18;
g3=@f5;
g4=@f4;
x=sr_func(x,S(1:dim),M,1.0,s_flag,r_flag);
z=zeros(1,dim);
```

```
    for i=1:dim
        z(i)=x(SS(i));
    end
    n=p*dim;
    i=1;
    o=0+g1(z(1:n(i)),S,M,0,0);
    i=2;
    o=o+g2(z(sum(n(1:i-1))+1:sum(n(1:i))),S,M,0,0);
    i=3;
    o=o+g3(z(sum(n(1:i-1))+1:sum(n(1:i))),S,M,0,0);
    i=4;
    o=o+g4(z(sum(n(1:i-1))+1:sum(n(1:i))),S,M,0,0);
    end
```

15.　函数 F16

函数 F16 的基本信息如表 14-71 所示。

表 14-71　函数 F16 的基本信息

名　称	参　数	维　度	变量范围	全局最优值
F16	$N = 4$ $p = [0.2, 0.2, 0.3, 0.3]$ g_1：Expanded Schaffer's F6 Function f_6 g_2：HGBat Function f_{18} g_3：Rosenbrock's Function f_4 g_4：Modified Schwefel's Function f_{10}	10	$[-100, 100]$	1600

函数 F16 的 MATLAB 代码如下。

```
dim=size(x,2);          % 维度
fid=16;                 % 函数序号
S=readS(fid);           % 读取偏移矩阵
M=readM(fid,dim);       % 读取旋转矩阵
SS=readSS(fid,dim);     % 读取随机矩阵
o=hf06(x,S',M',SS',1,1);

function o = hf06(x,S,M,SS,s_flag,r_flag)
dim=size(x,2);
N=4;
p=[0.2,0.2,0.3,0.3];
g1=@f6;
g2=@f18;
g3=@f4;
g4=@f10;
x=sr_func(x,S(1:dim),M,1.0,s_flag,r_flag);
z=zeros(1,dim);
for i=1:dim
    z(i)=x(SS(i));
end
n=p*dim;
```

```
i=1;
o=0+g1(z(1:n(i)),S,M,0,0);
i=2;
o=o+g2(z(sum(n(1:i-1))+1:sum(n(1:i))),S,M,0,0);
i=3;
o=o+g3(z(sum(n(1:i-1))+1:sum(n(1:i))),S,M,0,0);
i=4;
o=o+g4(z(sum(n(1:i-1))+1:sum(n(1:i))),S,M,0,0);
end
```

16. 函数 F17

函数 F17 的基本信息如表 14-72 所示。

表 14-72　函数 F17 的基本信息

名　　称	参　　数	维　　度	变量范围	全局最优值
F17	$N = 5$ $p = [0.1, 0.2, 0.2, 0.2, 0.3]$ g_1：Katsuura Function f_{16} g_2：Ackley's Function f_{13} g_3：Expanded Griewank's plus 　　　Rosenbrock's Function f_{19} g_4：Modified Schwefel's Function f_{10} g_5：Rastrigin's Function f_5	10	[−100, 100]	1700

函数 F17 的 MATLAB 代码如下。

```
dim=size(x,2);          % 维度
fid=17;                 % 函数序号
S=readS(fid);           % 读取偏移矩阵
M=readM(fid,dim);       % 读取旋转矩阵
SS=readSS(fid,dim);     % 读取随机矩阵
o=hf07(x,S',M',SS',1,1);

function o = hf07(x,S,M,SS,s_flag,r_flag)
dim=size(x,2);
N=5;
p=[0.1,0.2,0.2,0.2,0.3];
g1=@f16;
g2=@f13;
g3=@f19;
g4=@f10;
g5=@f5;
x=sr_func(x,S(1:dim),M,1.0,s_flag,r_flag);
z=zeros(1,dim);
for i=1:dim
    z(i)=x(SS(i));
end
n=p*dim;
i=1;
```

```
o=0+g1(z(1:n(i)),S,M,0,0);
i=2;
o=o+g2(z(sum(n(1:i-1))+1:sum(n(1:i))),S,M,0,0);
i=3;
o=o+g3(z(sum(n(1:i-1))+1:sum(n(1:i))),S,M,0,0);
i=4;
o=o+g4(z(sum(n(1:i-1))+1:sum(n(1:i))),S,M,0,0);
i=5;
o=o+g5(z(sum(n(1:i-1))+1:sum(n(1:i))),S,M,0,0);
end
```

17. 函数 F18

函数 F18 的基本信息如表 14-73 所示。

表 14-73　函数 F18 的基本信息

名　称	参　数	维　度	变量范围	全局最优值
F18	$N=5$ $p=[0.2,0.2,0.2,0.2,0.2]$ g_1：Bent Cigar Function f_1 g_2：Ackley's Function f_{13} g_3：Rastrigin's Function f_5 g_4：HGBat Function f_{18} g_5：Discus Function f_{12}	10	$[-100, 100]$	1800

函数 F18 的 MATLAB 代码如下。

```
dim=size(x,2);            % 维度
fid=18;                   % 函数序号
S=readS(fid);             % 读取偏移矩阵
M=readM(fid,dim);         % 读取旋转矩阵
SS=readSS(fid,dim);       % 读取随机矩阵
o=hf08(x,S',M',SS',1,1);

function o = hf08(x,S,M,SS,s_flag,r_flag)
dim=size(x,2);
N=5;
p=[0.2,0.2,0.2,0.2,0.2];
g1=@f1;
g2=@f13;
g3=@f5;
g4=@f18;
g5=@f12;
x=sr_func(x,S(1:dim),M,1.0,s_flag,r_flag);
z=zeros(1,dim);
for i=1:dim
    z(i)=x(SS(i));
end
n=p*dim;
i=1;
```

```
o=0+g1(z(1:n(i)),S,M,0,0);
i=2;
o=o+g2(z(sum(n(1:i-1))+1:sum(n(1:i))),S,M,0,0);
i=3;
o=o+g3(z(sum(n(1:i-1))+1:sum(n(1:i))),S,M,0,0);
i=4;
o=o+g4(z(sum(n(1:i-1))+1:sum(n(1:i))),S,M,0,0);
i=5;
o=o+g5(z(sum(n(1:i-1))+1:sum(n(1:i))),S,M,0,0);
end
```

18. 函数 F19

函数 F19 的基本信息如表 14-74 所示。

表 14-74　函数 F19 的基本信息

名　　称	参　　数	维　　度	变量范围	全局最优值
F19	$N = 5$ $p = [0.2, 0.2, 0.2, 0.2, 0.2]$ g_1 : Bent Cigar Function f_1 g_2 : Rastrigin's Function f_5 g_3 : Expanded Griewank's plus 　　Rosenbrock's Function f_{19} g_4 : Weierstrass Function f_{14} g_5 : Expanded Schaffer's F6 Function f_6	10	$[-100, 100]$	1900

函数 F19 的 MATLAB 代码如下。

```
dim=size(x,2);            % 维度
fid=19;                   % 函数序号
S=readS(fid);             % 读取偏移矩阵
M=readM(fid,dim);         % 读取旋转矩阵
SS=readSS(fid,dim);       % 读取随机矩阵
o=hf09(x,S',M',SS',1,1);

function o = hf09(x,S,M,SS,s_flag,r_flag)
dim=size(x,2);
N=5;
p=[0.2,0.2,0.2,0.2,0.2];
g1=@f1;
g2=@f5;
g3=@f19;
g4=@f14;
g5=@f6;
x=sr_func(x,S(1:dim),M,1.0,s_flag,r_flag);
z=zeros(1,dim);
for i=1:dim
    z(i)=x(SS(i));
end
n=p*dim;
```

```
i=1;
o=0+g1(z(1:n(i)),S,M,0,0);
i=2;
o=o+g2(z(sum(n(1:i-1))+1:sum(n(1:i))),S,M,0,0);
i=3;
o=o+g3(z(sum(n(1:i-1))+1:sum(n(1:i))),S,M,0,0);
i=4;
o=o+g4(z(sum(n(1:i-1))+1:sum(n(1:i))),S,M,0,0);
i=5;
o=o+g5(z(sum(n(1:i-1))+1:sum(n(1:i))),S,M,0,0);
end
```

19. 函数 F20

函数 F20 的基本信息如表 14-75 所示。

表 14-75　函数 F20 的基本信息

名　　称	参　　数	维　　度	变 量 范 围	全局最优值
F20	$N = 6$ $p = [0.1, 0.1, 0.2, 0.2, 0.2, 0.2]$ g_1: HappyCat Function f_{17} g_2: Katsuura Function f_{16} g_3: Ackley's Function f_{13} g_4: Rastrigin's Function f_5 g_5: Modified Schwefel's Function f_{10} g_6: Schaffer's F7 Function f_{20}	10	$[-100, 100]$	2000

函数 F20 的 MATLAB 代码如下。

```
dim=size(x,2);          % 维度
fid=20;                 % 函数序号
S=readS(fid);           % 读取偏移矩阵
M=readM(fid,dim);       % 读取旋转矩阵
SS=readSS(fid,dim);     % 读取随机矩阵
o=hf10(x,S',M',SS',1,1);

function o = hf10(x,S,M,SS,s_flag,r_flag)
dim=size(x,2);
N=6;
p=[0.1,0.1,0.2,0.2,0.2,0.2];
g1=@f17;
g2=@f16;
g3=@f13;
g4=@f5;
g5=@f10;
g6=@f20;
x=sr_func(x,S(1:dim),M,1.0,s_flag,r_flag);
z=zeros(1,dim);
for i=1:dim
    z(i)=x(SS(i));
```

```
    end
    n=p*dim;
    i=1;
    o=0+g1(z(1:n(i)),S,M,0,0);
    i=2;
    o=o+g2(z(sum(n(1:i-1))+1:sum(n(1:i))),S,M,0,0);
    i=3;
    o=o+g3(z(sum(n(1:i-1))+1:sum(n(1:i))),S,M,0,0);
    i=4;
    o=o+g4(z(sum(n(1:i-1))+1:sum(n(1:i))),S,M,0,0);
    i=5;
    o=o+g5(z(sum(n(1:i-1))+1:sum(n(1:i))),S,M,0,0);
    end
```

20. 函数 F21

函数 F21 的基本信息如表 14-76 所示。

表 14-76　函数 F21 的基本信息

名　称	参　数	维　度	变量范围	全局最优值
F21	$N=3, \sigma=[10,20,30]$ $\lambda=[1,1e-6,1]$ $bias=[0,100,200]$ g_1 : Rosenbrock's Function $F_4{}'$ g_2 : High Conditioned Elliptic Function $F_{11}{}'$ g_3 : Rastrigin's Function $F_5{}'$	10	[-100, 100]	2100

使用二维图表绘制的函数 F21 的搜索曲面如图 14-57 所示。

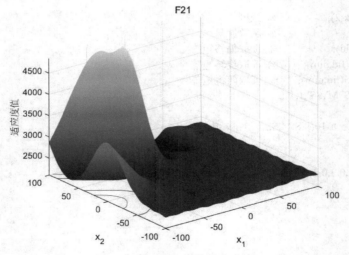

图 14-57　函数 F21 的搜索曲面

函数 F21 的 MATLAB 代码如下。

```
dim=size(x,2);          % 维度
fid=21;                 % 函数序号
```

```
S=readS(fid);              %  读取偏移矩阵
M=readM(fid,dim);          %  读取旋转矩阵
o=cf01(x,S',M',1);

function o = cf01(x,S,M,r_flag)
dim=size(x,2);
N=3;
delta=[10,20,30];
lamda=[1,1e-6,1];
bias=[0,100,200];
g1=@f4;
g2=@f11;
g3=@f5;
fit=zeros(1,N);
i=1;
fit(i)=g1(x,S((i-1)*100+1:(i-1)*100+dim),M((i-1)*dim*dim+1:i*dim*dim),1,r_flag);
fit(i)=lamda(i)*fit(i);
i=2;
fit(i)=g2(x,S((i-1)*100+1:(i-1)*100+dim),M((i-1)*dim*dim+1:i*dim*dim),1,r_flag);
fit(i)=lamda(i)*fit(i);
i=3;
fit(i)=g3(x,S((i-1)*100+1:(i-1)*100+dim),M((i-1)*dim*dim+1:i*dim*dim),1,r_flag);
fit(i)=lamda(i)*fit(i);
o=cf_cal(x,S,delta,fit,bias);
end
```

绘制函数 F21 图像的 MATLAB 代码如下。

```
x=-100:1:100;
y=x;
L=length(x);
F_name='F21';

f=zeros(201,201);
[LB,UB,Dim,fobj]=CEC2017(F_name);
for i=1:L
    for j=1:L
            f(i,j)=fobj([x(i),y(j)]);
    end
end

%Draw search space
surfc(x,y,f,'LineStyle','none');
title(F_name);
xlabel('x_1');
ylabel('x_2');
zlabel('适应度值');
```

21. 函数 F22

函数 F22 的基本信息如表 14-77 所示。

表 14-77　函数 F22 的基本信息

名　　称	参　　　数	维　度	变量范围	全局最优值
F22	$N = 3$ $\sigma = [10, 20, 30]$ $\lambda = [1, 10, 1]$ $\text{bias} = [0, 100, 200]$ g_1 : Rastrigin's Function F_5' g_2 : Griewank's Function F_{15}' g_3 : Modifed Schwefel's Function F_{10}'	10	$[-100, 100]$	2200

使用二维图表绘制的函数 F22 的搜索曲面如图 14-58 所示。

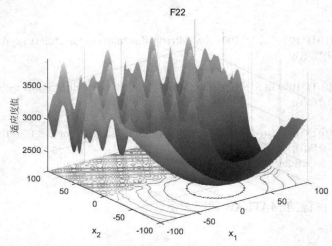

图 14-58　函数 F22 的搜索曲面

函数 F22 的 MATLAB 代码如下。

```
dim=size(x,2);          % 维度
fid=21;                 % 函数序号
S=readS(fid);           % 读取偏移矩阵
M=readM(fid,dim);       % 读取旋转矩阵
o=cf02(x,S',M',1);

function o = cf02(x,S,M,r_flag)
dim=size(x,2);
N=3;
delta=[10,20,30];
lamda=[1,10,1];
bias=[0,100,200];
g1=@f5;
g2=@f15;
g3=@f10;
fit=zeros(1,N);
i=1;
fit(i)=g1(x,S((i-1)*100+1:(i-1)*100+dim),M((i-1)*dim*dim+1:i*dim*dim),1,r_flag);
```

```
fit(i)=lamda(i)*fit(i);
i=2;
fit(i)=g2(x,S((i-1)*100+1:(i-1)*100+dim),M((i-1)*dim*dim+1:i*dim*dim),1,r_flag);
fit(i)=lamda(i)*fit(i);
i=3;
fit(i)=g3(x,S((i-1)*100+1:(i-1)*100+dim),M((i-1)*dim*dim+1:i*dim*dim),1,r_flag);
fit(i)=lamda(i)*fit(i);
o=cf_cal(x,S,delta,fit,bias);
end
```

绘制函数 F22 图像的 MATLAB 代码如下。

```
x=-100:1:100;
y=x;
L=length(x);
F_name='F22';

f=zeros(201,201);
[LB,UB,Dim,fobj]=CEC2017(F_name);
for i=1:L
    for j=1:L
            f(i,j)=fobj([x(i),y(j)]);
    end
end

%Draw search space
surfc(x,y,f,'LineStyle','none');
title(F_name);
xlabel('x_1');
ylabel('x_2');
zlabel('适应度值');
```

22. 函数 F23

函数 F23 的基本信息如表 14-78 所示。

表 14-78 函数 F23 的基本信息

名　称	参　数	维　度	变量范围	全局最优值
F23	$N=4$ $\sigma=[10,20,30,40]$ $\lambda=[1,10,1,1]$ $bias=[0,100,200,300]$ g_1: Rosenbrock's Function $F_4{}'$ g_2: Ackley's Function $F_{13}{}'$ g_3: Modifed Schwefel's Function $F_{10}{}'$ g_4: Rastrigin's Function $F_5{}'$	10	$[-100,100]$	2300

使用二维图表绘制的函数 F23 的搜索曲面如图 14-59 所示。

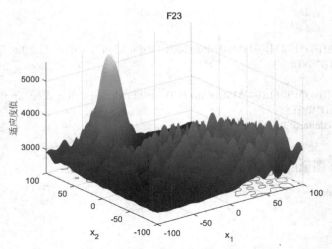

图 14-59　函数 F23 的搜索曲面

函数 F23 的 MATLAB 代码如下。

```
dim=size(x,2);              % 维度
fid=23;                     % 函数序号
S=readS(fid);               % 读取偏移矩阵
M=readM(fid,dim);           % 读取旋转矩阵
o=cf03(x,S',M',1);

function o = cf03(x,S,M,r_flag)
dim=size(x,2);
N=4;
delta=[10,20,30,40];
lamda=[1,10,1,1];
bias=[0,100,200,300];
g1=@f4;
g2=@f13;
g3=@f10;
g4=@f5;
fit=zeros(1,N);
i=1;
fit(i)=g1(x,S((i-1)*100+1:(i-1)*100+dim),M((i-1)*dim*dim+1:i*dim*dim),1,r_flag);
fit(i)=lamda(i)*fit(i);
i=2;
fit(i)=g2(x,S((i-1)*100+1:(i-1)*100+dim),M((i-1)*dim*dim+1:i*dim*dim),1,r_flag);
fit(i)=lamda(i)*fit(i);
i=3;
fit(i)=g3(x,S((i-1)*100+1:(i-1)*100+dim),M((i-1)*dim*dim+1:i*dim*dim),1,r_flag);
fit(i)=lamda(i)*fit(i);
i=4;
fit(i)=g4(x,S((i-1)*100+1:(i-1)*100+dim),M((i-1)*dim*dim+1:i*dim*dim),1,r_flag);
fit(i)=lamda(i)*fit(i);
o=cf_cal(x,S,delta,fit,bias);
end
```

绘制函数 F23 图像的 MATLAB 代码如下。

```
x=-100:1:100;
y=x;
L=length(x);
F_name='F23';

f=zeros(201,201);
[LB,UB,Dim,fobj]=CEC2017(F_name);
for i=1:L
    for j=1:L
            f(i,j)=fobj([x(i),y(j)]);
    end
end

%Draw search space
surfc(x,y,f,'LineStyle','none');
title(F_name);
xlabel('x_1');
ylabel('x_2');
zlabel('适应度值');
```

23. 函数 F24

函数 F24 的基本信息如表 14-79 所示。

表 14-79 函数 F24 的基本信息

名　　　称	参　　　数	维　　度	变 量 范 围	全局最优值
F24	$N = 4$ $\sigma = [10, 20, 30, 40]$ $\lambda = [1, 1e - 6, 1, 1]$ $\text{bias} = [0, 100, 200, 300]$ g_1：Ackley's Function F_{13}' g_2：High Conditioned Elliptic Function F_{11}' g_3：Girewank Function F_{15}' g_4：Rastrigin's Function F_5'	10	$[-100, 100]$	2400

使用二维图表绘制的函数 F24 的搜索曲面如图 14-60 所示。

函数 F24 的 MATLAB 代码如下。

```
dim=size(x,2);          % 维度
fid=24;                 % 函数序号
S=readS(fid);           % 读取偏移矩阵
M=readM(fid,dim);       % 读取旋转矩阵
o=cf04(x,S',M',1);

function o = cf04(x,S,M,r_flag)
dim=size(x,2);
N=4;
```

```
delta=[10,20,30,40];
lamda=[10,1e-6,10,1];
bias=[0,100,200,300];
g1=@f13;
g2=@f11;
g3=@f15;
g4=@f5;
fit=zeros(1,N);
i=1;
fit(i)=g1(x,S((i-1)*100+1:(i-1)*100+dim),M((i-1)*dim*dim+1:i*dim*dim),1,r_flag);
fit(i)=lamda(i)*fit(i);
i=2;
fit(i)=g2(x,S((i-1)*100+1:(i-1)*100+dim),M((i-1)*dim*dim+1:i*dim*dim),1,r_flag);
fit(i)=lamda(i)*fit(i);
i=3;
fit(i)=g3(x,S((i-1)*100+1:(i-1)*100+dim),M((i-1)*dim*dim+1:i*dim*dim),1,r_flag);
fit(i)=lamda(i)*fit(i);
i=4;
fit(i)=g4(x,S((i-1)*100+1:(i-1)*100+dim),M((i-1)*dim*dim+1:i*dim*dim),1,r_flag);
fit(i)=lamda(i)*fit(i);
o=cf_cal(x,S,delta,fit,bias);
end
```

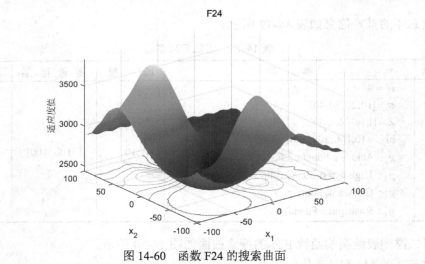

图 14-60　函数 F24 的搜索曲面

绘制函数 F24 图像的 MATLAB 代码如下。

```
x=-100:1:100;
y=x;
L=length(x);
F_name='F24';

f=zeros(201,201);
[LB,UB,Dim,fobj]=CEC2017(F_name);
for i=1:L
```

```
        for j=1:L
            f(i,j)=fobj([x(i),y(j)]);
        end
    end

    %Draw search space
    surfc(x,y,f,'LineStyle','none');
    title(F_name);
    xlabel('x_1');
    ylabel('x_2');
    zlabel('适应度值');
```

24. 函数 F25

函数 F25 的基本信息如表 14-80 所示。

表 14-80　函数 F25 的基本信息

名　称	参　数	维　度	变量范围	全局最优值
F25	$N = 5$ $\sigma = [10, 20, 30, 40, 50]$ $\lambda = [10, 1, 10, 1e-6, 1]$ $\text{bias} = [0, 100, 200, 300, 400]$ g_1 : Rastrigin's Function F_5' g_2 : HappyCat Function F_{17}' g_3 : Ackley's Function F_{13}' g_4 : Discus Function F_{12}' g_5 : Rosenbrock's Function F_4'	10	$[-100, 100]$	2500

使用二维图表绘制的函数 F25 的搜索曲面如图 14-61 所示。

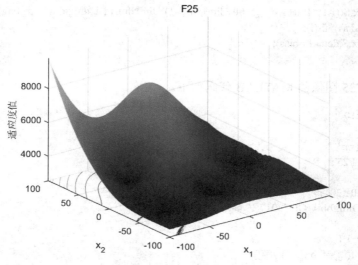

图 14-61　函数 F25 的搜索曲面

函数 F25 的 MATLAB 代码如下。

```
dim=size(x,2);              % 维度
fid=25;                     % 函数序号
S=readS(fid);               % 读取偏移矩阵
M=readM(fid,dim);           % 读取旋转矩阵
o=cf05(x,S',M',1);

function o = cf05(x,S,M,r_flag)
dim=size(x,2);
N=5;
delta=[10,20,30,40,50];
lamda=[10,1,10,1e-6,1];
bias=[0,100,200,300,400];
g1=@f5;
g2=@f17;
g3=@f13;
g4=@f12;
g5=@f4;
fit=zeros(1,N);
i=1;
fit(i)=g1(x,S((i-1)*100+1:(i-1)*100+dim),M((i-1)*dim*dim+1:i*dim*dim),1,r_flag);
fit(i)=lamda(i)*fit(i);
i=2;
fit(i)=g2(x,S((i-1)*100+1:(i-1)*100+dim),M((i-1)*dim*dim+1:i*dim*dim),1,r_flag);
fit(i)=lamda(i)*fit(i);
i=3;
fit(i)=g3(x,S((i-1)*100+1:(i-1)*100+dim),M((i-1)*dim*dim+1:i*dim*dim),1,r_flag);
fit(i)=lamda(i)*fit(i);
i=4;
fit(i)=g4(x,S((i-1)*100+1:(i-1)*100+dim),M((i-1)*dim*dim+1:i*dim*dim),1,r_flag);
fit(i)=lamda(i)*fit(i);
i=5;
fit(i)=g5(x,S((i-1)*100+1:(i-1)*100+dim),M((i-1)*dim*dim+1:i*dim*dim),1,r_flag);
fit(i)=lamda(i)*fit(i);
o=cf_cal(x,S,delta,fit,bias);
end
```

绘制函数 F25 图像的 MATLAB 代码如下。

```
x=-100:1:100;
y=x;
L=length(x);
F_name='F25';

f=zeros(201,201);
[LB,UB,Dim,fobj]=CEC2017(F_name);
for i=1:L
    for j=1:L
        f(i,j)=fobj([x(i),y(j)]);
    end
end
```

```
%Draw search space
surfc(x,y,f,'LineStyle','none');
title(F_name);
xlabel('x_1');
ylabel('x_2');
zlabel('适应度值');
```

25. 函数 F26

函数 F26 的基本信息如表 14-81 所示。

表 14-81　函数 F26 的基本信息

名　　称	参　　数	维　度	变 量 范 围	全局最优值
F26	$N = 5$ $\sigma = [10, 20, 20, 30, 40]$ $\lambda = [1e-26, 10, 1e-6, 10, 5e-4]$ $bias = [0, 100, 200, 300, 400]$ g_1：Expanded Scaffer's F6 Function F_6' g_2：Modified Schwefel's Function F_{10}' g_3：Griewank's Function F_{15}' g_4：Rosenbrock's Function F_4' g_5：Rastrigin's Function F_5'	10	$[-100, 100]$	2600

使用二维图表绘制的函数 F26 的搜索曲面如图 14-62 所示。

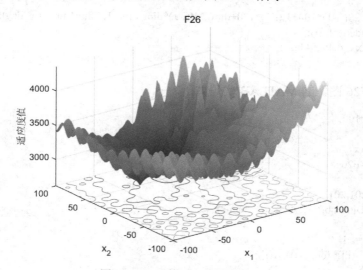

图 14-62　函数 F26 的搜索曲面

函数 F26 的 MATLAB 代码如下。

```
dim=size(x,2);            % 维度
fid=26;                   % 函数序号
S=readS(fid);             % 读取偏移矩阵
M=readM(fid,dim);         % 读取旋转矩阵
o=cf06(x,S',M',1);
```

```
function o = cf06(x,S,M,r_flag)
dim=size(x,2);
N=5;
delta=[10,20,20,30,40];
lamda=[5e-5,1,10,1,10];
bias=[0,100,200,300,400];
g1=@f6;
g2=@f10;
g3=@f15;
g4=@f4;
g5=@f5;
fit=zeros(1,N);
i=1;
fit(i)=g1(x,S((i-1)*100+1:(i-1)*100+dim),M((i-1)*dim*dim+1:i*dim*dim),1,r_flag);
fit(i)=lamda(i)*fit(i);
i=2;
fit(i)=g2(x,S((i-1)*100+1:(i-1)*100+dim),M((i-1)*dim*dim+1:i*dim*dim),1,r_flag);
fit(i)=lamda(i)*fit(i);
i=3;
fit(i)=g3(x,S((i-1)*100+1:(i-1)*100+dim),M((i-1)*dim*dim+1:i*dim*dim),1,r_flag);
fit(i)=lamda(i)*fit(i);
i=4;
fit(i)=g4(x,S((i-1)*100+1:(i-1)*100+dim),M((i-1)*dim*dim+1:i*dim*dim),1,r_flag);
fit(i)=lamda(i)*fit(i);
i=5;
fit(i)=g5(x,S((i-1)*100+1:(i-1)*100+dim),M((i-1)*dim*dim+1:i*dim*dim),1,r_flag);
fit(i)=lamda(i)*fit(i);
o=cf_cal(x,S,delta,fit,bias);
end
```

绘制函数 F26 图像的 MATLAB 代码如下。

```
x=-100:1:100;
y=x;
L=length(x);
F_name='F26';

f=zeros(201,201);
[LB,UB,Dim,fobj]=CEC2017(F_name);
for i=1:L
    for j=1:L
            f(i,j)=fobj([x(i),y(j)]);
    end
end

%Draw search space
surfc(x,y,f,'LineStyle','none');
title(F_name);
xlabel('x_1');
ylabel('x_2');
zlabel('适应度值');
```

26. 函数 F27

函数 F27 的基本信息如表 14-82 所示。

表 14-82 函数 F27 的基本信息

名 称	参 数	维 度	变量范围	全局最优值
F27	$N=6$ $\sigma=[10,20,30,40,50,60]$ $\lambda=[10,10,2.5,1e-26,1e-6,5e-4]$ $\mathrm{bias}=[0,100,200,300,400,500]$ g_1: HGBat Function F_{18}' g_2: Rastrigin's Function F_5' g_3: Modified Schwefel's Function F_{10}' g_4: Bent Cigar Function F_1' g_5: High Conditioned Elliptic Function F_{11}' g_6: Expanded Scaffer's F6 Function F_6'	10	[-100, 100]	2700

使用二维图表绘制的函数 F27 的搜索曲面如图 14-63 所示。

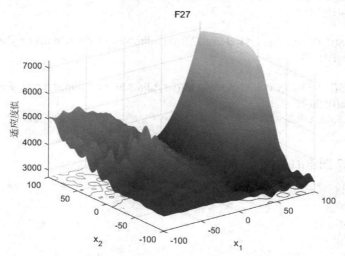

图 14-63 函数 F27 的搜索曲面

函数 F27 的 MATLAB 代码如下。

```
dim=size(x,2);        % 维度
fid=27;               % 函数序号
S=readS(fid);         % 读取偏移矩阵
M=readM(fid,dim);     % 读取旋转矩阵
o=cf07(x,S',M',1);

function o = cf07(x,S,M,r_flag)
dim=size(x,2);
N=6;
delta=[10,20,30,40,50,60];
```

```
lamda=[10,10,2.5,1e-26,1e-6,5e-4];
bias=[0,100,200,300,400,500];
g1=@f18;
g2=@f5;
g3=@f10;
g4=@f1;
g5=@f11;
g6=@f6;
fit=zeros(1,N);
i=1;
fit(i)=g1(x,S((i-1)*100+1:(i-1)*100+dim),M((i-1)*dim*dim+1:i*dim*dim),1,r_flag);
fit(i)=lamda(i)*fit(i);
i=2;
fit(i)=g2(x,S((i-1)*100+1:(i-1)*100+dim),M((i-1)*dim*dim+1:i*dim*dim),1,r_flag);
fit(i)=lamda(i)*fit(i);
i=3;
fit(i)=g3(x,S((i-1)*100+1:(i-1)*100+dim),M((i-1)*dim*dim+1:i*dim*dim),1,r_flag);
fit(i)=lamda(i)*fit(i);
i=4;
fit(i)=g4(x,S((i-1)*100+1:(i-1)*100+dim),M((i-1)*dim*dim+1:i*dim*dim),1,r_flag);
fit(i)=lamda(i)*fit(i);
i=5;
fit(i)=g5(x,S((i-1)*100+1:(i-1)*100+dim),M((i-1)*dim*dim+1:i*dim*dim),1,r_flag);
fit(i)=lamda(i)*fit(i);
i=6;
fit(i)=g6(x,S((i-1)*100+1:(i-1)*100+dim),M((i-1)*dim*dim+1:i*dim*dim),1,r_flag);
fit(i)=lamda(i)*fit(i);
o=cf_cal(x,S,delta,fit,bias);
end
```

绘制函数 F27 图像的 MATLAB 代码如下。

```
x=-100:1:100;
y=x;
L=length(x);
F_name='F27';

f=zeros(201,201);
[LB,UB,Dim,fobj]=CEC2017(F_name);
for i=1:L
    for j=1:L
            f(i,j)=fobj([x(i),y(j)]);
    end
end

%Draw search space
surfc(x,y,f,'LineStyle','none');
title(F_name);
xlabel('x_1');
ylabel('x_2');
zlabel('适应度值');
```

27. 函数 F28

函数 F28 的基本信息如表 14-83 所示。

表 14-83 函数 F28 的基本信息

名 称	参 数	维 度	变 量 范 围	全局最优值
F28	$N = 6$ $\sigma = [10, 20, 30, 40, 50, 60]$ $\lambda = [10, 10, 1e - 6, 1, 1, 5e - 4]$ $bias = [0, 100, 200, 300, 400, 500]$ g_1 : Ackley's Function F_{13}' g_2 : Griewank's Function F_{15}' g_3 : Discus Function F_{12}' g_4 : Rosenbrock's Function F_4' g_5 : HappyCat Function F_{17}' g_6 : Expanded Scaffer's F6 Function F_6'	10	[−100, 100]	2800

使用二维图表绘制的函数 F28 的搜索曲面如图 14-64 所示。

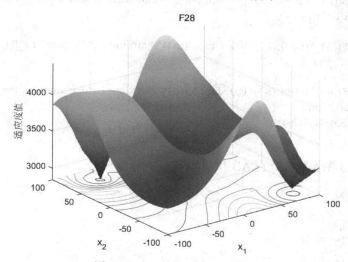

图 14-64 函数 F28 的搜索曲面

函数 F28 的 MATLAB 代码如下。

```
dim=size(x,2);              % 维度
fid=28;                     % 函数序号
S=readS(fid);               % 读取偏移矩阵
M=readM(fid,dim);           % 读取旋转矩阵
o=cf08(x,S',M',1);

function o = cf08(x,S,M,r_flag)
dim=size(x,2);
N=6;
delta=[10,20,30,40,50,60];
```

```
lamda=[10,10,1e-6,1,1,5e-4];
bias=[0,100,200,300,400,500];
g1=@f13;
g2=@f15;
g3=@f12;
g4=@f4;
g5=@f17;
g6=@f6;
fit=zeros(1,N);
i=1;
fit(i)=g1(x,S((i-1)*100+1:(i-1)*100+dim),M((i-1)*dim*dim+1:i*dim*dim),1,r_flag);
fit(i)=lamda(i)*fit(i);
i=2;
fit(i)=g2(x,S((i-1)*100+1:(i-1)*100+dim),M((i-1)*dim*dim+1:i*dim*dim),1,r_flag);
fit(i)=lamda(i)*fit(i);
i=3;
fit(i)=g3(x,S((i-1)*100+1:(i-1)*100+dim),M((i-1)*dim*dim+1:i*dim*dim),1,r_flag);
fit(i)=lamda(i)*fit(i);
i=4;
fit(i)=g4(x,S((i-1)*100+1:(i-1)*100+dim),M((i-1)*dim*dim+1:i*dim*dim),1,r_flag);
fit(i)=lamda(i)*fit(i);
i=5;
fit(i)=g5(x,S((i-1)*100+1:(i-1)*100+dim),M((i-1)*dim*dim+1:i*dim*dim),1,r_flag);
fit(i)=lamda(i)*fit(i);
i=6;
fit(i)=g6(x,S((i-1)*100+1:(i-1)*100+dim),M((i-1)*dim*dim+1:i*dim*dim),1,r_flag);
fit(i)=lamda(i)*fit(i);
o=cf_cal(x,S,delta,fit,bias);
end
```

绘制函数 F28 图像的 MATLAB 代码如下。

```
x=-100:1:100;
y=x;
L=length(x);
F_name='F28';

f=zeros(201,201);
[LB,UB,Dim,fobj]=CEC2017(F_name);
for i=1:L
    for j=1:L
            f(i,j)=fobj([x(i),y(j)]);
    end
end

%Draw search space
surfc(x,y,f,'LineStyle','none');
title(F_name);
xlabel('x_1');
ylabel('x_2');
zlabel('适应度值');
```

28. 函数 F29

函数 F29 的基本信息如表 14-84 所示。

表 14-84 函数 F29 的基本信息

名　称	参　　数	维　度	变量范围	全局最优值
F29	$N = 3$ $\sigma = [10, 30, 50]$ $\lambda = [1, 1, 1]$ $bias = [0, 100, 200]$ g_1: F15 g_2: F16 g_3: F17	10	$[-100, 100]$	2900

函数 F29 的 MATLAB 代码如下。

```
dim=size(x,2);          % 维度
fid=29;                 % 函数序号
S=readS(fid);           % 读取偏移矩阵
M=readM(fid,dim);       % 读取旋转矩阵
SS=readS(fid,dim);      % 读取随机矩阵
o=cf09(x,S',M',1);

function o = cf09(x,S,M,SS,r_flag)
dim=size(x,2);
N=3;
delta=[10,30,50];
lamda=[1,1,1];
bias=[0,100,200];
g1=@hf05;
g2=@hf06;
g3=@hf07;
fit=zeros(1,N);
i=1;
fit(i)=g1(x,S((i-1)*100+1:(i-1)*100+dim),M((i-1)*dim*dim+1:i*dim*dim),SS((i-1)*dim+1:i*dim),1,r_flag);
fit(i)=lamda(i)*fit(i);
i=2;
fit(i)=g2(x,S((i-1)*100+1:(i-1)*100+dim),M((i-1)*dim*dim+1:i*dim*dim),SS((i-1)*dim+1:i*dim),1,r_flag);
fit(i)=lamda(i)*fit(i);
i=3;
fit(i)=g3(x,S((i-1)*100+1:(i-1)*100+dim),M((i-1)*dim*dim+1:i*dim*dim),SS((i-1)*dim+1:i*dim),1,r_flag);
fit(i)=lamda(i)*fit(i);
o=cf_cal(x,S,delta,fit,bias);
end
```

29. 函数 F30

函数 F30 的基本信息如表 14-85 所示。

表 14-85　函数 F30 的基本信息

名　　称	参　　数	维　　度	变量范围	全局最优值
F30	$N=3$ $\sigma=[10,30,50]$ $\lambda=[1,1,1]$ $\mathrm{bias}=[0,100,200]$ $g_1: \mathrm{F15}$ $g_2: \mathrm{F18}$ $g_3: \mathrm{F19}$	10	$[-100,100]$	3000

函数 F30 的 MATLAB 代码如下。

```
dim=size(x,2);            % 维度
fid=30;                   % 函数序号
S=readS(fid);             % 读取偏移矩阵
M=readM(fid,dim);         % 读取旋转矩阵
SS=readS(fid,dim);        % 读取随机矩阵
o=cf10(x,S',M',1);


function o = cf10(x,S,M,SS,r_flag)
dim=size(x,2);
N=3;
delta=[10,30,50];
lamda=[1,1,1];
bias=[0,100,200];
g1=@hf05;
g2=@hf08;
g3=@hf09;
fit=zeros(1,N);
i=1;
fit(i)=g1(x,S((i-1)*100+1:(i-1)*100+dim),M((i-1)*dim*dim+1:i*dim*dim),SS((i-1)*dim+1:i*dim),1,r_flag);

fit(i)=lamda(i)*fit(i);
i=2;
fit(i)=g2(x,S((i-1)*100+1:(i-1)*100+dim),M((i-1)*dim*dim+1:i*dim*dim),SS((i-1)*dim+1:i*dim),1,r_flag);

fit(i)=lamda(i)*fit(i);
i=3;
fit(i)=g3(x,S((i-1)*100+1:(i-1)*100+dim),M((i-1)*dim*dim+1:i*dim*dim),SS((i-1)*dim+1:i*dim),1,r_flag);

fit(i)=lamda(i)*fit(i);
o=cf_cal(x,S,delta,fit,bias);
end
```

14.3.3　CEC 2017 测试集的收敛曲线

以鲫鱼优化算法为例，其在 CEC 2017 测试集中求解得到的收敛曲线如图 14-65 所示。

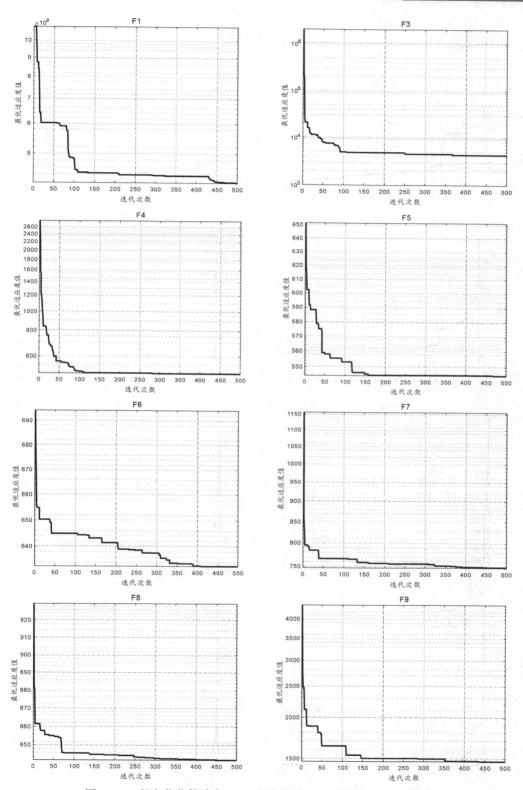

图 14-65　鲫鱼优化算法在 CEC 2017 测试集中求解得到的收敛曲线

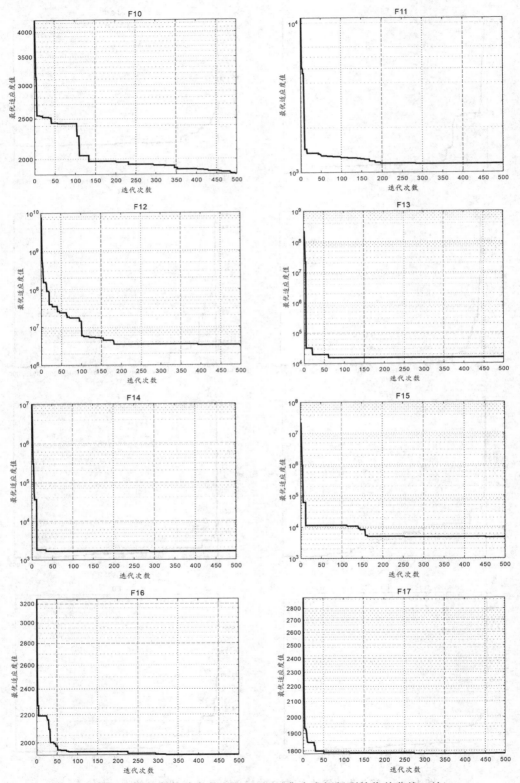

图 14-65　鲫鱼优化算法在 CEC 2017 测试集中求解得到的收敛曲线（续）

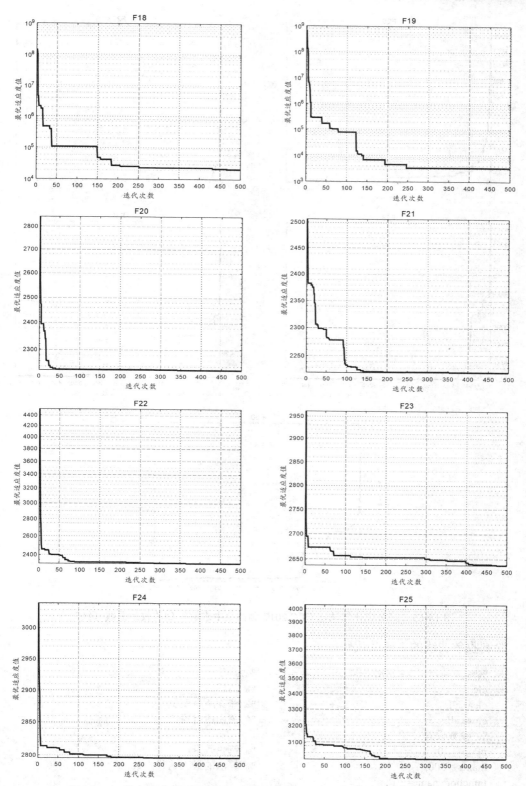

图 14-65　鲫鱼优化算法在 CEC 2017 测试集中求解得到的收敛曲线（续）

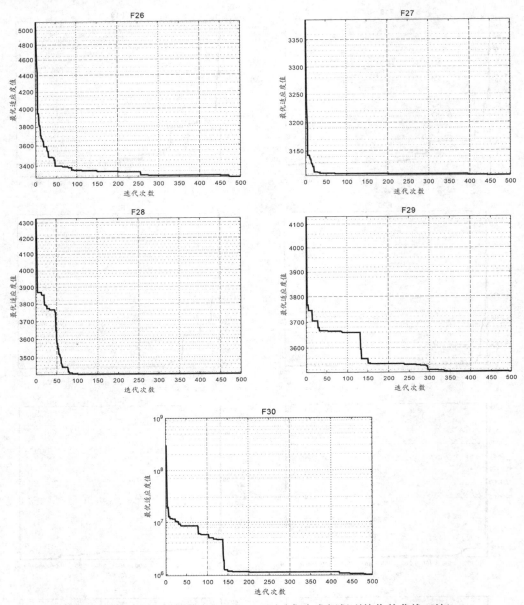

图 14-65　鲫鱼优化算法在 CEC 2017 测试集中求解得到的收敛曲线（续）

绘制收敛曲线的主函数代码如下。

```
%%---------------主函数-main.m------------------%%
clc;                                    % 清屏
clear all;                              % 清除所有变量
close all;                              % 关闭所有窗口
% 参数设置
nPop = 30;                              % 鲫鱼数量
maxIt = 500;                            % 算法的最大迭代次数
Function_name='F1';
```

```
[LoB,UpB,Dim,F_Obj]=CEC2017(Function_name);
% 利用鲫鱼优化算法求解问题
[Best,CNVG] = ROA(nPop, Dim, UpB, LoB, maxIt, F_Obj);
% 绘制迭代曲线
figure
plot(CNVG,'r-','linewidth',2);          % 绘制收敛曲线
axis tight;                             % 坐标轴显示范围为紧凑型
box on;                                 % 加边框
grid on;                                % 添加网格
title('鲫鱼优化算法收敛曲线')            % 添加标题
xlabel('迭代次数')                       % 添加 x 轴标注
ylabel('适应度值')                       % 添加 y 轴标注
```

14.4　CEC 2020 测试集

CEC 2020 测试集共有 10 个测试函数，其中，F1 为单峰函数，F2～F4 为基础函数，F5～F7 为混合函数，F8～F10 为复合函数，如表 14-86 所示。

表 14-86　CEC 2020 测试函数

类　　型	序　　号	函 数 名 称	维　　度	变量范围	全局最优值
单峰函数	F1	Shifted and Rotated Bent Cigar Function	10	[−100,100]	100
基础函数	F2	Shifted and Rotated Schwefel's Function	10	[−100,100]	1100
	F3	Shifted and Rotated Lunacek bi-Rastrigin Function	10	[−100,100]	700
	F4	Expanded Rosenbrock's plus Griewangk's Function	10	[−100,100]	1900
混合函数	F5	Hybrid Function 1 ($N=3$)	10	[−100,100]	1700
	F6	Hybrid Function 2 ($N=4$)	10	[−100,100]	1600
	F7	Hybrid Function 3 ($N=5$)	10	[−100,100]	2100
复合函数	F8	Composition Function 1 ($N=3$)	10	[−100,100]	2100
	F9	Composition Function 2 ($N=4$)	10	[−100,100]	2400
	F10	Composition Function 3 ($N=5$)	10	[−100,100]	2500

CEC 2020 测试集的主函数及功能函数的 MATLAB 代码如下。

```
function [lb,ub,dim,fobj] = CEC2020(F)
lb=-100;
ub=100;
dim=10;
switch F
    case 'F1'
        fobj = @(x)cec_func(x,1);
    case 'F2'
        fobj = @(x)cec_func(x,2);
    case 'F3'
        fobj = @(x)cec_func(x,3);
    case 'F4'
```

```matlab
                    fobj = @(x)cec_func(x,4);
            case 'F5'
                    fobj = @(x)cec_func(x,5);
            case 'F6'
                    fobj = @(x)cec_func(x,6);
            case 'F7'
                    fobj = @(x)cec_func(x,7);
            case 'F8'
                    fobj = @(x)cec_func(x,8);
            case 'F9'
                    fobj = @(x)cec_func(x,9);
            case 'F10'
                    fobj = @(x)cec_func(x,10);
        end

        global INF
        INF = 10^99;
        global EPS
        EPS = 10^(-14);
        global E
        E = 2.7182818284590452353602874713526625;
        global PI
        PI = 3.1415926535897932384626433832795029;

        end

        function o = cec_func(x,fid)
        o=0;
        dim=size(x,2);
        fids=[1,2,3,7,4,16,6,22,24,25];
        S=readS(fids(fid));

        if dim==2 || dim==10 || dim==20||dim==30 || dim==50||dim==100
            M=readM(fids(fid),dim);
        else
            fprintf('维度错误\n');
            return
        end

        if fid>4 && fid<8
            if dim==5 || dim==10 || dim==20||dim==30 || dim==50 || dim==100
                SS=readSS(fids(fid),dim);
            else
                fprintf('维度错误\n');
                return
            end
        end

        switch fid
            case 1
                o=f1(x,S',M',1,1)+100;
            case 2
                o=f11(x,S',M',1,1)+1100;
```

```
        case 3
            o=f10(x,S',M',1,1)+700;
        case 4
            o=f13(x,S',M',0,0)+1900;
        case 5
            o=hf01(x,S',M',SS',1,1)+1700;
        case 6
            o=hf02(x,S',M',SS',1,1)+1600;
        case 7
            o=hf03(x,S',M',SS',1,1)+2100;
        case 8
            o=cf01(x,S',M',1)+2200;
        case 9
            o=cf02(x,S',M',1)+2400;
        case 10
            o=cf03(x,S',M',1)+2500;
end
end


function M=readM(fid,dim)

filename=strcat('input_data\M_',num2str(fid),'_D',num2str(dim),'.txt');
fpt = fopen(filename,"r");

if fpt==-1
    sprintf("\n Error: Cannot open input file for reading \n");
else
    M=fscanf(fpt,"%f");
    fclose(fpt);
end
end


function S=readS(fid)

filename=strcat('input_data\shift_data_',num2str(fid),'.txt');
fpt = fopen(filename,"r");

if fpt==-1
    sprintf("\n Error: Cannot open input file for reading \n");
else
    S=fscanf(fpt,"%f");
    fclose(fpt);
end
end


function SS=readSS(fid,dim)

filename=strcat('input_data\shuffle_data_',num2str(fid),'_D',num2str(dim),'.txt');
fpt = fopen(filename,"r");

if fpt==-1
```

```
                sprintf("\n Error: Cannot open input file for reading \n");
        else
                SS=fscanf(fpt,"%f");
                fclose(fpt);
        end
end


function x=sr_func(x,S,M,sh_rate,s_flag,r_flag)

if s_flag==1
        if r_flag==1
                x=rotatefunc(shiftfunc(x,S,sh_rate),M);
        else
                x=shiftfunc(x,S,sh_rate);
        end
else
        if r_flag==1
                x=rotatefunc(x,M);
        else
                x=x*sh_rate;
        end
end
end


function x=shiftfunc(x,S,sh_rate)
x=sh_rate*(x-S);
end


function y=rotatefunc(x,M)
dim=size(x,2);
y=zeros(1,dim);
for i=1:dim
        for j=1:dim
                y(i)=y(i)+x(j)*M((i-1)*dim+j);
        end
end
end


function o=cf_cal(x,s,delta,fit,bias)
global INF
dim=size(x,2);
cf_num=size(fit,2);
w_max=0;
w=zeros(1,cf_num);
for i=1:cf_num
        fit(i)=fit(i)+bias(i);
        sn=s((i-1)*100+1:(i-1)*100+dim);
        y=(x-sn).^2;
        w(i)=sum(y(1,:));
        if w(i)~=0
                w(i)=((1/w(i))^0.5)*exp(-w(i)/(2*dim*(delta(i)^2)));
```

```
        else
            w(i)=INF;
        end
        if w(i)>w_max
            w_max=w(i);
        end
    end

    if w_max==0
        w=ones(1,cf_num);
    end
    w_sum=sum(w);
    o=sum(w./w_sum.*fit);
end
```

14.4.1　CEC 2020 测试集的一些定义

CEC 2020 测试集的函数是通过对 14 个基本函数进行不同的旋转、偏移、缩放、混合以及复合操作构建的。其中，单峰函数 F1 仅进行了旋转和偏移操作；基础函数 F2～F4 分别进行了不同的偏移、旋转以及缩放操作；混合函数进行了混合操作，即选择不同的或进行不同操作的子组件作为函数的几个维度；复合函数进行了复合操作，即选择不同的或进行不同操作的函数组成函数的单个维度并在所有维度中保证所选函数相同。

基本函数如下。

1.　Bent Cigar Function

$$f_1(x) = x_1^2 + 10^6 \sum_{i=2}^{D} x_i^2 \tag{14-35}$$

2.　Rastrigin's Function

$$f_2(x) = \sum_{i=2}^{D} \left(x_i^2 - 10\cos(2\pi x_i) + 10 \right) \tag{14-36}$$

3.　High Conditioned Elliptic Function

$$f_3(x) = \sum_{i=1}^{D} (10^6)^{\frac{i-1}{D-1}} x_i^2 \tag{14-37}$$

4.　HGBat Function

$$f_4(x) = \left| \left(\sum_{i=1}^{D} x_i^2 \right)^2 - \left(\sum_{i=1}^{D} x_i \right)^2 \right|^{\frac{1}{2}} + \frac{0.5\sum_{i=1}^{D} x_i^2 + \sum_{i=1}^{D} x_i}{D} + 0.5 \tag{14-38}$$

5.　Rosenbrock's Function

$$f_5(x) = \sum_{i=1}^{D-1} \left[100\left(x_i^2 - x_{i+1} \right)^2 + \left(x_i - 1 \right)^2 \right] \tag{14-39}$$

6. Griewank's Function

$$f_6(x) = \sum_{i=1}^{D} \frac{x_i^2}{4000} - \prod_{i=1}^{D} \cos\left(\frac{x_i}{\sqrt{i}}\right) + 1 \tag{14-40}$$

7. Ackley's Function

$$f_7(x) = -20\exp\left(-0.2\sqrt{\frac{1}{D}\sum_{i=1}^{D} x_i^2}\right) - \exp\left(\frac{1}{D}\sum_{i=1}^{D}\cos(2\pi x_i)\right) + 20 + e \tag{14-41}$$

8. HappyCat Function

$$f_8(x) = \left|\sum_{i=1}^{D} x_i^2 - D\right|^{\frac{1}{4}} + \frac{0.5\sum_{i=1}^{D} x_i^2 + \sum_{i=1}^{D} x^2}{D} + 0.5 \tag{14-42}$$

9. Discus Function

$$f_9(x) = 10^6 x_1^2 + \sum_{i=2}^{D} x_i^2 \tag{14-43}$$

10. Lunacek bi-Rastrigin Function

$$f_{10}(x) = \min\left(\sum_{i=1}^{D}\left(\hat{x}_i - \mu_0\right)^2, dD + s\sum_{i=1}^{D}\left(\hat{x}_i - \mu_1\right)^2\right) + 10\left(D - \sum_{i=1}^{D}(\cos(2\pi\hat{z}_i))\right)$$

$$\mu_0 = 2.5, \quad \mu_1 = -\sqrt{\frac{\mu_0^2 - d}{s}}, \quad s = 1 - \frac{1}{2\sqrt{D + 20} - 8.2}, \quad d = 1 \tag{14-44}$$

$$y = \frac{10(x - o)}{100}, \quad \hat{x}_i = 2\,\text{sign}(x_i^*)y_i + \mu_0, \quad i = 1, 2, \cdots, D$$

$$z = \Lambda^{100}(\hat{x} - \mu_0)$$

11. Modified Schwefel's Function

$$f_{11} = 418.9829 \times D - \sum_{i=1}^{D} g(z_i), \qquad z_i = x_i + 4.2096874662275036E + 2$$

$$g(z_i) = \begin{cases} z_i \sin\left(|z_i|^{\frac{1}{2}}\right) & , |z_i| \leqslant 500 \\[2mm] (500 - \text{mod}(z_i, 500))\sin\left(\sqrt{|500 - \text{mod}(z_i, 500)|}\right) - \frac{(z_i - 500)^2}{10000D} & , z_i > 500 \\[2mm] (\text{mod}(z_i, 500) - 500)\sin\left(\sqrt{|500 - \text{mod}(z_i, 500)|}\right) - \frac{(z_i + 500)^2}{10000D} & , z_i < -500 \end{cases} \tag{14-45}$$

12. Expanded Schaffer's F6 Function

$$g(x,y) = 0.5 + \frac{\sin^2\left(\sqrt{x^2 + y^2}\right) - 0.5}{\left[1 + 0.001(x^2 + y^2)\right]^2} \tag{14-46}$$

$$f_{12}(x) = g(x_1, x_2) + g(x_2, x_3) + \cdots + g(x_{D-1}, x_D) + g(x_D, x_1)$$

13. Expanded Griewank's plus Rosenbrock's Function

$$f_{13}(x) = f_6(f_5(x_1, x_2)) + f_6(f_5(x_2, x_3)) + \cdots + f_6(f_5(x_{D-1}, x_D)) + f_6(f_5(x_D, x_1)) \quad （14\text{-}47）$$

14. Weierstrass Function

$$f_{14}(x) = \sum_{i=1}^{D} \left(\sum_{k=0}^{k_{max}} \left[a^k \cos\left(2\pi b^k (x_i + 0.5) \right) \right] \right) - D \sum_{k=0}^{k_{max}} \left[a^k \cos\left(2\pi b^k \cdot 0.5 \right) \right] \quad （14\text{-}48）$$

$$a = 0.5, \quad b = 3, \quad k_{max} = 20$$

基本函数的 MATLAB 代码如下。

```
function o = f1(x,S,M,s_flag,r_flag)%Bent Cigar Function
dim=size(x,2);
x=sr_func(x,S(1:dim),M,1.0,s_flag,r_flag);
o=x(1)^2;
for i=2:dim
    o=o+(10^6)*(x(i)^2);
end
end

function o = f2(x,S,M,s_flag,r_flag)%Rastrigin's Function
global PI
dim=size(x,2);
o=0;
x=sr_func(x,S(1:dim),M,5.12/100,s_flag,r_flag);
for i=1:dim
    o=o+(x(i)^2-10*cos(2*PI*x(i))+10);
end
end

function o = f3(x,S,M,s_flag,r_flag)%High Conditioned Elliptic Function
dim=size(x,2);
o=0;
x=sr_func(x,S(1:dim),M,1.0,s_flag,r_flag);
for i=1:dim
    o=o+(10^(6*(i-1)/(dim-1)))*(x(i)^2);
end
end

function o = f4(x,S,M,s_flag,r_flag)%HGBat Function
dim=size(x,2);
x=sr_func(x,S(1:dim),M,5/100,s_flag,r_flag);
x=x-1;
o=abs(sum(x.^2)^2-sum(x)^2)^0.5+(0.5*sum(x.^2)+sum(x))/dim+0.5;
end

function o = f5(x,S,M,s_flag,r_flag)%Rosenbrock's Function
dim=size(x,2);
o=0;
x=sr_func(x,S(1:dim),M,2.048/100,s_flag,r_flag);
```

```
x=x+1;
for i=1:dim-1
      o=o+100*(((x(i)^2)-x(i+1))^2)+(x(i)-1)^2;
end
end


function o = f5_simple(x1,x2)%Simple Rosenbrock's Function
o=100*(x1*x1-x2)*(x1*x1-x2)+(x1-1)*(x1-1);
end


function o = f6(x,S,M,s_flag,r_flag)%Griewank's Function
dim=size(x,2);
value1=0;
value2=1;
x=sr_func(x,S(1:dim),M,600/100,s_flag,r_flag);
for i=1:dim
      value1=value1+x(i)*x(i)/4000;
      value2=value2*cos(x(i)/(i^0.5));
end
o=value1-value2+1;
end


function o = f6_simple(x)%Simple Griewank's Function
o=x*x/4000-cos(x)+1;
end


function o = f7(x,S,M,s_flag,r_flag)%Ackley's Function
global E
global PI
dim=size(x,2);
value1=0;
value2=0;
x=sr_func(x,S(1:dim),M,1.0,s_flag,r_flag);
for i=1:dim
      value1=value1+x(i)^2;
      value2=value2+cos(2*PI*x(i));
end
o=-20*(E^(-0.2*((1/dim*value1)^0.5)))-exp(1/dim*value2)+20+E;
end


function o = f8(x,S,M,s_flag,r_flag)%HappyCat Function
dim=size(x,2);
value1=0;
value2=0;
x=sr_func(x,S(1:dim),M,5/100,s_flag,r_flag);
x=x-1;
for i=1:dim
      value1=value1+x(i).^2;
      value2=value2+x(i);
end
```

```
o=(abs(value1-dim)^(1/4))+(0.5*value1+value2)/dim+0.5;
end


function o = f9(x,S,M,s_flag,r_flag)%Discus Function
dim=size(x,2);
x=sr_func(x,S(1:dim),M,1.0,s_flag,r_flag);
o=(10^6)*(x(1)^2);
for i=2:dim
    o=o+x(i)^2;
end
end


function o = f10(x,S,M,s_flag,r_flag)%Lunacek bi-Rastrigin Function
global PI
dim=size(x,2);
o=0;
micro0=2.5;
d=1;
s=1-(1/(2*((dim+20)^0.5)-8.2));
micro1=-(((micro0^2-d)/s)^0.5);
if s_flag==1
    x=shiftfunc(x,S(1:dim),10/100);
else
    x=x*10/100;
end
tmpx=2*x;
for i = 1:dim
    if S(i) < 0
        tmpx(i) = -tmpx(i);
    end
end
z=tmpx;
tmpx= tmpx+micro0;
tmp1=0;
tmp2=0;
for i = 1:dim
    tmp = tmpx(i)-micro0;
    tmp1 = tmp1+tmp*tmp;
    tmp = tmpx(i)-micro1;
    tmp2 = tmp2+tmp*tmp;
end
tmp2 = tmp2*s+d*dim;
tmp=0;
if r_flag==1
    z=rotatefunc(z,M);
end
for i = 1:dim
    tmp=tmp+cos(2*PI*z(i));
end
if tmp1<tmp2
    o = tmp1+10.0*(dim-tmp);
```

```
else
        o = tmp2+10.0*(dim-tmp);
    end
end

function o = f11(x,S,M,s_flag,r_flag)%Modified Schwefel's Function
dim=size(x,2);
a=4.189828872724338e+002;
b=4.209687462275036e+002;
value=0;
x=sr_func(x,S(1:dim),M,1000/100,s_flag,r_flag);
for i=1:dim
    z=x(i)+b;
    if z<-500
        value=value+(mod(abs(z),500)-500)*sin(abs(mod(abs(z),500)-500)^0.5)-
((z+500)^2)/(10000*dim);
    elseif z>500
        value=value+(500-mod(z,500))*sin(abs(500-mod(z,500))^0.5)-((z-500)^2)/(10000*dim);
    else
        value=value+z*sin(abs(z)^0.5);
    end

end
o=a*dim-value;
end

function o = f12(x,S,M,s_flag,r_flag)%Expanded Scaffer's F6 Function
dim=size(x,2);
o=0;
x=sr_func(x,S(1:dim),M,1.0,s_flag,r_flag);
for i=1:dim-1
    o=o+F6_Scaffer(x(i),x(i+1));
end
o=o+F6_Scaffer(x(dim),x(1));
end

function o = F6_Scaffer(x,y)
o=0.5+((sin((x^2+y^2)^0.5))^2-0.5)/((1+0.001*(x^2+y^2))^2);
end

function o = f13(x,S,M,s_flag,r_flag)%Expanded Griewank's plus Rosenbrock's Function
dim=size(x,2);
o=0;
x=sr_func(x,S(1:dim),M,5/100,s_flag,r_flag);
x=x+1;
for i=1:dim-1
    o=o+f6_simple(f5_simple(x(i),x(i+1)));
end
o=o+f6_simple(f5_simple(x(dim),x(1)));
end
```

```
function o = f14(x,S,M,s_flag,r_flag)%Weierstrass Function
global PI
dim=size(x,2);
o=0;
a=0.5;
b=3;
kmax=20;
x=sr_func(x,S(1:dim),M,0.5/100,s_flag,r_flag);
for i=1:dim
    value1=0;
    for j=0:kmax
        value1=value1+(a^j)*cos(2*PI*(b^j)*(x(i)+0.5));
    end
    o=o+value1;
end
value2=0;
for j=0:kmax
    value2=value2+a^j*cos(2*PI*b^j*0.5);
end
o=o-dim*value2;
end
```

14.4.2　CEC 2020 测试集的图像及代码

1. 函数 F1

函数 F1 的基本信息如表 14-87 所示。

表 14-87　函数 F1 的基本信息

名　　称	公　　式	维　度	变量范围	全局最优值
F1	$F_1(x) = f_1(M(x - o_1)) + F_1^*$	2	$[-100, 100]$	100

使用二维图表绘制的函数 F1 的搜索曲面如图 14-66 所示。

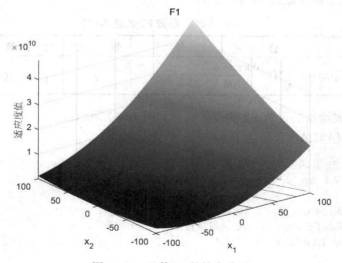

图 14-66　函数 F1 的搜索曲面

函数 F1 的 MATLAB 代码如下。

```
dim=size(x,2);              % 维度
fids=[1,2,3,7,4,16,6,22,24,25];
fid=1;                      % 函数序号
S=readS(fids(fid));         % 读取偏移矩阵
M=readM(fids(fid),dim);     % 读取旋转矩阵
o=f1(x,S',M',1,1)+100;
```

绘制函数 F1 图像的 MATLAB 代码如下。

```
x=-100:1:100;
y=x;
L=length(x);
F_name='F1';

f=zeros(201,201);
[LB,UB,Dim,fobj]=CEC2020(F_name);
for i=1:L
    for j=1:L
        f(i,j)=fobj([x(i),y(j)]);
    end
end

%Draw search space
surfc(x,y,f,'LineStyle','none');
title(F_name);
xlabel('x_1');
ylabel('x_2');
zlabel('适应度值');
```

2. 函数 F2

函数 F2 的基本信息如表 14-88 所示。

表 14-88 函数 F2 的基本信息

名 称	公 式	维 度	变 量 范 围	全局最优值
F2	$F_2(x) = f_{11}\left(\boldsymbol{M}\left(\dfrac{1000(x - o_{11})}{100} \right) \right) + F_2^*$	2	$[-100, 100]$	1100

使用二维图表绘制的函数 F2 的搜索曲面如图 14-67 所示。

函数 F2 的 MATLAB 代码如下。

```
dim=size(x,2);              % 维度
fids=[1,2,3,7,4,16,6,22,24,25];
fid=2;                      % 函数序号
S=readS(fids(fid));         % 读取偏移矩阵
M=readM(fids(fid),dim);     % 读取旋转矩阵
o=f11(x,S',M',1,1)+1100;
```

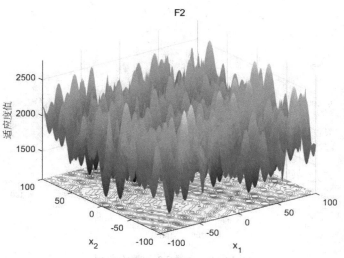

图 14-67 函数 F2 的搜索曲面

绘制函数 F2 图像的 MATLAB 代码如下。

```
x=-100:1:100;
y=x;
L=length(x);
F_name='F2';

f=zeros(201,201);
[LB,UB,Dim,fobj]=CEC2020(F_name);
for i=1:L
    for j=1:L
        f(i,j)=fobj([x(i),y(j)]);
    end
end

%Draw search space
surfc(x,y,f,'LineStyle','none');
title(F_name);
xlabel('x_1');
ylabel('x_2');
zlabel('适应度值');
```

3. 函数 F3

函数 F3 的基本信息如表 14-89 所示。

表 14-89 函数 F3 的基本信息

名　称	公　式	维　度	变量范围	全局最优值
F3	$F_3(x) = f_{10}\left(M\left(\dfrac{600(x - o_7)}{100} \right) \right) + F_3^*$	2	$[-100,100]$	700

使用二维图表绘制的函数 F3 的搜索曲面如图 14-68 所示。

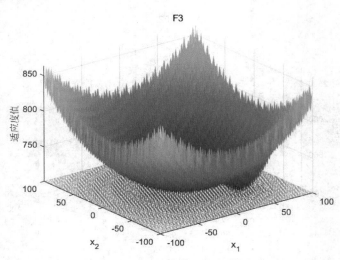

图 14-68　函数 F3 的搜索曲面

函数 F3 的 MATLAB 代码如下。

```
dim=size(x,2);                    % 维度
fids=[1,2,3,7,4,16,6,22,24,25];
fid=3;                            % 函数序号
S=readS(fids(fid));               % 读取偏移矩阵
M=readM(fids(fid),dim);           % 读取旋转矩阵
o=f10(x,S',M',1,1)+700;
```

绘制函数 F3 图像的 MATLAB 代码如下。

```
x=-100:1:100;
y=x;
L=length(x);
F_name='F3';

f=zeros(201,201);
[LB,UB,Dim,fobj]=CEC2020(F_name);
for i=1:L
    for j=1:L
            f(i,j)=fobj([x(i),y(j)]);
    end
end

%Draw search space
surfc(x,y,f,'LineStyle','none');
title(F_name);
xlabel('x_1');
ylabel('x_2');
zlabel('适应度值');
```

4. 函数 F4

函数 F4 的基本信息如表 14-90 所示。

表 14-90 函数 F4 的基本信息

名 称	公 式	维 度	变量范围	全局最优值
F4	$F_4(x) = f_6(f_5(x_1, x_2)) + f_6(f_5(x_2, x_3)) + \cdots +$ $f_6(f_5(x_{D-1}, x_D)) + f_6(f_5(x_D, x_1)) + F_4^*$	10	[−100, 100]	1900

使用二维图表绘制的函数 F4 的搜索曲面如图 14-69 所示。

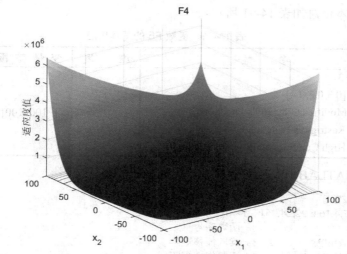

图 14-69 函数 F4 的搜索曲面

函数 F4 的 MATLAB 代码如下。

```
dim=size(x,2);                % 维度
fids=[1,2,3,7,4,16,6,22,24,25];
fid=4;                        % 函数序号
S=readS(fids(fid));           % 读取偏移矩阵
M=readM(fids(fid),dim);       % 读取旋转矩阵
o=f13(x,S',M',1,1)+1900;
```

绘制函数 F4 图像的 MATLAB 代码如下。

```
x=-100:1:100;
y=x;
L=length(x);
F_name='F4';

f=zeros(201,201);
[LB,UB,Dim,fobj]=CEC2020(F_name);
for i=1:L
    for j=1:L
        f(i,j)=fobj([x(i),y(j)]);
    end
end

%Draw search space
```

```
surfc(x,y,f,'LineStyle','none');
title(F_name);
xlabel('x_1');
ylabel('x_2');
zlabel('适应度值');
```

5. 函数 F5

函数 F5 的基本信息如表 14-91 所示。

表 14-91　函数 F5 的基本信息

名　称	参　数	维　度	变量范围	全局最优值
F5	$N=3$ $p=[0.3,0.3,0.4]$ g_1 : Modified Schwefel's Function f_{11} g_2 : Rastrigin's Function f_2 g_3 : High Conditioned Elliptic Function f_3	10	$[-100,100]$	1700

函数 F5 的 MATLAB 代码如下。

```
dim=size(x,2);                    % 维度
fids=[1,2,3,7,4,16,6,22,24,25];
fid=5;                            % 函数序号
S=readS(fids(fid));               % 读取偏移矩阵
M=readM(fids(fid),dim);           % 读取旋转矩阵
SS=readSS(fids(fid),dim);         % 读取随机矩阵
o=hf01(x,S',M',SS,1,1)+1700;

function o = hf01(x,S,M,SS,s_flag,r_flag)
dim=size(x,2);
x=sr_func(x,S(1:dim),M,1.0,s_flag,r_flag);
N=3;
p=[0.3,0.3,0.4];
g1=@f11;
g2=@f2;
g3=@f3;
z=zeros(1,dim);
for i=1:dim
    z(i)=x(SS(i));
end
n=p*dim;
i=1;
o=0+g1(z(1:n(i)),S,M,0,0);
i=2;
o=o+g2(z(sum(n(1:i-1))+1:sum(n(1:i))),S,M,0,0);
i=3;
o=o+g3(z(sum(n(1:i-1))+1:sum(n(1:i))),S,M,0,0);
end
```

6. 函数 F6

函数 F6 的基本信息如表 14-92 所示。

表 14-92　函数 F6 的基本信息

名　　称	参　　　数	维　　度	变 量 范 围	全局最优值
F6	$N=4$ $p=[0.2,0.2,0.3,0.3]$ g_1：Expanded Schaffer Function f_{12} g_2：HGBat Function f_4 g_3：Rosenbrock's Function f_5 g_4：Modified Schwefel's Function f_{11}	10	[−100, 100]	1600

函数 F6 的 MATLAB 代码如下。

```
dim=size(x,2);                % 维度
fids=[1,2,3,7,4,16,6,22,24,25];
fid=6;                        % 函数序号
S=readS(fids(fid));           % 读取偏移矩阵
M=readM(fids(fid),dim);       % 读取旋转矩阵
SS=readSS(fids(fid),dim);     % 读取随机矩阵
o=hf02(x,S',M',SS',1,1)+1600;

function o = hf02(x,S,M,SS,s_flag,r_flag)
dim=size(x,2);
N=4;
p=[0.2,0.2,0.3,0.3];
g1=@f12;
g2=@f4;
g3=@f5;
g4=@f11;

x=sr_func(x,S(1:dim),M,1.0,s_flag,r_flag);
z=zeros(1,dim);
for i=1:dim
    z(i)=x(SS(i));
end
n=p*dim;
i=1;
o=0+g1(z(1:n(i)),S,M,0,0);
i=2;
o=o+g2(z(sum(n(1:i-1))+1:sum(n(1:i))),S,M,0,0);
i=3;
o=o+g3(z(sum(n(1:i-1))+1:sum(n(1:i))),S,M,0,0);
i=4;
o=o+g4(z(sum(n(1:i-1))+1:sum(n(1:i))),S,M,0,0);
end
```

7.　函数 F7

函数 F7 的基本信息如表 14-93 所示。

表 14-93 函数 F7 的基本信息

名　　称	参　　　数	维　　度	变 量 范 围	全局最优值
F7	$N = 5$ $p = [0.1, 0.2, 0.2, 0.2, 0.3]$ g_1 : Expanded Scaffer Function f_{12} g_2 : HGBat Function f_4 g_3 : Rosenbrock's Function f_5 g_4 : Modified Schwefel's Function f_{11} g_5 : High Conditioned Elliptic Function f_3	10	$[-100, 100]$	2100

函数 F7 的 MATLAB 代码如下。

```
dim=size(x,2);                % 维度
fids=[1,2,3,7,4,16,6,22,24,25];
fid=7;                        % 函数序号
S=readS(fids(fid));           % 读取偏移矩阵
M=readM(fids(fid),dim);       % 读取旋转矩阵
SS=readSS(fids(fid),dim);     % 读取随机矩阵
o=hf03(x,S',M',SS',1,1)+2100;

function o = hf03(x,S,M,SS,s_flag,r_flag)
dim=size(x,2);
N=5;
p=[0.1,0.2,0.2,0.2,0.3];
g1=@f12;
g2=@f4;
g3=@f5;
g4=@f11;
g5=@f3;

x=sr_func(x,S(1:dim),M,1.0,s_flag,r_flag);
z=zeros(1,dim);
for i=1:dim
    z(i)=x(SS(i));
end
n=p*dim;
i=1;
o=0+g1(z(1:n(i)),S,M,0,0);
i=2;
o=o+g2(z(sum(n(1:i-1))+1:sum(n(1:i))),S,M,0,0);
i=3;
o=o+g3(z(sum(n(1:i-1))+1:sum(n(1:i))),S,M,0,0);
i=4;
o=o+g4(z(sum(n(1:i-1))+1:sum(n(1:i))),S,M,0,0);
i=5;
o=o+g5(z(sum(n(1:i-1))+1:sum(n(1:i))),S,M,0,0);
end
```

8. 函数 F8

函数 F8 的基本信息如表 14-94 所示。

表 14-94 函数 F8 的基本信息

名 称	参 数	维 度	变 量 范 围	全局最优值
F8	$N=3$ $\sigma=[10,20,30]$ $\lambda=[1,10,1]$ $bias=[0,100,200]$ g_1: Rastrigin's Function f_2 g_2: Griewank's Function f_6 g_3: Modifed Schwefel's Function f_{11}	10	$[-100, 100]$	2200

使用二维图表绘制的函数 F8 的搜索曲面如图 14-70 所示。

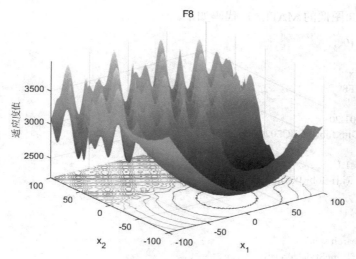

图 14-70 函数 F8 的搜索曲面

函数 F8 的 MATLAB 代码如下。

```
dim=size(x,2);              % 维度
fids=[1,2,3,7,4,16,6,22,24,25];
fid=8;                      % 函数序号
S=readS(fids(fid));         % 读取偏移矩阵
M=readM(fids(fid),dim);     % 读取旋转矩阵
o=cf01(x,S',M',1)+2200;

function o = cf01(x,S,M,r_flag)
dim=size(x,2);
N=3;
delta=[10,20,30];
lamda=[1,10,1];
bias=[0,100,200];
g1=@f2;
g2=@f6;
g3=@f11;
```

```
fit=zeros(1,N);
i=1;
fit(i)=g1(x,S((i-1)*100+1:(i-1)*100+dim),M((i-1)*dim*dim+1:i*dim*dim),1,r_flag);
fit(i)=lamda(i)*fit(i);
i=2;
fit(i)=g2(x,S((i-1)*100+1:(i-1)*100+dim),M((i-1)*dim*dim+1:i*dim*dim),1,r_flag);
fit(i)=lamda(i)*fit(i);
i=3;
fit(i)=g3(x,S((i-1)*100+1:(i-1)*100+dim),M((i-1)*dim*dim+1:i*dim*dim),1,r_flag);
fit(i)=lamda(i)*fit(i);
o=cf_cal(x,S,delta,fit,bias);
end
```

绘制函数 F8 图像的 MATLAB 代码如下。

```
x=-100:1:100;
y=x;
L=length(x);
F_name='F8';

f=zeros(201,201);
[LB,UB,Dim,fobj]=CEC2020(F_name);
for i=1:L
    for j=1:L
        f(i,j)=fobj([x(i),y(j)]);
    end
end

%Draw search space
surfc(x,y,f,'LineStyle','none');
title(F_name);
xlabel('x_1');
ylabel('x_2');
zlabel('适应度值');
```

9. 函数 F9

函数 F9 的基本信息如表 14-95 所示。

表 14-95　函数 F9 的基本信息

名　称	参　　数	维　度	变量范围	全局最优值
F9	$N=4$ $\sigma=[10,20,30,40]$ $\lambda=[1,1e-6,1,1]$ $bias=[0,100,200,300]$ g_1: Ackley's Function f_7 g_2: High Conditioned Elliptic Function f_3 g_3: Girewank's Function f_6 g_4: Rastrigin's Function f_2	10	$[-100,100]$	2400

使用二维图表绘制的函数 F9 的搜索曲面如图 14-71 所示。

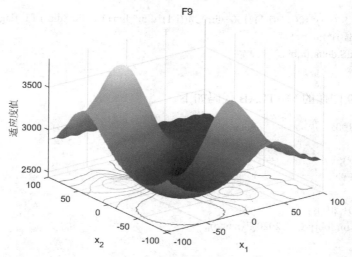

图 14-71 函数 F9 的搜索曲面

函数 F9 的 MATLAB 代码如下。

```
dim=size(x,2);                    % 维度
fids=[1,2,3,7,4,16,6,22,24,25];
fid=9;                            % 函数序号
S=readS(fids(fid));               % 读取偏移矩阵
M=readM(fids(fid),dim);           % 读取旋转矩阵
o=cf02(x,S',M',1)+2400;


function o = cf02(x,S,M,r_flag)
dim=size(x,2);
N=4;
delta=[10,20,30,40];
lamda=[10,1e-6,10,1];
bias=[0,100,200,300];
g1=@f7;
g2=@f3;
g3=@f6;
g4=@f2;
fit=zeros(1,N);
i=1;
fit(i)=g1(x,S((i-1)*100+1:(i-1)*100+dim),M((i-1)*dim*dim+1:i*dim*dim),1,r_flag);
fit(i)=lamda(i)*fit(i);
i=2;
fit(i)=g2(x,S((i-1)*100+1:(i-1)*100+dim),M((i-1)*dim*dim+1:i*dim*dim),1,r_flag);
fit(i)=lamda(i)*fit(i);
i=3;
fit(i)=g3(x,S((i-1)*100+1:(i-1)*100+dim),M((i-1)*dim*dim+1:i*dim*dim),1,r_flag);
```

```
fit(i)=lamda(i)*fit(i);
i=4;
fit(i)=g4(x,S((i-1)*100+1:(i-1)*100+dim),M((i-1)*dim*dim+1:i*dim*dim),1,r_flag);
fit(i)=lamda(i)*fit(i);
o=cf_cal(x,S,delta,fit,bias);
end
```

绘制函数 F9 图像的 MATLAB 代码如下。

```
x=-100:1:100;
y=x;
L=length(x);
F_name='F9';

f=zeros(201,201);
[LB,UB,Dim,fobj]=CEC2020(F_name);
for i=1:L
    for j=1:L
        f(i,j)=fobj([x(i),y(j)]);
    end
end

%Draw search space
surfc(x,y,f,'LineStyle','none');
title(F_name);
xlabel('x_1');
ylabel('x_2');
zlabel('适应度值');
```

10. 函数 F10

函数 F10 的基本信息如表 14-96 所示。

表 14-96　函数 F10 的基本信息

名　称	参　数	维　度	变量范围	全局最优值
F10	$N=5$ $\sigma=[10,20,30,40,50]$ $\lambda=[10,1,10,1e-6,1]$ $bias=[0,100,200,300,400]$ g_1：Rastrigin's Function f_2 g_2：HappyCat Function f_8 g_3：Ackley's Function f_7 g_4：Discus Function f_9 g_5：Rosenbrock's Function f_5	10	$[-100, 100]$	2500

使用二维图表绘制的函数 F10 的搜索曲面如图 14-72 所示。

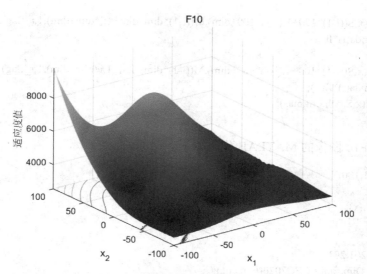

图 14-72 函数 F10 的搜索曲面

函数 F10 的 MATLAB 代码如下。

```matlab
dim=size(x,2);                % 维度
fids=[1,2,3,7,4,16,6,22,24,25];
fid=10;                       % 函数序号
S=readS(fids(fid));           % 读取偏移矩阵
M=readM(fids(fid),dim);       % 读取旋转矩阵
o=cf03(x,S',M',1)+2500;

function o = cf03(x,S,M,r_flag)
dim=size(x,2);
N=5;
delta=[10,20,30,40,50];
lamda=[10,1,10,1e-6,1];
bias=[0,100,200,300,400];
g1=@f2;
g2=@f8;
g3=@f7;
g4=@f9;
g5=@f5;
fit=zeros(1,N);
i=1;
fit(i)=g1(x,S((i-1)*100+1:(i-1)*100+dim),M((i-1)*dim*dim+1:i*dim*dim),1,r_flag);
fit(i)=lamda(i)*fit(i);
i=2;
fit(i)=g2(x,S((i-1)*100+1:(i-1)*100+dim),M((i-1)*dim*dim+1:i*dim*dim),1,r_flag);
fit(i)=lamda(i)*fit(i);
i=3;
fit(i)=g3(x,S((i-1)*100+1:(i-1)*100+dim),M((i-1)*dim*dim+1:i*dim*dim),1,r_flag);
fit(i)=lamda(i)*fit(i);
i=4;
```

```
fit(i)=g4(x,S((i-1)*100+1:(i-1)*100+dim),M((i-1)*dim*dim+1:i*dim*dim),1,r_flag);
fit(i)=lamda(i)*fit(i);
i=5;
fit(i)=g5(x,S((i-1)*100+1:(i-1)*100+dim),M((i-1)*dim*dim+1:i*dim*dim),1,r_flag);
fit(i)=lamda(i)*fit(i);
o=cf_cal(x,S,delta,fit,bias);
end
```

绘制函数 F10 图像的 MATLAB 代码如下。

```
x=-100:1:100;
y=x;
L=length(x);
F_name='F10';

f=zeros(201,201);
[LB,UB,Dim,fobj]=CEC2020(F_name);
for i=1:L
    for j=1:L
            f(i,j)=fobj([x(i),y(j)]);
    end
end

%Draw search space
surfc(x,y,f,'LineStyle','none');
title(F_name);
xlabel('x_1');
ylabel('x_2');
zlabel('适应度值');
```

14.4.3　CEC 2020 测试集的收敛曲线

以鲫鱼优化算法为例，其在 CEC 2020 测试集中求解得到的收敛曲线如图 14-73 所示。

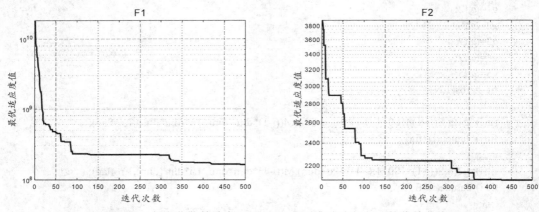

图 14-73　鲫鱼优化算法在 CEC 2020 测试集中求解得到的收敛曲线

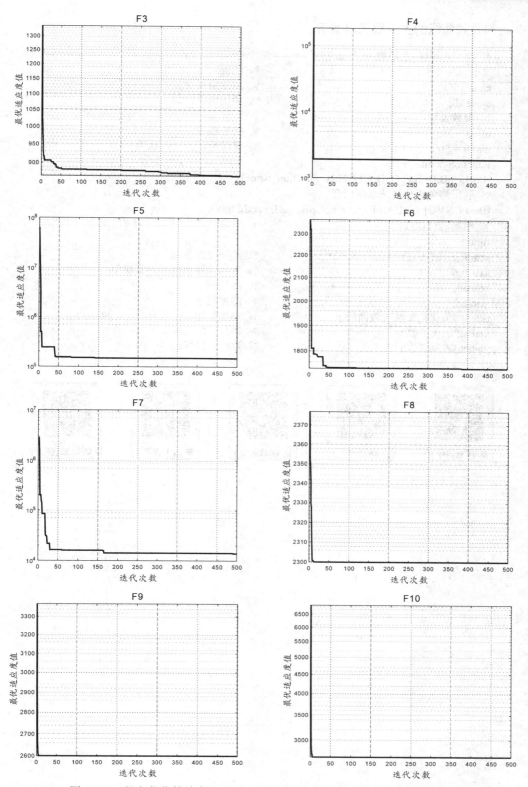

图 14-73 鲫鱼优化算法在 CEC 2020 测试集中求解得到的收敛曲线（续）

绘制收敛曲线的主函数代码如下。

```
%%-------------主函数-main.m-----------------%%
clc;                                    % 清屏
clear all;                              % 清除所有变量
close all;                              % 关闭所有窗口
% 参数设置
nPop = 30;                              % 鲫鱼数量
maxIt = 500;                            % 算法的最大迭代次数
Function_name='F1';
[LoB,UpB,Dim,F_Obj]=CEC2020(Function_name);
% 利用鲫鱼优化算法求解问题
[Best,CNVG] = ROA(nPop, Dim, UpB, LoB, maxIt, fobj);
% 绘制迭代曲线
figure
semilogy(CNVG,'r-','linewidth',2);      % 绘制收敛曲线
axis tight;                             % 坐标轴显示范围为紧凑型
box on;                                 % 加边框
grid on;                                % 添加网格
title('鲫鱼优化算法收敛曲线')             % 添加标题
xlabel('迭代次数')                       % 添加 x 轴标注
ylabel('适应度值')                       % 添加 y 轴标注
```

第 14 章课件 1　　第 14 章课件 2　　第 14 章课件 3　　第 14 章课件 4　　第 14 章代码

第 **15** 章
工程设计问题

15.1　焊接梁设计问题

　　焊接梁设计问题是一个最小化问题，即通过 4 个决策变量和 7 个约束条件计算焊接梁的最低费用。需要优化的变量有焊缝宽度 h、连接梁厚度 b、连接梁长度 l 与梁高度 t，其设计问题模型如图 15-1 所示。

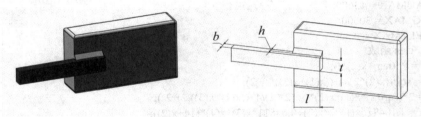

图 15-1　焊接梁设计问题模型

焊接梁设计的数学模型描述如下。

设：$\boldsymbol{x} = [x_1\ x_2\ x_3\ x_4] = [h\ l\ t\ b]$

目标函数：$f(\boldsymbol{x}) = 1.10471x_1^2 x_1 + 0.04811 x_3 x_4 (14.0 + x_2)$

约束条件：

$$g_1(\boldsymbol{x}) = \tau(\boldsymbol{x}) - \tau_{\max} \leqslant 0$$
$$g_2(\boldsymbol{x}) = \sigma(\boldsymbol{x}) - \sigma_{\max} \leqslant 0$$
$$g_3(\boldsymbol{x}) = \delta(\boldsymbol{x}) - \delta_{\max} \leqslant 0$$
$$g_4(\boldsymbol{x}) = x_1 - x_4 \leqslant 0$$
$$g_5(\boldsymbol{x}) = P - P_{\mathrm{c}}(\boldsymbol{x}) \leqslant 0$$
$$g_6(\boldsymbol{x}) = 0.125 - x_1 \leqslant 0$$
$$g_7(\boldsymbol{x}) = 1.10471x_1^2 + 0.04811 x_3 x_4 (14.0 + x_2) - 5 \leqslant 0$$

变量范围：$0.1 \leqslant x_1 \leqslant 2.0$，　$0.1 \leqslant x_2 \leqslant 10.0$，　$0.1 \leqslant x_3 \leqslant 10.0$，　$0.1 \leqslant x_4 \leqslant 2.0$

其他参数：

$$\tau(\boldsymbol{x}) = \sqrt{(\tau')^2 + 2\tau'\tau'' \frac{x_2}{2R} + (\tau'')},\ \ \tau' = \frac{P}{\sqrt{2x_1 x_2}},\ \ \tau'' = \frac{MR}{J},\ \ R = \sqrt{\frac{x_2^2}{4} + \left(\frac{x_1 + x_3}{2}\right)^2},$$

$$\sigma(\boldsymbol{x}) = \frac{6PL}{x_4 x_3^2}, \quad J = 2\left\{\sqrt{2x_1 x_2}\left[\frac{x_x^2}{4}+\left(\frac{x_1+x_3}{2}\right)^2\right]\right\}, \quad M = P\left(L+\frac{x_2}{2}\right), \quad \delta(\boldsymbol{x}) = \frac{6PL^3}{Ex_4 x_3^2},$$

$$P_c(\boldsymbol{x}) = \frac{4.013E\sqrt{\dfrac{x_3^2 x_4^6}{36}}}{L^2}\left(1-\frac{x_3}{2L}\sqrt{\frac{E}{4G}}\right)\left(1-\frac{x_3}{2L}\sqrt{\frac{E}{4G}}\right), \quad P = 6000\,\text{lb}, \quad L = 14\,\text{in}, \quad \delta_{\max} = 0.25 \text{ in},$$

$$E = 30 \times 1^6 \text{ psi}, \quad \tau_{\max} = 13600 \text{ psi}, \quad \sigma_{\max} = 30000 \text{ psi}$$

焊接梁设计问题的适应度函数代码如下。

```
function Fit=Welded_Design(x)
% 罚款系数
PCONST = 100000;
P = 6000;
E = 30e6;
G = 12e6;
tem = 14;
TAUMAX = 13600;
SIGMAX = 30000;
DELTMAX = 0.25;
% 目标函数
M = P*(tem+x(2)/2);
R = sqrt((x(2)^2)/4+((x(1)+x(3))/2)^2);
J = 2*(sqrt(2)*x(1)*x(2)*((x(2)^2)/4+((x(1)+x(3))/2)^2));
Fit = 1.10471*x(1)^2*x(2)+0.04811*x(3)*x(4)*(14+x(2));
SIGMA = (6*P*tem)/(x(4)*x(3)^2);
DELTA = (4*P*tem^3)/(E*x(3)^3*x(4));
PC = 4.013*E*sqrt((x(3)^2*x(4)^6)/36)*(1-x(3)*sqrt(E/(4*G))/(2*tem))/(tem^2);
TAUP = P/(sqrt(2)*x(1)*x(2));
TAUPP = (M*R)/J;
TAU = sqrt(TAUP^2+2*TAUP*TAUPP*x(2)/(2*R)+TAUPP^2);
G1 = TAU-TAUMAX;
G2 = SIGMA-SIGMAX;
G3=DELTA-DELTMAX;
G4=x(1)-x(4);
G5=P-PC;
G6=0.125-x(1);
G7=1.10471*x(1)^2+0.04811*x(3)*x(4)*(14+x(2))-5;
% 惩罚函数
Fit = Fit + PCONST*(max(0,G1)^2+max(0,G2)^2+...
    max(0,G3)^2+max(0,G4)^2+max(0,G5)^2+...
    max(0,G6)^2+max(0,G7)^2);
end
```

使用鲫鱼优化算法求解该问题的主函数代码如下。

```
clc;                    % 清屏
clear all;              % 清除所有变量
close all;              % 关闭所有窗口
% 参数设置
```

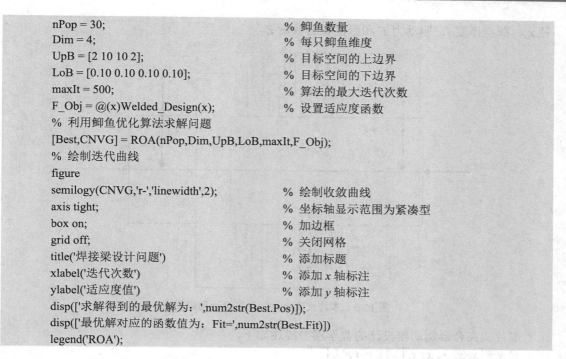

```
nPop = 30;                          % 鲫鱼数量
Dim = 4;                            % 每只鲫鱼维度
UpB = [2 10 10 2];                  % 目标空间的上边界
LoB = [0.10 0.10 0.10 0.10];        % 目标空间的下边界
maxIt = 500;                        % 算法的最大迭代次数
F_Obj = @(x)Welded_Design(x);       % 设置适应度函数
% 利用鲫鱼优化算法求解问题
[Best,CNVG] = ROA(nPop,Dim,UpB,LoB,maxIt,F_Obj);
% 绘制迭代曲线
figure
semilogy(CNVG,'r-','linewidth',2);  % 绘制收敛曲线
axis tight;                         % 坐标轴显示范围为紧凑型
box on;                             % 加边框
grid off;                           % 关闭网格
title('焊接梁设计问题')              % 添加标题
xlabel('迭代次数')                   % 添加 x 轴标注
ylabel('适应度值')                   % 添加 y 轴标注
disp(['求解得到的最优解为：',num2str(Best.Pos)]);
disp(['最优解对应的函数值为：Fit=',num2str(Best.Fit)])
legend('ROA');
```

程序运行结果如图 15-2 所示。

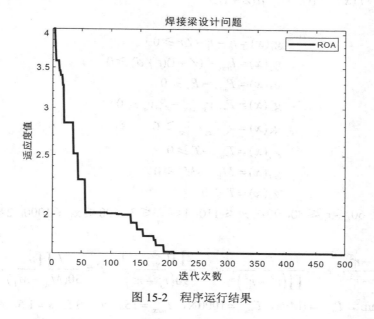

图 15-2　程序运行结果

15.2　多片式离合器制动器设计问题

多片式离合器制动器设计的目的是在 8 个约束条件的限制下求出质量最小的多片式离合器制动器的 5 个相关参数，其模型如图 15-3 所示。5 个相关参数分别为内半径 r_i、外半

径 r_o、圆盘厚度 t、驱动力 F 和摩擦表面数量 Z。

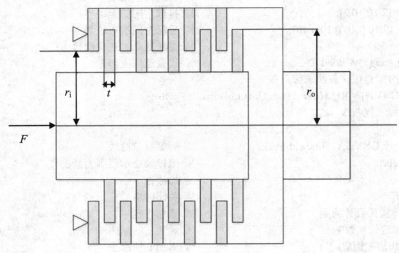

图 15-3 多片式离合器制动器设计问题模型

多片式离合器制动器设计的数学模型描述如下。

设 $\boldsymbol{x}=[x_1\ x_2\ x_3\ x_4\ x_5]=[r_i\ r_o\ t\ F\ Z]$

目标函数：$f(\boldsymbol{x})=\prod\left(r_o^2-r_i^2\right)t(Z+1)\rho$

约束条件：

$$g_1(\boldsymbol{x})=r_o-r_i-\Delta r\geqslant 0$$
$$g_2(\boldsymbol{x})=l_{\max}-(Z+1)(t+\delta)\geqslant 0$$
$$g_3(\boldsymbol{x})=P_{\max}-P_{rz}\geqslant 0$$
$$g_4(\boldsymbol{x})=P_{\max}v_{sr\ \max}-P_{rz}v_{sr}\geqslant 0$$
$$g_5(\boldsymbol{x})=v_{sr\ \max}-v_{sr}\geqslant 0$$
$$g_6(\boldsymbol{x})=T_{\max}-T\geqslant 0$$
$$g_7(\boldsymbol{x})=M_h-sM_s\geqslant 0$$
$$g_8(\boldsymbol{x})=T\geqslant 0$$

变量范围：$60\leqslant x_1\leqslant 80$, $90\leqslant x_2\leqslant 110$, $1\leqslant x_3\leqslant 3$, $600\leqslant x_4\leqslant 1000$, $2\leqslant x_5\leqslant 9$

其他参数：

$M_h=\dfrac{2}{3}\mu FZ\dfrac{r_o^3-r_i^2}{r_o^2-r_i^3}$, $\quad P_{rz}=\dfrac{F}{\prod\left(r_o^2-r_i^2\right)}$, $\quad v_{rz}=\dfrac{2\prod\left(r_o^3-r_i^3\right)}{90\left(r_o^2-r_i^2\right)}$, $\quad T=\dfrac{I_z\prod n}{30(M_h+M_f)}$, $\quad \Delta r=20\text{mm}$,

$I_z=55\text{kgmm}^2$, $P_{\max}=1\text{MPa}$, $F_{\max}=1000\text{N}$, $T_{\max}=15\text{s}$, $\mu=0.5$, $s=1.5$, $M_s=40\text{Nm}$,

$M_f=3\text{Nm}$, $n=250\text{rpm}$, $v_{sr\ \max}=10\text{m/s}$, $l_{\max}=30\text{mm}$

多片式离合器制动器设计问题的适应度函数代码如下。

```
function Fit=Multiple_Disc_Clutch_Brake_Design(x)
% 惩罚系数
PCONST= 100000;
```

```
    DR=20;
    LM=30;
    MU=0.5;
    PM=1;
    r=0.0000078;
    VSRM=10;
    s=1.5;
    TM=15;
    n=250;
    MS=40;
    MF=3;
    Iz=55;
    delta=0.5;
    % 目标函数
    MH=(2/3)*MU*x(4)*x(5)*((x(2)^3-x(1)^3)/(x(2)^2-x(1)^2));
    omega=pi*n/30;
    A=pi*(x(2)^2-x(1)^2);
    PRZ=(2/3)*x(4)/(pi*(x(2)^2-x(1)^2));
    VSR= ((2/90)*pi*n*((x(2)^3-x(1)^3)))/(x(2)^5-x(1)^5);
    RSR=(2/3)*((x(2)^3-x(1)^3)/(x(2)^2-x(1)^2));
    T= (Iz*omega)/(MH-MF);
    Fit=pi*(x(2)^2-x(1)^2)*x(3)*(x(5)+1)*r;
    G1= x(2)-x(1)-DR;
    G2= LM-(x(5)+1)*(x(3)+delta);
    G3= PM-PRZ;
    G4= PM*VSRM-PRZ*VSR;
    G5=VSRM-VSR;
    G6= TM-T;
    G7= MH-s*MS;
    G8= T;
    % 惩罚函数
    Fit= Fit-PCONST*(min(0,G1)+min(0,G2)+...
        min(0,G3)+min(0,G4)+min(0,G5)+min(0,G6)+min(0,G7)+min(0,G8));
end
```

使用鲫鱼优化算法求解该问题的主函数代码如下。

```
clc;                                    % 清屏
clear all;                              % 清除所有变量
close all;                              % 关闭所有窗口
% 参数设置
nPop = 30;                              % 鲫鱼数量
Dim = 5;                                % 每只鲫鱼维度
UpB = [80 110 3 1000 9];                % 目标空间的上边界
LoB = [60 90 1 600 2];                  % 目标空间的下边界

maxIt = 500;                            % 算法的最大迭代次数
```

```
F_Obj = @(x)Multiple_Disc_Clutch_Brake_Design(x);          % 设置适应度函数
% 利用鲫鱼优化算法求解问题
[Best,CNVG] = ROA(nPop,Dim,UpB,LoB,maxIt,F_Obj);
% 绘制迭代曲线
figure
semilogy(CNVG,'r-','linewidth',2);                          % 绘制收敛曲线
axis tight;                                                 % 坐标轴显示范围为紧凑型
box on;                                                     % 加边框
grid off;                                                   % 关闭网格
title('多片式离合器制动器设计问题')                            % 添加标题
xlabel('迭代次数')                                           % 添加 x 轴标注
ylabel('适应度值')                                           % 添加 y 轴标注
disp(['求解得到的最优解为：',num2str(Best.Pos)]);
disp(['最优解对应的函数值为：Fit=',num2str(Best.Fit)])
legend('ROA');
```

程序运行结果如图 15-4 所示。

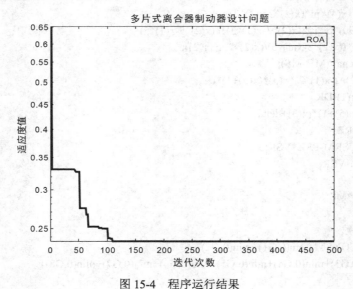

图 15-4　程序运行结果

15.3　减速器设计问题

在机械系统中，减速器是齿轮箱的重要部件之一，应用广泛。减速器设计的目的是在满足轮齿弯曲应力、覆盖应力、轴的横向挠度和轴的应力 4 个设计约束条件下找到减速器的最小质量。该问题有 7 个变量，分别为齿面宽度 x_1、齿轮模数 x_2、小齿轮上的齿数 x_3、轴承之间第一根轴的长度 x_4、轴承之间第二根轴的长度 x_5、第一根轴的直径 x_6 和第二根轴的直径 x_7，其模型如图 15-5 所示。

减速器设计的数学模型描述如下。

变量范围：

$2.6 \leqslant x_1 \leqslant 3.6,\ 0.7 \leqslant x_2 \leqslant 0.8,\ 17 \leqslant x_3 \leqslant 28,\ 7.3 \leqslant x_4 \leqslant 8.3,\ 7.3 \leqslant x_5 \leqslant 8.3,$
$2.9 \leqslant x_6 \leqslant 3.9,\ 5 \leqslant x_7 \leqslant 5.5$

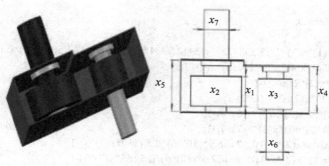

图 15-5　减速器设计问题模型

目标函数：

$$f(\boldsymbol{x}) = 0.7854 x_1 x_2^2 (3.3333 x_3^2 + 14.9334 x_3 - 43.0934) - 1.508 x_1 (x_6^2 + x_7^2) +$$
$$7.4777 x_6^3 + x_7^3 + 0.7854 x_4 x_6^2 + x_5 x_7^2$$

约束条件：

$$g_1(\boldsymbol{x}) = \frac{27}{x_1 x_2^2 x_3} - 1 \leqslant 0$$

$$g_2(\boldsymbol{x}) = \frac{397.5}{x_1 x_2^2 x_3^2} - 1 \leqslant 0$$

$$g_3(\boldsymbol{x}) = \frac{1.93 x_4^3}{x_2 x_3 x_6^4} - 1 \leqslant 0$$

$$g_4(\boldsymbol{x}) = \frac{1.93 x_5^3}{x_2 x_3 x_7^4} - 1 \leqslant 0$$

$$g_5(\boldsymbol{x}) = \frac{1}{110 x_6^3} \times \sqrt{\left(\frac{745 x_4}{x_2 x_3}\right)^2 + 16.9 \times 10^6} - 1 \leqslant 0$$

$$g_6(\boldsymbol{x}) = \frac{1}{85 x_7^3} \times \sqrt{\left(\frac{745 x_5}{x_2 x_3}\right)^2 + 16.9 \times 10^6} - 1 \leqslant 0$$

$$g_7(\boldsymbol{x}) = \frac{x_2 x_3}{40} - 1 \leqslant 0$$

$$g_8(\boldsymbol{x}) = \frac{5 x_2}{x_1} - 1 \leqslant 0$$

$$g_9(\boldsymbol{x}) = \frac{x_1}{12 x_2} - 1 \leqslant 0$$

$$g_{10}(\boldsymbol{x}) = \frac{1.5 x_6 + 1.9}{x_4} - 1 \leqslant 0$$

$$g_{11}(\boldsymbol{x}) = \frac{1.1 x_7 + 1.9}{x_5} - 1 \leqslant 0$$

减速器设计问题的适应度函数代码如下。

```
function Fit=Speed_Reducer_design(x)
% 惩罚系数
PCONST = 100000;
% 目标函数
Fit=0.7854*x(1)*x(2)^2*(3.3333*x(3)^2+14.9334*x(3)-43.0934)-1.508*x(1)*(x(6)^2+x(7)^2)+7.4777
*(x(6)^3+x(7)^3)+0.7854*(x(4)*x(6)^2+x(5)*x(7)^2);
G1=27/(x(1)*x(2)^2*x(3))-1;
G2=397.5/(x(1)*x(2)^2*x(3)^2)-1;
G3=1.93*x(4)^3/(x(2)*x(3)*x(6)^4)-1;
G4=1.93*x(5)^3/(x(2)*x(3)*x(7)^4)-1;
G5=((745.0*x(4)/(x(2)*x(3)))^2+16.9*(10)^6)^0.5/(110*x(6)^3)-1;
G6=((745.0*x(4)/(x(2)*x(3)))^2+157.5*(10)^6)^0.5/(85*x(7)^3)-1;
G7=x(2)*x(3)/40-1;
G8=5*x(2)/(x(1))-1;
G9=x(1)/(12*x(2))-1;
G10=(1.5*x(6)+1.9)/(x(4))-1;
G11=(1.1*x(7)+1.9)/(x(5))-1;

% 惩罚函数
Fit=Fit+PCONST*(max(0,G1)^2+max(0,G2)^2+max(0,G3)^2+max(0,G4)^2+max(0,G5)^2+
max(0,G6)^2+max(0,G7)^2+max(0,G8)^2+max(0,G9)^2+max(0,G10)^2+max(0,G11)^2);
end
```

使用鲫鱼优化算法求解该问题的主函数代码如下。

```
clc;                                    % 清屏
clear all;                              % 清除所有变量
close all;                              % 关闭所有窗口
% 参数设置
nPop = 30;                              % 鲫鱼数量
Dim = 7;                                % 每只鲫鱼维度
UpB = [3.6 0.8 28 8.3 8.3 3.9 5.5];     % 目标空间的上边界
LoB = [2.6 0.7 17 7.3 7.8 2.9 5];       % 目标空间的下边界

maxIt = 500;                            % 算法的最大迭代次数
F_Obj = @(x)Speed_Reducer_Design(x);    % 设置适应度函数
% 利用鲫鱼优化算法求解问题
[Best,CNVG] = ROA(nPop,Dim,UpB,LoB,maxIt,F_Obj);
% 绘制迭代曲线
figure
semilogy(CNVG,'r-','linewidth',2);      % 绘制收敛曲线
axis tight;                             % 坐标轴显示范围为紧凑型
box on;                                 % 加边框
grid off;                               % 关闭网格
title('减速器设计问题')                   % 添加标题
xlabel('迭代次数')                        % 添加 x 轴标注
ylabel('适应度值')                        % 添加 y 轴标注
disp(['求解得到的最优解为：',num2str(Best.Pos)]);
disp(['最优解对应的函数值为：Fit=',num2str(Best.Fit)])
legend('ROA');
```

程序运行结果如图 15-6 所示。

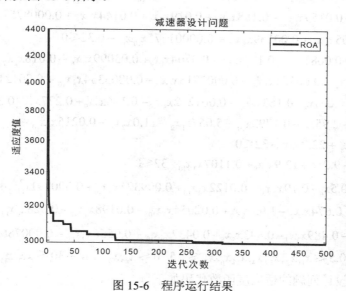

图 15-6　程序运行结果

15.4　汽车防碰撞设计问题

汽车防碰撞设计是为了在保持汽车性能的同时，尽可能降低汽车的质量。该问题包含 11 个决策变量与 10 个约束条件。其中，B 柱内板的厚度 x_1、B 柱钢筋厚度 x_2、地板内侧的厚度 x_3、横梁厚度 x_4、门梁厚度 x_5、门带线钢筋厚度 x_6、车顶纵梁厚度 x_7、B 柱内侧材料碳含量 x_8、地板内侧材料碳含量 x_9、护栏高度 x_{10} 和碰撞位置 x_{11} 为决策变量。汽车防碰撞设计问题模型如图 15-7 所示。

图 15-7　汽车防碰撞设计问题模型

汽车防碰撞设计的数学模型描述如下。

目标函数：$f(\boldsymbol{x}) = 1.98 + 4.90x_1 + 6.67x_2 + 6.98x_3 + 4.01x_4 + 1.78x_5 + 2.73x_7$

约束条件：

$$g_1(\boldsymbol{x}) = 1.16 - 0.3717x_2x_4 - 0.484x_3x_9 + 0.01343x_6x_{10} - 1 \leqslant 0$$

$$g_2(\boldsymbol{x}) = 0.261 - 0.0159x_1x_2 - 0.188x_1x_8 + 0.019x_2x_7 + 0.0144x_3x_5 + 0.0008757x_5x_{10} +$$
$$0.080405x_6x_9 + 0.00139x_8x_{11} + 0.00001575x_{10}x_{11} - 0.32 \leqslant 0$$

$$g_3(\boldsymbol{x}) = 0.214 + 0.00817x_5 - 0.131x_1x_8 - 0.0704x_1x_9 + 0.03099x_2x_6 - 0.018x_2x_7 + 0.0208x_3x_8 +$$
$$0.121x_3x_9 - 0.00364x_5x_6 + 0.0007715x_5x_{10} - 0.0005354x_6x_{10} + 0.00121x_8x_1 - 0.32 \leqslant 0$$

$$g_4(\boldsymbol{x}) = 0.074 - 0.061x_2 - 0.163x_3x_8 + 0.001232x_3x_{10} - 0.166x_7x_9 + 0.227x_2^2 - 0.32 \leqslant 0$$

$$g_6(\boldsymbol{x}) = 33.86 + 2.95x_3 + 0.1792x_{10} - 5.057x_1x_2 - 11.0x_2x_8 - 0.0215x_5x_{10} -$$
$$9.98x_7x_8 + 22.0x_8x_9 - 32 \leqslant 0$$

$$g_7(\boldsymbol{x}) = 46.36 - 9.9x_2 + 12.9x_1x_8 + 0.1107x_3x_{10} - 32 \leqslant 0$$

$$g_8(\boldsymbol{x}) = 4.72 - 0.5x_4 - 0.19x_2x_3 - 0.0122x_4x_{10} + 0.009325x_6x_{10} + 0.000191x_{11}^2 - 4.0 \leqslant 0$$

$$g_9(\boldsymbol{x}) = 10.58 - 0.674x_1x_2 - 1.95x_2x_8 + 0.02054x_3x_{10} - 0.0198x_4x_{10} + 0.028x_6x_{10} - 9.9 \leqslant 0$$

$$g_{10}(\boldsymbol{x}) = 16.45 - 0.489x_3x_7 - 0.843x_5x_6 + 0.0432x_9x_{10} - 0.0556x_9x_{11} + 0.000786x_{11}^2 - 15.7 \leqslant 0$$

变量范围: $0.5 \leqslant x_1, x_2, x_3, x_4, x_5, x_6, x_7 \leqslant 1.5$, $0 \leqslant x_8, x_9 \leqslant 1$, $-30 \leqslant x_{10}, x_{11} \leqslant 30$

汽车防碰撞设计问题的适应度函数代码如下。

```
function Fit=Car_crashworthiness(x)
% 惩罚系数
PCONST = 100000; % PENALTY FUNCTION CONSTANT
% 目标函数
Fit = 1.98 + 4.90*x(1) + 6.67*x(2) + 6.98*x(3) + 4.01*x(4) + 1.78*x(5) + 2.73*x(7);
G1 = 1.16 - 0.3717*x(2)*x(4) - 0.484*x(3)*x(9) + 0.01343*x(6)*x(10) - 1;
G2=0.261-0.0159*x(1)*x(2)-0.188*x(1)*x(8)+0.019*x(2)*x(7)+0.0144*x(3)*x(5)+0.0008757*x(5)*
x(10) + 0.080405*x(6)*x(9) + 0.00139*x(8)*x(11) + 0.00001575*x(10)*x(11) - 0.32;
G3= 0.214 + 0.00817*x(5) - 0.131*x(1)*x(8) - 0.0704*x(1)*x(9) + 0.03099*x(2)*x(6) - 0.018*x(2)*
x(7) +0.0208*x(3)*x(8)+0.121*x(3)*x(9)-0.00364*x(5)*x(6)+ 0.0007715*x(5)*x(10) - 0.0005354*x(6)*x(10) +
0.00121*x(8)*x(11) - 0.32;
G4= 0.074-0.061*x(2)-0.163*x(3)*x(8)+0.001232*x(3)*x(10) - 0.166*x(7)*x(9) + 0.227*(x(2)^2) - 0.32;
G5=28.98+3.818*x(3)-4.2*x(1)*x(2)+0.0207*x(5)*x(10)+6.63*x(6)*x(9)-7.7*x(7)*x(8)+0.32*x(9)*
x(10) -32;
G6=33.86+2.95*x(3)+0.1792*x(10)-5.057*x(1)*x(2)-11.0*x(2)*x(8)-0.0215*x(5)*x(10)-9.98*x(7)*
x(8)+22.0*x(8)*x(9)-32;
G7=46.36-9.9*x(2)+12.9*x(1)*x(8)+0.1107*x(3)*x(10)-32;
G8=4.72-0.5*x(4)-0.19*x(2)*x(3)-0.0122*x(4)*x(10)+0.009325*x(6)*x(10)+0.000191*x(11)*x(11)-4.0;
G9=10.58-0.674*x(1)*x(2)-1.95*x(2)*x(8)+0.02054*x(3)*x(10)-0.0198*x(4)*x(10)+0.028*x(6)*x(10)-9.9;
G10=16.45-0.489*x(3)*x(7)-0.843*x(5)*x(6)+0.0432*x(9)*x(10)-0.0556*x(9)*x(11)+0.000786*(x(11)
^2)-15.7;
% 惩罚函数
Fit = Fit + PCONST*(max(0,G1) + max(0,G2) + max(0,G3) + max(0,G4) + max(0,G5) + max(0,G6) +
max(0,G7) + max(0,G8) + max(0,G9) + max(0,G10)); % PENALTY FUNCTION
end
```

使用鲫鱼优化算法求解该问题的主函数代码如下。

```
clc;                                    % 清屏
clear all;                              % 清除所有变量
close all;                              % 关闭所有窗口
```

```
% 参数设置
nPop = 30;                                              % 鲫鱼数量
Dim = 11;                                               % 每只鲫鱼维度
UpB = [1.5 1.5 1.5 1.5 1.5 1.5 1.5 0.345 0.345 30.0 30.0];   % 目标空间的上边界
LoB = [0.5 0.5 0.5 0.5 0.5 0.5 0.5 0.192 0.192 -30.0 -30.0]; % 目标空间的下边界

maxIt = 500;                                            % 算法的最大迭代次数
F_Obj = @(x)Car_Crashworthiness(x);                    % 设置适应度函数
% 利用鲫鱼优化算法求解问题
[Best,CNVG] = ROA(nPop,Dim,UpB,LoB,maxIt,F_Obj);
% 绘制迭代曲线
figure
semilogy(CNVG,'r-','linewidth',2);                     % 绘制收敛曲线
axis tight;                                            % 坐标轴显示范围为紧凑型
box on;                                                % 加边框
grid off;                                              % 关闭网格
title('汽车防碰撞设计问题')                              % 添加标题
xlabel('迭代次数')                                      % 添加 x 轴标注
ylabel('适应度值')                                      % 添加 y 轴标注
disp(['求解得到的最优解为： ',num2str(Best.Pos)]);
disp(['最优解对应的函数值为： Fit=',num2str(Best.Fit)])
legend('ROA');
```

程序运行结果如图 15-8 所示。

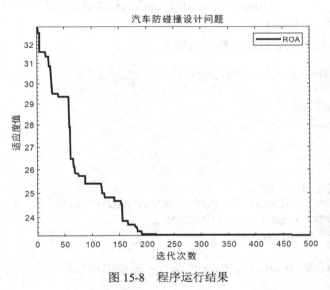

图 15-8　程序运行结果

15.5　三杆桁架设计问题

在三杆桁架设计问题中，为了在应力、挠度和屈曲的约束下使其质量最小，需要对两个杆长进行调整，让体积最小化。该问题的两个决策变量是两个杆的长度 A_1 和 A_2，其模型如图 15-9 所示。

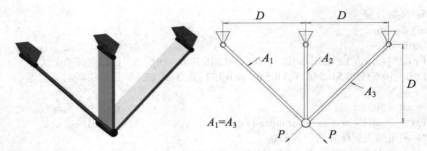

图 15-9 三杆桁架设计问题模型

三杆桁架设计的数学模型描述如下。

目标函数：$f(\boldsymbol{x}) = \left(2\sqrt{2}x_1 + x_2\right)l$

约束条件：

$$g_1(\boldsymbol{x}) = \frac{\sqrt{2}x_1 + x_2}{\sqrt{2}x_1^2 + 2x_1x_2}P - \sigma \leqslant 0$$

$$g_2(\boldsymbol{x}) = \frac{x_2}{\sqrt{2}x_1^2 + 2x_1x_2}P - \sigma \leqslant 0$$

$$g_3(\boldsymbol{x}) = \frac{1}{x_1 + \sqrt{2}x_2}P - \sigma \leqslant 0$$

$$l = 100\text{cm}, \quad P = 2\text{kN}/\text{cm}^3, \quad \sigma = 2\text{kN}/\text{cm}^3$$

变量范围：$0 \leqslant x_1, x_2 \leqslant 1$

三杆桁架设计问题的适应度函数代码如下。

```
function Fit=Three_Bar_Truss_Design(x)
% 惩罚系数
PCONST= 10000000;
P=2;
RU=2;
L=100;
% 目标函数
Fit=(((8)^0.5)*(x(1))+x(2))*L;
G1=(((2)^0.5)*x(1)+ x(2))/(((2)^0.5)*(x(1)^2)+ 2*x(1)*x(2))*P-RU;
G2= (x(2))/(((2)^0.5)*(x(1)^2)+2*x(1)*x(2))*P-RU;
G3= P/(x(1)+ ((2)^0.5)*x(2))-RU;
% 惩罚函数
Fit =Fit + PCONST*(max(0,G1)^2+max(0,G2)^2+ max(0,G3)^2);
end
```

使用鲫鱼优化算法求解该问题的主函数代码如下。

```
clc;                                    % 清屏
clear all;                              % 清除所有变量
close all;                              % 关闭所有窗口
% 参数设置
nPop = 30;                              % 鲫鱼数量
```

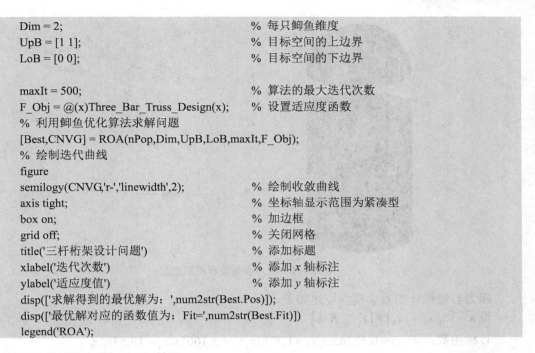

```
Dim = 2;                                % 每只鲫鱼维度
UpB = [1 1];                            % 目标空间的上边界
LoB = [0 0];                            % 目标空间的下边界

maxIt = 500;                            % 算法的最大迭代次数
F_Obj = @(x)Three_Bar_Truss_Design(x);  % 设置适应度函数
% 利用鲫鱼优化算法求解问题
[Best,CNVG] = ROA(nPop,Dim,UpB,LoB,maxIt,F_Obj);
% 绘制迭代曲线
figure
semilogy(CNVG,'r-','linewidth',2);      % 绘制收敛曲线
axis tight;                             % 坐标轴显示范围为紧凑型
box on;                                 % 加边框
grid off;                               % 关闭网格
title('三杆桁架设计问题')                % 添加标题
xlabel('迭代次数')                       % 添加 x 轴标注
ylabel('适应度值')                       % 添加 y 轴标注
disp(['求解得到的最优解为：',num2str(Best.Pos)]);
disp(['最优解对应的函数值为：Fit=',num2str(Best.Fit)])
legend('ROA');
```

程序运行结果如图 15-10 所示。

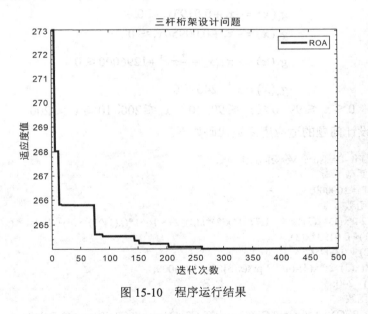

图 15-10　程序运行结果

15.6　压力容器设计问题

压力容器设计的目的是满足生产需要的同时减少容器总成本，其 4 个设计变量分别为外壳厚度 T_s、封头厚度 T_h、内半径 R 和容器（不考虑封头）长度 L，其中，T_s 和 T_h 为 0.625 的整数倍，R 和 L 为连续变量。压力容器设计问题模型如图 15-11 所示。

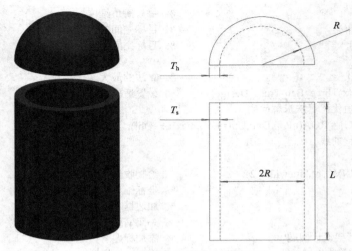

图 15-11　压力容器设计问题模型

压力容器设计的数学模型描述如下。

设 $\boldsymbol{x} = [x_1\ x_2\ x_3\ x_4] = [T_s\ T_h\ R\ L]$

目标函数：$f(\boldsymbol{x}) = 0.6224x_1x_3x_4 + 1.7781x_2x_3^2 + 3.1661x_1^2x_4 + 19.84x_1^2x_3$

约束条件：

$$g_1(\boldsymbol{x}) = -x_1 + 0.0193x_3 \leqslant 0$$
$$g_2(\boldsymbol{x}) = -x_3 + 0.00954x_3 \leqslant 0$$
$$g_3(\boldsymbol{x}) = -\pi x_3^2 x_4 + \frac{4}{3}\pi x_3^3 + 1296000 \leqslant 0$$
$$g_4(\boldsymbol{x}) = x_4 - 240 \leqslant 0$$

变量范围：$0 \leqslant x_1 \leqslant 99,\ 0 \leqslant x_2 \leqslant 99,\ 10 \leqslant x_3 \leqslant 200,\ 10 \leqslant x_4 \leqslant 200$

压力容器设计问题的适应度函数代码如下。

```
function Fit=Pressure_Vessel_design(x)
% 惩罚系数
PCONST = 100000;
% 目标函数
Fit=0.6224*x(1)*x(3)*x(4)+1.7781*x(2)*x(3)^2+3.1661*(x(1)^2)*x(4)+ 19.84 * (x(1)^2)*x(3);
G1= -x(1)+ 0.0193*x(3);
G2= -x(2) + 0.00954* x(3);
G3= -pi*(x(3)^2)*x(4)-(4/3)* pi*(x(3)^3) +1296000;
G4= x(4) - 240;
% 惩罚函数
Fit =Fit + PCONST*(max(0,G1)^2+max(0,G2)^2+max(0,G3)^2+max(0,G4)^2);
end
```

使用鲫鱼优化算法求解该问题的主函数代码如下。

```
clc;                          % 清屏
clear all;                    % 清除所有变量
close all;                    % 关闭所有窗口
```

```
%  参数设置
nPop = 30;                         % 鲫鱼数量
Dim = 4;                           % 每只鲫鱼维度
UpB = [99 99 200 200];             % 目标空间的上边界
LoB = [0 0 10 10];                 % 目标空间的下边界

maxIt = 500;                       % 算法的最大迭代次数
F_Obj = @(x)Pressure_Vessel_Design(x);    % 设置适应度函数
%  利用鲫鱼优化算法求解问题
[Best,CNVG] = ROA(nPop,Dim,UpB,LoB,maxIt,F_Obj);
%  绘制迭代曲线
figure
semilogy(CNVG,'r-','linewidth',2);    % 绘制收敛曲线
axis tight;                        % 坐标轴显示范围为紧凑型
box on;                            % 加边框
grid off;                          % 关闭网格
title('压力容器设计问题')            % 添加标题
xlabel('迭代次数')                  % 添加 x 轴标注
ylabel('适应度值')                  % 添加 y 轴标注
disp(['求解得到的最优解为：',num2str(Best.Pos)]);
disp(['最优解对应的函数值为：Fit=',num2str(Best.Fit)])
legend('ROA');
```

程序运行结果如图 15-12 所示。

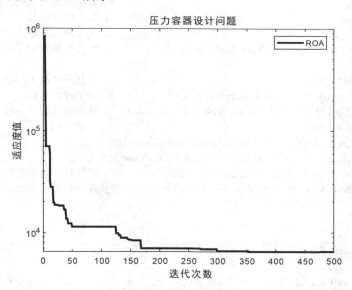

图 15-12　程序运行结果

第 15 章课件

第 15 章代码

第16章
统计校验指标及代码

16.1 统计数据分析

智能优化算法的优化性能的验证通常需要统计和分析实验结果。常用的统计数据包括最优值、平均值和标准差。其实验代码如下。

```
%%--------------主函数-main.m------------------%%
clc;                                              % 清屏
clear all;                                        % 清除所有变量
close all;                                        % 关闭所有窗口
% 参数设置
nPop = 30;                                         % 种群中个体的数量
maxIt = 50;                                        % 算法的最大迭代次数
runs = 30;                                         % 定义统计次数
Max_Func = 30;                                     % 定义最大测试函数编号
Best_Score_Array = zeros(2,Max_Func,runs);        % 定义实验数据存储空间

for fn = 1:Max_Func                                % 运行每个测试函数
    Function_name = strcat('F',num2str(fn));       % 测试函数名称
    [LoB,UpB,Dim,F_Obj] = CEC2014(Function_name);  % 获取函数相关参数
    for run = 1:runs
        [Best,CNVG] = PSO(nPop,Dim,UpB,LoB,maxIt,F_Obj);
        [Best1,CNVG] = ROA(nPop,Dim,UpB,LoB,maxIt,F_Obj);
        Best_Score_Array(1,fn,run) = Best.Fit;     % 存储粒子群优化算法每次运行的结果
        Best_Score_Array(2,fn,run) = Best1.Fit;    % 存储鲫鱼优化算法每次运行的结果
    end
end

for fn = 1:Max_Func
    for a = 1:2
        BestFit(a,fn) = min(Best_Score_Array(a,fn,:));% 获取每个算法在每个测试函数中的最优值
        MeanFit(a,fn) = mean(Best_Score_Array(a,fn,:)); % 获取每个算法在每个测试函数中的平
均值
        StdFit(a,fn) = std(Best_Score_Array(a,fn,:)); % 获取每个算法在每个测试函数中的标准差
    end
end
```

通过对统计数据的分析，可以更好评价智能优化算法的优劣。

16.2　探索与开发

在智能优化领域，探索和开发是两个重要的概念。探索是指在目标空间中尝试利用新的解决方案或参数设置寻找更好的结果。开发是指利用已知的最优解决方案或参数设置来获取最优结果。利用实验分析探索和开发之间的关系，通常涉及评估在探索和开发之间平衡时算法的性能，这种平衡通常称为"探索与开发平衡"。

分析探索和开发之间的平衡是非常重要的，因为不同的问题需要不同的探索和开发策略。例如，在探索性任务中，需要更多的探索来寻找新的解决方案；而在开发性任务中，则需要更多的开发来提高已知解决方案的性能。因此，在进行实验分析时，需要考虑实际问题的特点和限制，如数据质量、问题复杂度、计算资源等。只有平衡探索和开发之间的关系，才能获得最优的优化结果。

以优化函数为例，利用实验分析探索和开发之间的平衡，可以使用不同的算法和参数设置来寻找函数的最优解。在实验过程中，需要平衡探索和开发之间的关系，以确定算法的性能和稳定性。具体来说，可以使用各种探索和开发策略来进行实验。例如，可以使用遗传算法等进化算法来进行探索，以寻找更好的解决方案。同时，也可以使用梯度下降等优化算法来进行开发，以提高已知解决方案的性能。一般情况下，对于多模态、单峰型、混合型和移位型的函数来说，产生最优结果的平衡是高于 90% 的开发和低于 10% 的探索，且曲线应具有波动性，这就意味着算法跳出局部最优的可能性更大，具有更强的寻优能力。

获取探索与开发结果的代码如下。

```
%%--------------主函数-main.m-------------------%%
clc;                                                    % 清屏
clear all;                                              % 清除所有变量
close all;                                              % 关闭所有窗口
% 参数设置
nPop = 30;                                              % 种群中个体的数量
maxIt = 500;                                            % 算法的最大迭代次数
Function_name = 'F1';                                   % 测试函数
[LoB,UpB,Dim,F_Obj] = Get_Functions_details30(Function_name);   % 获取函数相关参数

[Best,Div] = ROA(nPop,Dim,UpB,LoB,maxIt,F_Obj);
vDiv=zeros(1,maxIt);
for t=1:maxIt-nPop
    a=t;
    b=t+nPop;
    Div1=Div(a:b,:);
    [m,n]=size(Div1);
    for j=1:n
        A=median(Div1(:,j));                            % 中位数
        for i=1:m
            D(i,j)=abs(A-Div1(i,j));
        end
        C(j)=mean(D(:,j));                              % 得出 Div(j)
```

```
        end
        vDiv(t)=mean(C);                    % 得出 Div
    end
    Xpl=[];
    Xpt=[];
    for t=1:maxIt
        Xpl(t)= (vDiv(t)/max(vDiv))*100;
        Xpt(t)=(abs((vDiv(t)-max(vDiv)))/max(vDiv))*100;
    end
    XPL=mean(Xpl);                          % 平均探索率
    XPT=mean(Xpt);                          % 平均开发率
    showX = ['探索: ', num2str(Xpl), ', 开发: ', num2str(Xpt)];
    disp(showX)
    % 画图
    figure
    plot([1:maxIt],Xpl,[1:maxIt],Xpt)
    xlabel('迭代次数', 'FontSize', 14)
    ylabel('百分比', 'FontSize', 14)
    title('开发探索')
    legend('探索 (%)','开发 (%)','Location','best')
    set(gca,'FontSize',14);
```

其中，Div 由算法每次迭代时计算得到并作为传递值返回，以鲫鱼优化算法为例，代码如下。

```
%%---------------鲫鱼优化算法-ROA.m-------------------%%
%% 输入: nPop,Dim,UpB,LoB,maxIt,F_Obj
% nPop: 鲫鱼数量
% Dim: 每只鲫鱼维度
% UpB: 目标空间的上边界
% LoB: 目标空间的下边界
% maxIt: 算法的最大迭代次数
% F_Obj: 适应度函数接口
%% 输出: Best,CNVG
% Best: 记录全部迭代完成后的最优位置（Best.Pos）和最优适应度值（Best.Fit）
% CNVG: 记录每次迭代的最优适应度值，用于绘制迭代过程中的适应度变化曲线
%% 其他
% X: 鲫鱼群结构体，记录鱼群所有成员的位置（X.Pos）和当前位置对应的适应度值（X.Fit）
%%-----------------------------------------------------%%
function [Best,Div]=ROA(nPop,Dim,UpB,LoB,maxIt,F_Obj)

    disp('ROA is now tackling your problem')
    tic                                     % 记录运行时间
    %% 初始化参数
    Div = zeros(maxIt,Dim);
    %% 初始化个体最优位置和最优适应度值
    Best.Pos=zeros(1,Dim);
    Best.Fit = inf;

    %% 初始化种群位置和适应度值
    X=initialization(nPop,Dim,UpB,LoB);
```

```
% 初始化鲫鱼试探性的一步和上一次迭代的位置记录（经验）
for i = 1:nPop
    X(i).Pos_att=zeros(1,Dim);
    X(i).Pos_pre=rand(1,Dim).*(UpB-LoB)+LoB;
end
% 选择因子
H=round(rand(1,nPop));

%% 初始化 CNVG
CNVG=zeros(1,maxIt);

for t=1:maxIt
    for i=1:nPop
        % 检查边界
        X(i).Pos=min(X(i).Pos,UpB);
        X(i).Pos=max(X(i).Pos,LoB);
        % 计算适应度值
        X(i).Fit=F_Obj(X(i).Pos);
        % 更新最优位置和最优适应度值
        if   X(i).Fit<Best.Fit
            Best.Fit=X(i).Fit;
            Best.Pos=X(i).Pos;
        end
    end

    % 更新位置
    for i=1:nPop
        a1=2-t*((2)/maxIt);
        r1=rand();

        % 鲸鱼优化策略
        if H(i)==0
            a2=-1+t*((-1)/maxIt);
            l=(a2-1)*rand+1;
            distance2Leader=abs(Best.Pos-X(i).Pos);
            X(i).Pos=distance2Leader*exp(l).*cos(l.*2*pi)+Best.Pos;

            % 旗鱼优化策略
        elseif H(i)==1
            rand_leader_index = floor(nPop*rand()+1);
            X_rand = X(rand_leader_index).Pos;
            X(i).Pos = Best.Pos - (rand(1,Dim) .* (Best.Pos+X_rand)/2 - X_rand);
        end

        % 经验攻击
        X(i).Pos_att=X(i).Pos+(X(i).Pos+X(i).Pos_pre).*randn;
        if feval(F_Obj,X(i).Pos_att)<feval(F_Obj,X(i).Pos)
            X(i).Pos=X(i).Pos_att;
            H(i)=round(rand);
        else
```

```
                        %  宿主觅食
                        A=(2*a1*r1-a1);
                        C=0.1; %Remora factor
                        X(i).Pos=X(i).Pos-A*(X(i).Pos-C*Best.Pos);
                end
                X(i).Pos_pre=X(i).Pos;
        end
        CNVG(t)=Best.Fit;
        pTemp=zeros(nPop,Dim);          %  定义新的空间

        for i=1:nPop                    %  将种群中所有个体位置存储到新的空间中
                pTemp(i,:)=[X(i).Pos];
        end
        pTemp2=zeros(nPop,Dim);         %  定义新的空间

        for j=1:Dim                     %  进行计算
                for i=1:nPop
                        pTemp2(i,j)=pTemp(i,j)+abs(min(pTemp(:,j)));
                end
                if max(pTemp2(:,j))>0
                        pTemp2(:,j)=pTemp2(:,j)/max(pTemp2(:,j));
                else
                        pTemp2(:,j)=0;
                end
        end
        temp=[];
        for j=1:Dim
                temp(j)=mean(abs(pTemp2(:,j)-mean(pTemp2(:,j))));
        end
        Div(t)= sum(temp)/nPop;
    end
end
```

程序运行结果如图 16-1 所示。

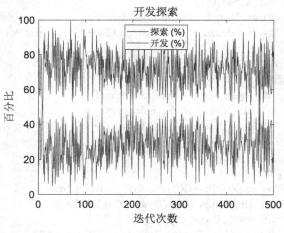

图 16-1　程序运行结果

16.3　箱　形　图

箱形图是一种表示数据离散程度的图像，它可以明确展示数据的分布特征。在智能优化算法中，箱形图经常被用来分析算法输出的结果分布情况，以确定算法性能是否稳定。一个标准的箱形图通常包含最小值、下四分位数、中位数、上四分位数、最大值 5 个统计量。箱体是一个矩形，它的上边为上四分位数，下边为下四分位数，矩形中央线表示变量的中位数。箱体的长度表示数据的离散程度。若数据分布较为集中，则箱体较短；若数据分布较为分散，则箱体较长。

绘制箱形图的代码如下。

```
%%---------------主函数-main.m--------------------%%
clc;                                          % 清屏
clear all;                                    % 清除所有变量
close all;                                    % 关闭所有窗口
% 参数设置
nPop = 30;                                    % 种群中个体的数量
maxIt = 500;                                  % 算法的最大迭代次数
runs = 30;                                    % 定义统计次数
Max_A = 2;                                    % 定义运行算法数量
Function_name = 'F2';                         % 测试函数
[LoB,UpB,Dim,F_Obj] = CEC2020(Function_name); % 获取函数相关参数
Best_Score_Array = zeros(Max_A,runs);         % 定义实验数据存储空间
Algorithm_name={'ROA','PSO'};

for run = 1:runs
    [Best,CNVG] = ROA(nPop,Dim,UpB,LoB,maxIt,F_Obj);
    [Best1,CNVG] = PSO(nPop,Dim,UpB,LoB,maxIt,F_Obj);

    Best_Score_Array(1,run) = Best.Fit;       % 存储粒子群优化算法每次运行的结果
    Best_Score_Array(2,run) = Best1.Fit;      % 存储鲫鱼优化算法每次运行的结果
end

%%   绘制箱形图
array = zeros(runs,Max_A);
for run = 1:runs
    for a = 1:Max_A
        array(run,a) = Best_Score_Array(a,run);
    end
end

boxplot(array,'Labels', Algorithm_name);
title(Function_name);

ylabel('MSE Value','Fontname','Times New Roman','fontsize',18);
set(gca,'XTickLabelRotation', 30, 'fontsize',15, 'fontname','Times New Roman');
axis tight
```

程序运行结果如图 16-2 所示。

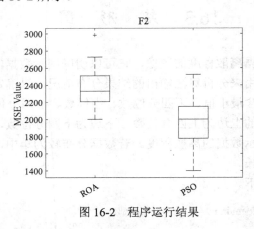

图 16-2　程序运行结果

16.4　Wilcoxon 秩和检验

Wilcoxon 秩和检验是一种检验两组数据差异性的有效手段。其基本思想是将两个样本的数据合并后进行排序，然后对每个样本中的数据取其排序位置，计算两个样本对应数据排名之和的差，通过检验差是否等于 0 来判断两个样本是否具有显著性差异。

在智能优化算法中，将两个算法在相同条件下运行若干次的结果取出，用 p 表示两组数据的检验差，通常认为 $p<0.05$，表示两组数据存在显著性差异，反之则表示两组数据不存在显著性差异。因此，可以将 Wilcoxon 秩和检验用于检测两种算法结果之间的差异性。

获取 Wilcoxon 秩和检验结果的代码如下。

```
%%--------------主函数-main.m------------------%%
clc;                                          % 清屏
clear all;                                    % 清除所有变量
close all;                                    % 关闭所有窗口
% 参数设置
nPop = 30;                                    % 种群中个体的数量
maxIt = 500;                                  % 算法的最大迭代次数
runs = 15;                                    % 定义统计次数
Max_A = 2;                                    % 定义运行算法数量
Max_Func = 10;                                % 定义最大测试函数编号
Best_Score_Array = zeros(Max_A,Max_Func,runs); % 定义实验数据存储空间
pv = zeros(Max_A, runs);
w=zeros(Max_Func,Max_A-1);

for fn = 1:Max_Func                           % 运行每个测试函数
    Function_name = strcat('F',num2str(fn));  % 测试函数名称
    [LoB,UpB,Dim,F_Obj] = CEC2020(Function_name); % 获取函数相关参数
    fn                                        % 计数
    for run = 1:runs
        [Best,CNVG] = ROA(nPop,Dim,UpB,LoB,maxIt,F_Obj);
        [Best1,CNVG] = PSO(nPop,Dim,UpB,LoB,maxIt,F_Obj);
```

```
            Best_Score_Array(1,fn,run) = Best.Fit;        % 存储粒子群优化算法每次运行的结果
            Best_Score_Array(2,fn,run) = Best1.Fit;       % 存储鲫鱼优化算法每次运行的结果
        end
end

for i=1:Max_Func
    for a=1:Max_A
        pv(a,:) = Best_Score_Array(a,i,:);        % 记录每个算法在该测试函数中的多次统计数据
    end
    w(i,:) = my_pv(['F',num2str(i)], pv);         % 求 p
end

function[w] = my_pv(Function_name,pv)
    w=zeros(1,size(pv,1)-1);
    for    i=1:size(pv,1)-1
        w(i) = signrank(pv(2,:),pv(i,:));
    end
end
```

16.5　Friedman 检测

　　Friedman 检测是一种非参数假设检验方法，常用于评估不同智能优化算法在解决相同问题时的性能差异。其基本思想是将多种算法运行多次，比较它们在各次运行中的平均排名，从而判断它们是否存在显著性差异。在智能优化算法的研究领域中，Friedman 检测是一种常用的工具。

　　Friedman 检测的具体步骤如下：首先，选定待比较的若干个算法，并根据实验需求确定每种算法的参数及运行次数；然后，为每种算法设置相同的初始状态，让它们分别运行若干次，得到每次运行的目标函数值，在每次运行结束后计算该算法在该次运行中的排名；最后，用 Friedman 检测公式计算各算法的平均排名，得到检验统计量和相应的检验差，进而分析算法之间的差异。

　　Friedman 检测的代码如下。

```
%%--------------主函数-main.m-------------------%%
clc;                                        % 清屏
clear all;                                  % 清除所有变量
close all;                                  % 关闭所有窗口
% 参数设置
nPop = 30;                                  % 种群中个体的数量
maxIt = 500;                                % 算法的最大迭代次数
runs = 15;                                  % 定义统计次数
Max_A = 2;                                  % 定义运行算法数量
Max_Func = 10;                              % 定义最大测试函数编号
Best_Score_Array =zeros(runs,Max_A,Max_Func);  % 定义实验数据存储空间
Friedman_data=zeros(Max_Func,Max_A);        % 定义 Friedman 检测结果的存储空间
for fn = 1:Max_Func                         % 运行每个测试函数
```

```
        Function_name = strcat('F',num2str(fn));           %  测试函数名称
        [LoB,UpB,Dim,F_Obj] = CEC2020(Function_name);  %  获取函数相关参数
        fn                                                %  计数
        for run = 1:runs
            [Best,CNVG] = ROA(nPop,Dim,UpB,LoB,maxIt,F_Obj);
            [Best1,CNVG1] = PSO(nPop,Dim,UpB,LoB,maxIt,F_Obj);

            Best_Score_Array(run,1,fn) = Best.Fit;        %  存储粒子群优化算法每次运行的结果
            Best_Score_Array(run,2,fn) = Best1.Fit;       %  存储鲫鱼优化算法每次运行的结果
        end
    end
    for fn = 1:Max_Func
        f_name = strcat('F',num2str(fn));
        disp(f_name);
        RawData=Best_Score_Array(:,:,fn);
        [n, k] = size(RawData);

        %%%  得到算法的排名
        for i = 1:n
            RankOfTheProblems(i,:) = tiedrank(RawData(i,:));
        end

        %%%  得到算法的平均排名
        AvgOfRankOfProblems = mean(RankOfTheProblems);
        SquareOfTheAvgs = AvgOfRankOfProblems .* AvgOfRankOfProblems;
        SumOfTheSquares = sum(SquareOfTheAvgs);
        FfStats = (12*n/(k*(k+1))) * (SumOfTheSquares - ((k*(k+1)^2)/4));

        %%%  得到 Friedman 检测结果
        Friedman_data(fn,:)=AvgOfRankOfProblems;
    end
```

第 16 章课件

第 16 章代码